文物建筑

第13辑

河南省文物建筑保护研究院　编

科学出版社

北　京

图书在版编目（CIP）数据

文物建筑．第 13 辑 / 河南省文物建筑保护研究院编．—北京：科学出版社，2020.9

ISBN 978-7-03-066081-7

I. ①文… II. ①河… III. ①古建筑－中国－文集 IV. ① TU-092.2

中国版本图书馆 CIP 数据核字（2020）第 172949 号

责任编辑：吴书雷 / 责任校对：邹慧卿

责任印制：肖　兴 / 封面设计：张　放

科学出版社 出版

北京东黄城根北街 16 号

邮政编码：100717

http://www.sciencep.com

中国科学院印刷厂 印刷

科学出版社发行　各地新华书店经销

*

2020 年 9 月第　一　版　　开本：889×1194　1/16

2020 年 9 月第一次印刷　　印张：12 3/4

字数：360 000

定价：**108.00 元**

《文物建筑》编辑委员会

顾　　问　谢辰生　杨焕成　张家泰

主　　任　杨振威

副 主 任　高　云

委　　员（以姓氏笔画为序）

马萧林　田　凯　吕军辉　孙英民　孙新民

李光明　杜启明　张建涛　陈爱兰　张得水

张斌远　张慧明　郑小玲　郑东军　赵　刚

秦曙光　贾连敏　韩国河　鲍　鹏

主　　编　杨振威

副 主 编　高　云　吕军辉　赵　刚　李光明　任克彬

本辑编辑　孙　锦

主办单位　河南省文物建筑保护研究院

编辑出版　《文物建筑》编辑部

地　　址　郑州市文化路 86 号

E-mail　wenwujianzhu@126.com

联系电话　0371-63661970

文物建筑

目录

Contents

文物建筑研究

上昂、挑斡、昂桯辨（上）＊

谢易兵　　张毅捷　　罗晗瑞

（西南交通大学，成都，611756）

摘　要： 上昂、挑斡、昂桯是《营造法式》中记载的三个古建筑名词，从以往的研究来看，几者常常混淆不清，近年朱永春和林琳对相关问题做了深入细致的探讨，研究有了重大突破，但其中仍存疑问。本文深入剖析了《营造法式》的相关条文，再从"桯"字的古汉语释义出发尝试诠释昂桯的具体所指。结果表明：上昂、挑斡、昂桯均是用于铺作里跳的斜向构件。上昂用于设平棊的建筑中，用来直接或者间接支撑平棊方、井口方，也可用于平坐铺作中来直接或间接支撑铺版方；挑斡是下昂昂尾上挑简单斗栱组合的做法，用于彻上明造建筑中直接或者间接上挑下平榑（方）；昂桯也用于彻上明造建筑，用来支撑挑斡。

关键词： 上昂；挑斡；昂桯；《营造法式》

一、引　子

昂桯是记录在《营造法式》（以下简称《法式》）中的一个名词，《法式》中的相关记载有两条：

《营造法式·卷一》："又有上昂如昂桯挑斡者，施之于屋内或平坐之下。"[①]

《营造法式·卷四》："造昂之制有二：一曰下昂……若屋内彻上明造，即用挑斡，或只挑一斗，或挑一材两栔。（谓一上下皆有斗也。若不出昂而用挑斡者，即骑束阑方下昂桯。）"[②]

有关昂桯的解释历来模糊不清，如《营造法式注释·卷上》："什么是束阑方和它下面的昂桯，均待考"[③]；《营造法式の研究》则认为昂桯是一种从下面打入的昂栓[④]；《营造法式大木作制度研究》："至于'不出昂而用挑斡者，即骑束阑方下昂桯'全书只见此一句，缺乏更具体的说明，在实例中也未发现与束阑方、下昂桯相吻合的做法，只能暂时存疑"[⑤]；而《宋〈营造法式〉术语汇

＊　本文系国家自然科学基金面上基金项目"结构技术演进角度的东亚八至十三世纪歇山建筑大木技术流变研究"（批准号：51978574）、教育部人文社会科学研究规划基金项目"中原、华北地区唐至宋金歇山建筑技术流变研究"（批准号：17YJA770022）和中央高校基本科研业务费专项基金科技创新项目"晋冀豫唐至宋金歇山建筑技术流变研究"（批准号：2682017CX014）的阶段性成果。因期刊论文篇幅所限，文章节分为两部分，此篇为上篇。

① 李诫：《营造法式》，台湾商务印书馆，1984年，第408页上栏。
② 括号内文字为小字，下同。李诫：《营造法式》，台湾商务印书馆，1984年，第430页下栏、第431页上栏。
③ 梁思成：《营造法式注释·卷上》，中国建筑工业出版社，1983年，第111页。
④ 竹岛卓一：《营造法式の研究·三·用语解说》，中央公论美术出版，1971年，第22页。
⑤ 陈明达：《营造法式大木作制度研究》，文物出版社，1981年，第99页。

释》、《宋代建筑术语解释》和《〈营造法式〉辞解》都没有对相关术语进行解释；《〈营造法式〉解读》以及张十庆重要的相关研究《南方上昂与挑斡作法探析》、《中国江南禅宗寺院建筑》也没有涉及昂栿的问题[①]。

　　最早关注昂栿问题的是朱永春，他认为昂栿就是"下昂中去掉昂尖后的那部分"，"其功用不是出跳"、"长度取决于实际构造，而不是材份"，如果昂栿直达下平槫就成为"昂栿挑斡"；而束阑方则是"栌斗上部心线上的一系列的方"[②]。之后朱永春又继续撰文指出，两浙福建早期木构建筑中常见的多层并置长昂中下层的昂通过改变其角度，"来替代华栱型鞾楔甚至华栱，便产生了不出昂的昂栿"[③]，而有关上昂与昂栿的区别则主要体现在五个方面（表一）[④]。

表一　施之里跳的上昂与昂栿比较（朱永春案）

序号	构件	木构架特征	用途	性质	位置	长度	特例
1	上昂	有平棊	调整平棊方位置	铺作中的出跳构件	自斗栱心出	由材份确定 每跳之长，心不过三十分	五铺作无骑斗栱
2	昂栿	彻上明造	支撑昂尾	铺作中非出跳构件 作用相当于前《法式》时代的华栱性鞾楔或元代大鞾楔	垂直于束阑方安放	由构造决定 其至心线平长多大于三十分	昂栿挑斡

　　可以说朱永春的研究是深入探讨"昂栿"问题第一位也是最重要的学者。①首先他从上昂的形式出发推测了昂栿挑斡的形式及概念所指；②其次通过对《法式》相关原文的分析，结合①的研究对昂栿、束阑方进行诠释；③再从两浙福建早期实例铺作构造的变化出发推测昂栿形成的技术史动因；④最重要的是，他的研究没有只是停留在就昂栿谈昂栿，而是从《法式》原文出发深入探讨上昂、昂栿、挑斡三者的异同，并对三种构件在构架特征、用途、性质、位置特征、长度的决定因素等方面特征进行提炼。以上四点都是开创性的研究成果[⑤]。但其中仍存疑问，例如朱文认为挑斡以"上至下平槫"为特征，昂栿则以"不出昂尖"为特征，既"不出昂尖"又"上至下平槫"者为昂

　　① 徐伯安、郭黛姮：《宋〈营造法式〉术语汇释》，《建筑史论文集》1984 年第六辑，第 1～79 页。何建中：《宋代建筑术语解释》，《〈营造法式〉解读》，东南大学出版社，2005 年，第 242～266 页。何建中：《宋代建筑术语解释》，《〈营造法式〉解读》（第二版），东南大学出版社，2017 年，第 242～266 页。陈明达：《〈营造法式〉辞解》，天津大学出版社，2010 年。潘谷西、何建中：《〈营造法式〉解读》，东南大学出版社，2005 年，第 100～103 页。潘谷西、何建中：《〈营造法式〉解读》（第二版），东南大学出版社，2017 年，第 100～103 页。张十庆：《南方上昂与挑斡作法探析》，《建筑史论文集》2002 年第 16 辑，清华大学出版社，第 31～45 页。张十庆：《中国江南禅宗寺院建筑》，湖北教育出版社，2002 年，第 179～194 页。
　　② 朱永春：《〈营造法式〉中"挑斡"与"昂栿"及其相关概念辨析》，《二零一六年中国〈营造法式〉国际研讨会论文集》，福州大学建筑学院，2016 年，第 135～144 页。朱永春：《〈营造法式〉中"挑斡"与"昂栿"及其相关概念辨析》，《建筑学报》2018 年第 2 期，第 28～31 页。
　　③ 这一观点的渊源可上溯至张十庆《南方上昂与挑斡作法探析》。张十庆：《南方上昂与挑斡作法探析》，《建筑史论文集》2002 年第 16 辑，清华大学出版社，第 41～42 页；张十庆：《中国江南禅宗寺院建筑》，湖北教育出版社，2002 年，第 190～193 页。
　　④ 朱永春：《两浙福建宋元遗存中所见〈营造法式〉大木作的三个问题——从宁波保国寺大殿与福州华林寺大殿切入》，《木构建筑文化遗产保护与利用国际研讨会会议资料》，宁波市文化广电新闻出版局，2016 年，第 48～52 页。朱永春：《两浙福建宋元遗存中所见〈营造法式〉大木作的三个问题——从宁波保国寺大殿与福州华林寺大殿切入》，《东方建筑遗产》2018 年 2016～2017 年卷，文物出版社，第 28～33 页。
　　⑤ 其中有关第三条昂栿形成的技术史动因，张十庆曾提出过类似的观点，不同的是朱永春所说的昂栿在张文中作"斜撑式上昂"。张十庆：《南方上昂与挑斡作法探析》，《建筑史论文集》2002 年第 16 辑，清华大学出版社，第 41-42 页；张十庆：《中国江南禅宗寺院建筑》，湖北教育出版社，2002 年，第 190～193 页。

桯挑斡。那么《法式·卷一》在解释"非至下平槫"的"上昂"时，为什么不直接用"昂桯"而选择用"昂桯挑斡"？

对昂桯展开研究的另一位重要学者是林琳。与朱永春认为昂桯是"下昂中去掉昂尖的那部分"的观点不同，林琳指出昂桯"是一种与铺作紧密相关的构件，但不属于'昂'"，"昂桯形态上近似上昂。位置则是在'不出昂而用挑斡者'的情况下，'骑束阑方下昂桯'"①。林琳对《法式》中挑斡、上昂、昂桯及其衍生构件的文本进行整理分析，通过将这些概念还原到《法式》的语境中，再结合已有研究成果，探讨这些概念的定义、位置、功能及实际用例，在此基础上提出根据构件的位置、形态、结构作用、受力特点和是否受材份制约等五点区分这些外檐铺作中的斜向构件的思路（表二）②。

表二 《法式》中与铺作相关的昂桯等三种斜向构件的属性（林琳案）

序号	构件	位置	形态	结构作用	受力特点	是否受材份制约
1	昂桯	若不出昂而用挑斡者，即骑束阑方下昂桯③ 若不出昂而挑斡，则在束阑方附近垂直放入昂桯④	又有上昂如昂桯挑斡者⑤ 杆状构件，下昂中去掉昂尖后的部分⑥	作用不在出跳⑦	根据与其交接的构件的角度，受力发生变化	不受材份制约，取决于实际构造需要⑧

① 有关后一句引文，林文云"已有学者阐述此（笔者按，即昂桯）定义"，这个学者应即朱永春，但遍查朱文，未见与林琳这段引文相似的文字，因此笔者认为这一观点最早由林琳正式提出。林琳：《日本禅宗样建筑所见的〈营造法式〉中"挑斡"与"昂桯"及其相关构件——兼论其与中国江南建筑关系》，《木构建筑文化遗产保护与利用国际研讨会会议资料》，宁波市文化广电新闻出版局，2016年，第171、173页。林琳：《日本禅宗样建筑所见的〈营造法式〉中"挑斡"与"昂桯"及其相关构件——兼论其与中国江南建筑关系》，《建筑史》2017年第40辑，中国建筑工业出版社，第216、217页。林琳：《日本禅宗样建筑所见的〈营造法式〉中"挑斡"与"昂桯"及其相关构件——兼论其与中国江南建筑关系》，《东方建筑遗产》2018年2016～2017年卷，文物出版社，第79～100页。

② 本文仅截取林琳案中与本文论题紧密相关的昂桯、上昂、挑斡三者。林琳：《日本禅宗样建筑所见的〈营造法式〉中"挑斡"与"昂桯"及其相关构件——兼论其与中国江南建筑关系》，《木构建筑文化遗产保护与利用国际研讨会会议资料》，宁波市文化广电新闻出版局，2016年，第173～174、189～193页；林琳：《日本禅宗样建筑所见的〈营造法式〉中"挑斡"与"昂桯"及其相关构件——兼论其与中国江南建筑关系》，《建筑史》2017年第40辑，中国建筑工业出版社，第217～218、228～229页。

③ 李诫：《营造法式》，台湾商务印书馆，1984年，第431页上栏。

④ 朱永春：《〈营造法式〉中"挑斡"与"昂桯"及其相关概念辨析》，《二零一六年中国〈营造法式〉国际研讨会论文集》，福州大学建筑学院，2016年，第138页。朱永春：《〈营造法式〉中"挑斡"与"昂桯"及其相关概念辨析》，《建筑学报》2018年第2期，第29页。

⑤ 李诫：《营造法式》，台湾商务印书馆，1984年，第408页上栏。

⑥ 朱永春：《〈营造法式〉中"挑斡"与"昂桯"及其相关概念辨析》，《二零一六年中国〈营造法式〉国际研讨会论文集》，福州大学建筑学院，2016年，第137～138页。朱永春：《〈营造法式〉中"挑斡"与"昂桯"及其相关概念辨析》，《建筑学报》2018年第2期，第28～29页。

⑦ 朱永春：《〈营造法式〉中"挑斡"与"昂桯"及其相关概念辨析》，《二零一六年中国〈营造法式〉国际研讨会论文集》，福州大学建筑学院，2016年，第142页。朱永春：《〈营造法式〉中"挑斡"与"昂桯"及其相关概念辨析》，《建筑学报》2018年第2期，第31页。

⑧ 朱永春：《〈营造法式〉中"挑斡"与"昂桯"及其相关概念辨析》，《二零一六年中国〈营造法式〉国际研讨会论文集》，福州大学建筑学院，2016年，第142页。朱永春：《〈营造法式〉中"挑斡"与"昂桯"及其相关概念辨析》，《建筑学报》2018年第2期，第31页。

续表

序号	构件	位置	形态	结构作用	受力特点	是否受材份制约
2	上昂	施之于屋内或平坐之下，皆至下斗底处，昂底于跳头斗口内出……昂头外出，昂身斜收向里，并通过柱心[①]铺作里跳[②]	昂背斜尖[③]头低尾高[④]如昂桯挑斡[⑤]	与下昂相反，在挑出需尽量小的要求下，在较短的出跳距离内取得挑得更高的效果[⑥]简化铺作里跳[⑦]	斜撑式受压，属斜立的短柱构件[⑧]	受材份制约
3	挑斡	未必始于铺作内，后端终点直抵梁架下平槫	又有上昂如昂桯挑斡者[⑨]大部分悬空，而一端举起或支起[⑩]	平衡铺作里外跳荷载[⑪]	杠杆式受弯[⑫]	不受材份制约取决于下平槫位置[⑬]

注：本表引注均根据林琳的研究。[⑭]

　　林文原表综合了《法式》原文、前人研究成果和林琳对相关问题的认识，其中有关昂桯的形态引用朱永春"下昂中去掉昂尖后的部分"的观点，与林文昂桯"不属于昂"的观点有悖。林文表内还有三个《法式》中无存的名词：斜撑式上昂、昂尾挑斡和不出昂挑斡，这些名词分别出自张十庆

---

①　李诫：《营造法式》，台湾商务印书馆，1984 年，第 431 页、第 432 页上栏。

②　梁思成：《营造法式注释·卷上》，中国建筑工业出版社，1983 年，第 115 页。张十庆：《南方上昂与挑斡作法探析》，《建筑史论文集》2002 年第 16 辑，清华大学出版社，第 33 页。张十庆：《中国江南禅宗寺院建筑》，湖北教育出版社，2002 年，第 183～184 页。

③　李诫：《营造法式》，台湾商务印书馆，1984 年，第 432 页上栏。

④　梁思成：《营造法式注释·卷上》，中国建筑工业出版社，1983 年，第 115 页。

⑤　朱永春：《〈营造法式〉中"挑斡"与"昂桯"及其相关概念辨析》，《二零一六年中国〈营造法式〉国际研讨会论文集》，福州大学建筑学院，2016 年，第 137 页。朱永春：《〈营造法式〉中"挑斡"与"昂桯"及其相关概念辨析》，《建筑学报》2018 年第 2 期，第 28 页。

⑥　李诫：《营造法式》，台湾商务印书馆，1984 年，第 432 页上栏。

⑦　张十庆：《南方上昂与挑斡作法探析》，《建筑史论文集》2002 年第 16 辑，清华大学出版社，第 34 页。张十庆：《中国江南禅宗寺院建筑》，湖北教育出版社，2002 年，第 184 页。

⑧　张十庆：《南方上昂与挑斡作法探析》，《建筑史论文集》2002 年第 16 辑，清华大学出版社，第 31 页。张十庆：《中国江南禅宗寺院建筑》，湖北教育出版社，2002 年，第 182 页。

⑨　李诫：《营造法式》，台湾商务印书馆，1984 年，第 408 页上栏。

⑩　朱永春：《〈营造法式〉中"挑斡"与"昂桯"及其相关概念辨析》，《二零一六年中国〈营造法式〉国际研讨会论文集》，福州大学建筑学院，2016 年，第 139 页。朱永春：《〈营造法式〉中"挑斡"与"昂桯"及其相关概念辨析》，《建筑学报》2018 年第 2 期，第 30 页。

⑪　张十庆：《南方上昂与挑斡作法探析》，《建筑史论文集》2002 年第 16 辑，清华大学出版社，第 34 页。张十庆：《中国江南禅宗寺院建筑》，湖北教育出版社，2002 年，第 184 页。

⑫　张十庆：《南方上昂与挑斡作法探析》，《建筑史论文集》2002 年第 16 辑，清华大学出版社，第 32 页。张十庆：《中国江南禅宗寺院建筑》，湖北教育出版社，2002 年，第 182 页。

⑬　朱永春：《闽浙宋元建筑遗存所见的〈营造法式〉中若干特殊铺作》，《2013 年保国寺大殿建成 1000 周年系列学术研讨会论文合集》，科学出版社，2015 年，第 41 页。

⑭　林琳：《日本禅宗样建筑所见的〈营造法式〉中"挑斡"与"昂桯"及其相关构件——兼论其与中国江南建筑关系》，《木构建筑文化遗产保护与利用国际研讨会会议资料》，宁波市文化广电新闻出版局，2016 年，第 189～193 页。林琳：《日本禅宗样建筑所见的〈营造法式〉中"挑斡"与"昂桯"及其相关构件——兼论其与中国江南建筑关系》，《建筑史》2017 年第 40 辑，中国建筑工业出版社，第 228～229 页。

和朱永春的研究①。林文原表言"斜撑式上昂"即昂桯，同时引用张十庆目其"为上昂的变异"的观点，这也与林文强调的昂桯"不属于昂"的观点有悖；另外原表说"不出昂挑斡"即昂桯挑斡，同时又说"挑斡"是"下昂的特例"，那么"不出昂挑斡"亦即"昂桯挑斡"到底是否属于昂？要之，林文原表对昂桯是否"属于昂"，及其与上、下昂之间的关系问题等前后描述仍存矛盾。

　　林琳对《法式》中所有铺作中斜向构件的原文整理全面而细致，对相关概念及其特征的整理更为审慎，同时对相关研究的梳理也比较到位，但上述两个问题之所以会存在，说明三者的辨析仍有可以继续深入的空间。也就是说要说清楚昂桯，仍有继续探讨上昂、挑斡和昂桯三者关系的必要。

　　另外朱光亚在研究江南明代建筑大木作技术演进时，曾对下昂、上昂、挑斡等进行过辨析②；张十庆曾立足于南方实例探讨上昂与挑斡的问题③；孔磊在研究瓯越地区乡土建筑大木作时对广泛存在于这一地区乡土建筑中的斜向构件撑栱、挑斡、上昂等进行整理，并在此基础上对挑斡与上昂进行辨析④；贾洪波也曾就（上）昂与挑斡的区别进行过探讨⑤；张柱庆在研究苏州殿堂大木构架时，曾涉及苏州地区上昂、挑斡、斗栱化斜撑的实例⑥；温静在对宋辽金建筑中的斗栱进行研究时，曾从宏观技术史的角度对昂这种构件的技术流变进行了分析，其中涉及下昂、上昂的相关概念⑦；俞莉娜、徐怡涛以晋东南地区木构遗存补间铺作挑斡为研究对象展开形制类型学分期研究，在研究伊始也曾对挑斡的概念进行辨析⑧。上述七文都是在前学研究的基础上从实例出发深入相关概念，可以说是开辟了研究的新领域，但它们对《法式》相关记载的剖析仍显不足，而且所涉及的实例只是局限于某一地区。

　　综合以上有必要对上昂、挑斡、昂桯三者作更进一步的辨析。从20世纪30年代至今，对《法式》内容的诠释大致可分为两种：一是从《法式》原文出发的训解；二是《法式》原文结合实例的诠释。本文将着重采取第一种方法，再从汉字小学⑨的角度深入相关名词，最后针对实例对上述解读结果一一进行验证。

　　① "斜撑式上昂"出自张十庆《南方上昂与挑斡作法探析》、《中国江南禅宗寺院建筑》。（张十庆：《南方上昂与挑斡作法探析》，《建筑史论文集》2002年第16辑，清华大学出版社，第36～37页；张十庆：《中国江南禅宗寺院建筑》，湖北教育出版社，2002年，第187～188页。）"昂尾挑斡"和"不出昂挑斡"两个概念最早出自朱永春《闽浙宋元建筑遗存所见的〈营造法式〉中若干特殊铺作》（2015）。（朱永春：《闽浙宋元建筑遗存所见的〈营造法式〉中若干特殊铺作》，《2013年保国寺大殿建成1000周年系列学术研讨会论文合集》，科学出版社，2015年，第41页。）朱永春在《〈营造法式〉中"挑斡"与"昂桯"及其相关概念的辨析》（2016）注1指出，梁思成在《营造法式注释》上卷、何建中在《宋代建筑术语解释》中均曾谈及这两种构件，但实际上这两位学者都没有明确提出"昂尾挑斡"和"不出昂挑斡"这两个概念。（朱永春：《〈营造法式〉中"挑斡"与"昂桯"及其相关概念辨析》，《二零一六年中国〈营造法式〉国际研讨会论文集》，福州大学建筑学院，2016年，第144页；朱永春：《〈营造法式〉中"挑斡"与"昂桯"及其相关概念辨析》，《建筑学报》2018年第2期，第31页。）
　　② 朱光亚是第一位提出从受力状态来区分上挑构件的学者。朱光亚：《探索江南明代大木作法的演进》，《南京工学院学报（建筑学专刊）》1983年第2期，第114页。
　　③ 张十庆针对梁思成从《法式》出发的研究和朱光亚立足于实例的研究之间的差异，尝试从《法式》和实例相结合对上昂、挑斡的概念进行辨析，并从技术史角度探讨相关技术的流变问题。张十庆：《南方上昂与挑斡作法探析》，《建筑史论文集》2002年第16辑，清华大学出版社，第31～45页；张十庆：《中国江南禅宗寺院建筑》，湖北教育出版社，2002年，第179～194页。
　　④ 孔磊：《瓯越乡土建筑大木作技术初探》，上海交通大学船舶海洋与建筑工程学院，2008年，第70～82页。
　　⑤ 《关于宋式建筑几个大木构件问题的探讨》："不出昂尖、从铺作里跳斜上承挑下槫的斜置杆件一律视为挑斡，其功能作用主要体现在平衡铺作及与其上梁架结构的关联上；而组合于铺作里跳以简化出跳、上不达下槫的斜置杆件一律视为上昂，其平衡依靠铺作自身。"贾洪波：《关于宋式建筑几个大木构件问题的探讨》，《故宫博物院院刊》2010年第3期，第93～100页。
　　⑥ 张柱庆：《苏州市殿堂大木构架形式特征探析》，上海交通大学船舶海洋与建筑工程学院，2013年，第72～77页。
　　⑦ 温静：《组物から见た中国宋・辽・金代建筑の研究》，东京大学工学系研究科，2015年，第23～44页。
　　⑧ 俞莉娜、徐怡涛：《晋东南地区五代宋元时期补间铺作挑斡形制分期及流变初探》，《中国国家博物馆馆刊》2016年第6期，第21～40页。
　　⑨ 汉字小学即传统的文字学，以汉字的形音义及其历史演变为研究对象的学问。

二、《法式》原文的分析

相关的《法式》原文有两处：一在《总释》，一在《大木作制度》。

（一）《法式·卷一·总释》中的相关记载

《法式·卷一·总释》"飞昂"条中的相关记载如下：

> 《义训》：斜角谓之飞昂。（今谓之下昂者，以昂尖下指故也。下昂尖面顱，下平。又有上昂如昂桯、挑斡者，施之于屋内或平坐之下。昂字又作枊，或作㭕者，皆吾郎切。顱扵交切，俗作凹者，非是。）[1]

文中"又有上昂如昂桯挑斡者"，并非是说"上昂"中包括"昂桯"、"挑斡"，或包括"昂桯挑斡"，而应该是指"上昂"、"昂桯"和"挑斡"这三者在形态上有相似之处（或可断为，上昂与"昂桯挑斡"形似），因此文中用后者（"昂桯、挑斡"）解释前者（"上昂"），即："又有上昂（形）如昂桯挑斡者"。此亦朱永春解决"昂桯"问题的线索之一：朱老师根据这句《法式》原文，用《法式》图样中上昂的形象反推"昂桯挑斡"的形式。朱文认为《法式》此句中的"昂桯挑斡"即"无昂尖的昂挑斡"——朱文所云两种挑斡形式之一[2]，而非特指"昂桯"、"挑斡"两种相似的构件。仅就这句原文来看，暂时无法判断"昂桯挑斡"是特指一种构件，还是两种构件。

（二）《法式·卷四·大木作制度一》中的相关记载

《法式·卷四·大木作制度一》"飞昂"条还有两段记载：分别有关"下昂"和"上昂"。

1. 有关"下昂"

有关下昂的文字如下：

> 一曰下昂，自上一材垂尖向下，从斗底心下取直，其长二十三分。（其昂身上徹屋内。）自斗外斜杀向下留厚二分，昂面中顱二分，令顱势圜和。（亦有於昂面上随顱加一分讹杀至两棱者，谓之琴面昂；亦有自斗外斜杀至尖者，其昂面平直谓之批竹昂。）
>
> 凡昂安斗处高下及远近皆准一跳，若从下第一昂自上一材下出斜垂向下，斗口内以华头子承之。（华头子自斗口外长九分将昂势尽处匀分刻作两卷瓣，每瓣长四分。）如至第二昂以上只于斗口内出昂，其承昂斗口及昂身下皆斜开镫口，令上大下小，与昂身相衔。
>
> 凡昂上坐斗四铺作并归平，六铺作以上自五铺作外昂上斗并再向下二分至五分，如逐跳计心造，即从昂身开方斜口深二分，两面各开子廕深一分。

---

① 李诫：《营造法式》，台湾商务印书馆，1984 年，第 408 页上栏。

② 《〈营造法式〉中"挑斡"与"昂桯"及其相关概念的辨析》曾指出"昂的挑斡有'昂尾挑斡'和'不出昂挑斡'两种"，文中虽言明该观点源自前辈学者，但最早出现这两个概念的文献即此文。详见本文第 5 页注①。朱永春：《〈营造法式〉中"挑斡"与"昂桯"及其相关概念辨析》，《二零一六年中国〈营造法式〉国际研讨会论文集》，福州大学建筑学院，2016 年，第 144 页；朱永春：《〈营造法式〉中"挑斡"与"昂桯"及其相关概念辨析》，《建筑学报》2018 年第 2 期，第 31 页。

若角昂以斜长加之，角昂之上别施由昂。（长同角昂广或加一分至二分，所坐斗上安角神若宝藏神或宝瓶。）

若昂身于屋内上出，皆至下平槫。若四铺作用插昂即其长斜随跳头。（插昂又谓之挣昂，亦谓之矮昂。）

凡昂栓广四分至五分，厚二分，若四铺作即于第一跳上用之，五铺作至八铺作并于第二跳上用之，并上徹昂背。（自一昂至三昂只用一栓徹上面昂之背。）下入栱身之半或三分之一。

若屋内徹上明造，即用挑斡，或只挑一斗，或挑一材两栔。（谓一栱上下皆有斗也。若不出昂而用挑斡者，即骑束阑方下昂桯。）如用平棊，即自槫安蜀柱以叉昂尾，如当柱头，即以草栿或丁栿压之。①

……

凡昂之广厚并如材。其下昂施之于外跳，或单栱，或重栱，或偷心，或计心造。②

这一段文字总体是用来解释"下昂"的，其特征是"垂尖向下"、"昂身上徹屋内"，"广厚并如材"，"施之于外跳"。

首先来看挑斡。

和下昂有关的文字的末尾着重描述了下昂昂尾的三种做法：挑斡、"自槫安蜀柱以叉昂尾"和"以草栿、丁栿压之"，也就是陈明达总结的挑、叉、压三种做法③。温静指出，这里的第一种做法专指徹上明造建筑中下昂后尾的做法：挑，柱头铺作与补间铺作相同；第二、第三种则是指使用平棊的建筑中下昂后尾的做法：叉——补间铺作，压——柱头铺作④。

从《法式》原文来看，"挑斡"并非指某种构件，而指一种做法。"挑斡"的"挑"字表明了这种做法的结构特征，而"斡"乃"斗柄也"，或云"以量器的柄为本义"⑤。"斗"在甲骨文中就是带柄的器具，类似的器具还有"升"和"勺"⑥（图一），挑斡关注的就是"挑起量器的柄"的做法，即

---

① 李诫：《营造法式》，台湾商务印书馆，1984年，第430页下栏、第431页上栏。

② 李诫：《营造法式》，台湾商务印书馆，1984年，第432页上栏。

③ 陈明达：《营造法式大木作制度研究》，文物出版社，1981年，第99页。

④ 温静指出，徹上明造的柱头铺作和补间铺作下昂后尾均为挑斡的形式，因此《法式》此段描述没有区别柱头铺作和补间铺作。有关于此实例中的情况比较复杂，将另文深入这个问题。温静：《組物から見た中国宋·遼·金代建築の研究》，东京大学工学系研究科，2015年，第31页。

⑤ 《说文解字六书疏证》卷之廿六："斡，斗柄也"。（马叙伦：《说文解字六书疏证》13，科学出版社，1957年，第139页。）《字源》第1243页周宝宏按："斡字以量器的柄为本义，引申有斡旋义"。（李学勤主编、赵平安副主编：《字源》3，天津古籍出版社、辽宁人民出版社，2013年，第1243页。）相似的观点亦见于朱永春《营造法式》中"挑斡"与"昂桯"及其相关概念的辨析："'斡'的本义是勺柄。"（朱永春：《营造法式》中"挑斡"与"昂桯"及其相关概念辨析》，《二零一六年中国〈营造法式〉国际研讨会论文集》，福州大学建筑学院，2016年，第138～139页；朱永春：《营造法式》中"挑斡"与"昂桯"及其相关概念辨析》，《建筑学报》2018年第2期，第29～30页。）

⑥ 《字源》"斗"、"升"和"勺"的甲骨文字形均为带柄的器具，"升"比"斗"中间多一横代表它是斗的一部分，"勺"多出来的一点强调的是其中的内容物（约斋编著：《字源》，上海书店，1986年，第138页）。《说文》云："斡，蠡柄也。"（许慎撰、徐铉校定：《说文解字》，中华书局，1961年，第300页上栏。）"蠡"一般释为"瓠瓢"，即为"勺"一类的器具。《说文》："瓢，蠡也。"（许慎撰、徐铉校定：《说文解字》，中华书局，1961年，第150页上栏。）《太平御览》转引《方言》："蠡，（郭注：瓠勺也，音礼）陈楚宋魏之间或谓树（郭注：今江东呼勺为树）或谓之瓢。"《太平御览》转引《通俗文》："瓠瓢为蠡。"［李昉等编纂：《太平御览》（卷七百六十二），台湾商务印书馆，1984年，第724页下栏。］《说文》："斗，勺也。"《太平御览》转引《通俗文》："木瓢为斗。"［许慎撰、徐铉校定：《说文解字》，中华书局，1961年，第300页上栏。李昉等编纂：《太平御览》（卷七百六十二），台湾商务印书馆，1984年，第725页下栏］。

图一　"斗"（左）、"升"（中）、"勺"（右）的甲骨文字形
（底图来自《字源》第 138 页）

侧重强调"上挑简单斗栱组合"的做法。从《法式》上文来看，挑斡的形式即挑起一斗或一材两栔的简单斗栱组合——与上叉蜀柱或上压梁栿不同。

再来看挑斡与下平槫关系的问题。

最早指出"挑斡必达下平槫"的是张十庆[①]，之后何建中、朱永春也都有相同的观点[②]。而实例中多见"未至下平槫"的昂尾上挑简单斗栱组合的是否就不是挑斡？我们认为并非如此。

这个问题的辨析仍需从《法式》原文入手，《法式》有关下昂的描述有七段文字：第一段陈述了下昂形状和昂尖做法；第二、第三段讲述了下昂上安斗和开口的做法；第四段涉及转角铺作中的角昂和由昂；第五段言及"若昂身於屋内上出，皆至下平槫"，并兼及插昂；第六段关于昂栓；第七段谈到挑、压、叉三种昂尾做法。

其中第五段在"若昂身於屋内上出，皆至下平槫"之后言及插昂，说明两者之间存在某种关联。插昂最大的特点在于它不与内部大木体系产生关系。这句话应该是针对插昂的这一特征提出，强调的是铺作上出昂尾以"上至下平槫"的方式参与到整个大木体系中[③]，而非强调"上出至下平槫的方为下昂昂尾"，也就是说其中并未隐含"上出不至下平槫的即非下昂昂尾"的意思。因此这段话强调的是，上出昂尾，无论出几层，最上层的构件必以上至下平槫（参与到大木体系中）为标志。结合第七段文字中所说的三种昂尾做法可知，这一特征体现在挑和叉两种做法中，与压的昂尾做法无涉。

因此从《法式》上下文来看，挑斡并未限定一定要上达下平槫；同时从第七段文字来看，挑斡仅限于对昂尾做法的描述，无论昂尖出与不出都可以将昂尾做成挑斡的形式[④]。综合以上，挑斡最本质的特征有三：第一，后尾提供上挑的作用力；第二，后尾设有简单的斗栱组合；第三，渐次或者直达下平槫。

再来看看昂桯。

① 张十庆指出："挑斡则由铺作直抵梁架下平槫"。张十庆：《南方上昂与挑斡作法探析》，《建筑史论文集》2002 年第 16 辑，清华大学出版社，第 34 页；张十庆：《中国江南禅宗寺院建筑》，湖北教育出版社，2002 年，第 184 页。

② 《宋代建筑术语解释》："当屋内为彻上明造时，一种用补间铺作昂之后尾，另一种是前不出昂，铺作里跳之上伸出似昂尾，两种昂尾直达下平槫，上挑一斗或一材两栔，这种做法即为挑斡"（何建中：《宋代建筑术语解释》，《〈营造法式〉解读》，东南大学出版社，2005 年，第 255 页）。《闽浙宋元建筑遗存所见的〈营造法式〉中若干特殊铺作》："可见，挑斡有昂尾挑斡与不出昂挑斡两种，其共同点是落在下平槫上。从质的方面看，挑斡必须与下平槫相连，有学者以此定义挑斡。从量的方面看，其尺度是由下平槫位置确定的，而不是材份。"（朱永春：《闽浙宋元建筑遗存所见的〈营造法式〉中若干特殊铺作》，《2013 年保国寺大殿建成 1000 周年系列学术研讨会论文合集》，科学出版社，2015 年，第 41 页）。

③ 最早注意到"挑斡的作用是联系铺作和大木构架"的是张十庆。张十庆：《南方上昂与挑斡作法探析》，《建筑史论文集》2002 年第 16 辑，清华大学出版社，第 33 页。《中国江南禅宗寺院建筑》："挑斡实际上是依托梁架、平衡铺作的联系构件"。实际上从《法式》原文来看，准确地说是："下昂昂尾（不仅限于挑斡）的作用是联系铺作和大木构架"。张十庆：《中国江南禅宗寺院建筑》，湖北教育出版社，2002 年，第 183 页。

④ 贾洪波也曾指出："《法式》原意是无论出不出昂头，凡具有昂尾挑一斗或一材两栔以承下平槫的构造形式，就可以称为挑斡"。贾洪波：《关于宋式建筑几个大木构件问题的探讨》，《故宫博物院院刊》2010 年第 3 期，第 98 页。

根据《法式》原文，昂桯就是下昂后尾用挑斡形式同时不出昂尖时需要在下面设置的一种构件，一个"骑"字表明它的作用是支撑不出昂尖的挑斡。

朱永春认为昂桯是"下昂中去掉昂尖后的那部分"，若昂桯上至下平槫即"昂桯挑斡"[①]，林琳则认为"'昂桯'是一种与铺作紧密相关的构件，但不属于'昂'"[②]。两者的分歧在于昂桯到底是否属于昂？虽然根据这段原文尚无法断言，但可以肯定的是昂桯的基本功能就是支撑不出昂尖的挑斡，其本身的形态如何则有待考证。根据《法式》记载可知，下昂"施之于外跳"并且"昂身上徹屋内"，那么下昂一定是横跨里、外跳[③]，昂桯与挑斡则用于里跳，并且都用于徹上明造的建筑中。

有关"束阑方"的解释。

朱永春认为首先这是一种"方"，并且从《说文》中"阑"为"门遮"，及"阑"的引申义为阻隔，推测"束阑方"为"栌斗上部心线上的一系列的方"，这些方包括"柱头方"[④]；另外也有观点认为："《营造法式》的小注中常常以'古切'的方式注音，比如'柳，吾郎切'"，因此"'束阑'很可能是'素'的切音误。"从而推测"束阑方"就是名为"素方"的"柱头方"[⑤]。有关束阑方笔者有不同的看法，拟另文探讨。

以上是对《法式》有关下昂文字的解读，下面来看看《法式》有关上昂的文字。

2. 有关"上昂"

有关上昂的文字如下：

> 二曰上昂，头向外留六分，其昂头外出，昂身斜收向里，并通过柱心。
>
> 如五铺作单抄上用者，自栌斗心出第一跳，华栱心长二十五分，第二跳上昂心长二十二分。（其第一跳上斗口内用鞾楔。）其平棊方至栌斗口内共高五材四栔（其第一跳重栱计心造）。

① 朱永春：《〈营造法式〉中"挑斡"与"昂桯"及其相关概念辨析》，《二零一六年中国〈营造法式〉国际研讨会论文集》，福州大学建筑学院，2016年，第137~141页。朱永春：《〈营造法式〉中"挑斡"与"昂桯"及其相关概念辨析》，《建筑学报》2018年第2期，第28~30页。有关挑斡即"不出昂尖的下昂"这一观点最早由张十庆提出（笔者按，根据张文这一观点久已有之，而根据我们的调查目前有关这一观点未见比张文更早的文献），后踵者甚众；而朱永春则指出"不出昂尖的下昂"实为昂桯。朱永春：《两浙福建宋元遗存中所见〈营造法式〉大木作的三个问题——从宁波保国寺大殿与福州华林寺大殿切入》，《木构建筑文化遗产保护与利用国际研讨会会议资料》，宁波市文化广电新闻出版局，2016年，第50页；朱永春：《两浙福建宋元遗存中所见〈营造法式〉大木作的三个问题——从宁波保国寺大殿与福州华林寺大殿切入》，《东方建筑遗产》2018年2016~2017年卷，文物出版社，第31页。张十庆：《南方上昂与挑斡作法探析》，《建筑史论文集》2002年第16辑，清华大学出版社，第32页；张十庆：《中国江南禅宗寺院建筑》，湖北教育出版社，2002年，第182页。孔磊：《瓯越乡土建筑大木作技术初探》，上海交通大学船舶海洋与建筑工程学院，2008年，第75~76页。张柱庆：《苏州市殿堂大木构架形式特征探析》，上海交通大学船舶海洋与建筑工程学院，2013年，第74页。喻梦哲：《宋元样式的南方殿阁实例——时思寺大殿研究》，《建筑史论文集》2013年第31辑，清华大学出版社，第91页。

② 林琳：《日本禅宗样建筑所见的〈营造法式〉中"挑斡"与"昂桯"及其相关构件——兼论其与中国江南建筑关系》，《木构建筑文化遗产保护与利用国际研讨会会议资料》，宁波市文化广电新闻出版局，2016年，第171页。林琳：《日本禅宗样建筑所见的〈营造法式〉中"挑斡"与"昂桯"及其相关构件——兼论其与中国江南建筑关系》，《建筑史》2017年第40辑，中国建筑工业出版社，第216页。

③ 实例基本上都是外檐铺作，用于内檐铺作的下昂只有一例：角直保圣寺大殿。

④ 朱永春：《〈营造法式〉中"挑斡"与"昂桯"及其相关概念辨析》，《二零一六年中国〈营造法式〉国际研讨会论文集》，福州大学建筑学院，2016年，第138页。朱永春：《〈营造法式〉中"挑斡"与"昂桯"及其相关概念辨析》，《建筑学报》2018年第2期，第29页。

⑤ 《铺作构件之——飞柳》，http://blog.sina.com.cn/s/blog_4de138e50102dxoi.html,2012-02-12/2018-05-08。

如六铺作重抄上用者，自栌斗心出第一跳华栱心长二十七分，第二跳华栱心及上昂心共长二十八分。（华栱上用连珠斗，其斗口内用鞾楔，七铺作、八铺作同。）平棊方至栌斗口内共高六材五栔，于两跳之内当中施骑斗栱。

如七铺作于重抄上用上昂两重者，自栌斗心出第一跳华栱心长二十三分，第二跳华栱心长一十五分。（华栱上用连珠斗。）第三跳上昂心（两重上昂共此一跳）长三十五分，其平棊方至栌斗口内共高七材六栔。（其骑斗栱与六铺作同。）

如八铺作于三抄上用上昂两重者，自栌斗心出第一跳华栱心长二十六分，第二跳第三跳并华栱心各长一十六分。（于第三跳华栱上用连珠斗。）第四跳上昂心（两重上昂共此一跳）长二十六分。其平棊方至栌斗口内共高八材七栔。（其骑斗栱与七铺作同。）

凡昂之广厚并如材。……上昂施之里跳之上及平坐铺作之内，昂背斜尖皆至下斗底外，昂底於跳头斗口内出，其斗口外用鞾楔（刻作三瓣）。[①]

由上述文字可知，上昂用于里跳之上或平坐铺作之内，昂头斜出向上（下昂垂尖向下），昂身斜收向里，并过柱心。

从《法式》上文来看，上昂并不局限于外檐铺作，但不论用于外檐铺作还是内檐铺作，它均在里跳[②]。同时通过《法式》原文及《法式·卷三十·上昂侧样图》（图二）可知，上昂昂头上承一材两栔，再在其上设一材的平棊方。七铺作和八铺作则设双上昂，也就是说上昂未必直接承平棊方，也同时存在间接承平棊方的上昂。而如果是双上昂，下层上昂与上层上昂之间一般是一斗。

因此，上昂在形态上与挑斡有共通之处：都是在上端设简单斗栱组合（一斗或一材两栔）的斜向构件；同时两者都用在铺作的里跳。上昂与挑斡的区别就在于，上昂除开平坐铺作不论，一般用于设平棊的建筑中，并且是在平棊方下，其作用是直接或者间接支撑平棊方；而挑斡是设在彻上明造的建筑中，其作用是直接或者间接支撑下平槫[③]。虽然从《法式》原文暂无法断定昂桯的形态，但可以肯定的是，它也用于彻上明造铺作的里跳，用以支撑不出昂尖的挑斡[④]。再有一点就是上昂无论是水平尺度还是垂直尺度都受严格的材栔分制度制约，也就是说上昂是整合于铺作中的构件，与挑斡作为连接铺作和大木构架的构件性质迥然有别，这也是朱永春所指出的上昂的特质之一[⑤]。

---

① 李诫：《营造法式》，台湾商务印书馆，1984 年，第 431 页下栏、第 432 页上栏。

② 陈明达曾专门探讨里跳、外跳的问题，他认为里跳专指"外槽之内的一侧"，并据此解释"上昂用于里跳之上"的记文与"总铺作次序"中"凡铺作并外跳出昂"相互矛盾的问题。陈明达：《营造法式大木作制度研究》，文物出版社，1981 年，第 134～136 页。潘谷西也曾就这个问题展开，他认为"上昂用于里跳之上"中的里跳指屋内一侧的出跳，而"总铺作次序"中"凡铺作并外跳出昂"的昂应该仅限指下昂，不含上昂。潘谷西、何建中：《〈营造法式〉解读》，东南大学出版社，2005 年，第 102～103 页。我们倾向于潘谷西的观点。

③ 最早指出上昂与挑斡功能和位置关系不同的是张十庆。张十庆：《南方上昂与挑斡作法探析》，《建筑史论文集》2002 年第 16 辑，清华大学出版社，第 34 页；张十庆：《中国江南禅宗寺院建筑》，湖北教育出版社，2002 年，第 184 页。

④ 朱永春最早指出上昂与昂桯使用位置不同这一重要的区别："室内上昂铺作是承平棊的，而昂尾挑斡以及下文将论及的'昂桯'，均为彻上明造，这是区分'上昂'与'昂桯'的判据之一。朱永春：《两浙福建宋元遗存中所见〈营造法式〉大木作的三个问题——从宁波保国寺大殿与福州华林寺大殿切入》，《木构建筑文化遗产保护与利用国际研讨会会议资料》，宁波市文化广电新闻出版局，2016 年，第 49 页。朱永春：《两浙福建宋元遗存中所见〈营造法式〉大木作的三个问题——从宁波保国寺大殿与福州华林寺大殿切入》，《东方建筑遗产》（2016～2017 年卷），文物出版社，2018 年，第 30 页。

⑤ 朱永春：《闽浙宋元建筑遗存所见的〈营造法式〉中若干特殊铺作》，《2013 年保国寺大殿建成 1000 周年系列学术研讨会论文合集》，科学出版社，2015 年，第 40～41 页。

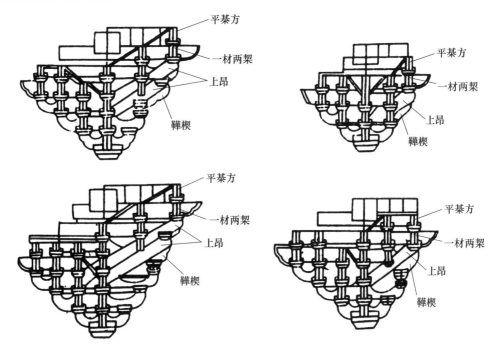

图二　《营造法式》中的上昂侧样

（底图来自《营造法式》卷三十《上昂侧样》）

（三）总结

综合以上的分析来看，《法式》中的上昂、挑斡、昂桯分别有如下的特征：

上昂用于设平棊的建筑铺作里跳，或者是平坐处的铺作。其形象特征是，昂头斜向铺作外侧，昂身斜收向铺作内并过柱心[①]。上昂的作用在于直接或者间接支撑平棊方（或是平坐铺作上方的铺版方）。

挑斡则指下昂昂尾的一种上挑简单斗栱组合的做法，用于彻上明造建筑铺作里跳。其形象特征是下昂后尾上挑一斗或者一材两栔，至于前面是否出昂尖，后尾是否上至下平槫则没有规定。而挑斡的作用在于直接或间接支撑下平槫（方），因此无论挑几层，最上面的斜材必以上至下平槫为特征。

昂桯也和挑斡一样设在彻上明造建筑铺作的里跳。昂桯是不出昂尖的挑斡下面设置的一种构件，其作用应该是支撑不出昂尖挑斡的后尾。

三者共同之处在于都可以用在铺作里跳，并且都是组合在斗栱中的斜向构件（表三）。

表三　《法式》上昂、挑斡、昂桯特征列表

序号	构件	使用位置	形态特征	功能
1	上昂	设平棊建筑的铺作里跳 平坐铺作外、里跳[②]	昂头斜向铺作外侧，昂身斜收向铺作内并过柱心	直接或间接支撑平棊方，或平坐中的铺版方
2	挑斡	彻上明造建筑铺作里跳	下昂昂尾的一种上挑简单斗栱组合的做法 与昂尖出否无关 挑斡可出多层，以最上层斜材至下平槫为形象特征	直接或间接支撑下平槫（方）
3	昂桯	彻上明造建筑铺作里跳 不出昂尖挑斡下方束阑方下	待考	支撑不出昂尖挑斡的后尾

①　此处的内外是相对铺作而言，并非相对于房屋而言。

②　如为叉柱造，平坐补间铺作里、外跳均可设上昂；如为缠柱造，则平坐柱头铺作的外跳和补间铺作里、外跳可设上昂。

上文主要解读了《法式》中和上昂、挑斡、昂桯相关的条文，但有关"昂桯"的形态仍存疑问。下面从文字字义上来看"昂桯"这种构件可能的形式。

三、"桯"字释义

从《法式·总释》可以知道，上昂在形态上与昂桯、挑斡有相似之处，同时从《法式·大木作制度》昂桯和挑斡并提来看两者之间亦存不同。也就是说昂桯和上昂、挑斡一样都是可用于铺作里跳的斜向构件。但在形态上昂桯和挑斡、上昂之间到底应该怎样区别呢？下面从文字释义上深入这一问题。

（一）桯——"床前几"或"榻前几"

桯这个字，最早收录的小学史籍[①]是《方言》，该书卷五："桯，榻前几，江沔之间曰桯，赵魏之间谓之椸。"[②]另有《说文·木部》："桯，床前几，从木呈声。"[③]《方言》完成于新莽时期，《说文》完成于东汉中期的公元 121 年，这时还是席地而居的时代，床则"非特卧具也，而是坐物"[④]，此时设于床前的几，也就是桯的形象如图三所示。很像是设有曲腿的长案，也与后世所谓的床边的长凳形似。从床前几的"桯"来看其与《法式》中"昂桯"的形象和功能都差得很远。

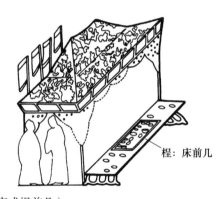

桯：榻前几　　　　　　　　　　　　　　　　桯：床前几

图三　汉代的桯（床或榻前几）

[底图来自文献《河南密县打虎亭东汉画像石雕像考释》第 61 页配图（左）、《汉代物质文化资料图说》第 227 页图 56-3（右）]

（二）桯——"圆柱形酒器"

另外《说文·木部》："桱，桯也，东方谓之荡，从木巠声。"[⑤]经裘锡圭论证此文应是："桱，桱桯也，东方谓之荡，从木巠声。"而桱桯实为双音词，指圆筒形的酒器（图四）[⑥]。显然"桱桯"也与《法式》"昂桯"无关。

---

① 小学史籍即传统的文字学史籍，包含汉字的形音义及其历史演变等内容的史籍。

② 扬雄撰、郭璞注、戴震疏证：《輶轩使者绝代语释别国方言》（一），北京商务印书馆，1937 年，第 116 页。

③ 许慎撰、徐铉校定：《说文解字》，中华书局，1961 年，第 121 页下栏。

④ 王观国撰：《学林》，中华书局，1985 年，第 111 页。

⑤ 许慎撰、徐铉校定：《说文解字》，中华书局，1961 年，第 121 页下栏。

⑥ 裘锡圭：《鏗与桱桯》，《文物》1987 年第 9 期，第 28～32 页。

（三）桯——"床两边长汀"

《仪礼·既夕礼》："迁于祖，用轴。"[1] 郑玄注曰："轴，輁轴也。轴状如转辚，刻两头为轵；輁如长床，穿桯前后，著金而关轵也。"[2] 贾公颜疏："云輁轴也者，下记云：'夷床輁轴是也。'云：'轴，状如转辚'者，此以汉法况之。汉时名转轴为转辚。辚，轮也。故《士丧礼》云：'升棺用轴'，注云：'轴，輁轴也'。輁，状如床；轴其轮，輓而行。是以，轮为辚也。云：'刻两头为轵'者，以轮头为轵，刻轴使两头细穿入輁之两髀，前后二者皆然。云：'輁，状如长床，穿桯前后，著金而关轴焉'者，此輁既云长如床，则有先后两畔之木，状

图四　西汉前期的桱桯：湖北云梦 M77
西汉墓出土竹筒（桱桯）
（资料来源：《湖北云梦睡虎地 M77 发掘简报》
彩版一二图 1）

如床髀，厚大为之。两畔为孔，著金钏于中。前后两畔皆然。然后关轴于其中。言桯者，以其厚大可以容轴，故名此木为桯也。"[3] 也就是说《仪礼》中"迁于祖"时使用"輁轴"，所谓輁轴就是以轴作轮的丧礼陈尸之床，牵拉前行（图五）[4]。而郑玄所言"桯"，就是设在"夷床"（陈尸之床——輁）两侧厚大的木构件——用以容"轮轴"穿过。古代的车子车轴一般都是固定的，因此车轴和车厢之间一般用伏兔进行连接。而在輁轴这种灵柩车中，以车轴为车轮，因此就有必要将车轴穿过固定在车厢两侧厚大的木构件上，这个厚大的木构件就是桯。类似的词汇还见于《续高僧传·卷五·释僧旻》："有进给床五十张，尤为迫迮，枕桯摧折。"[5] 慧琳释此处的"桯"为："床两边长汀也。也名床桫。"[6] 显然"輁轴"、"枕桯"之"桯"义相类，但与《法式》"昂桯"似乎相去甚远。

　　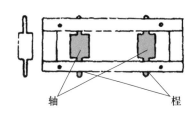

轴　　　　桯

图五　《仪礼》中的輁轴（灵柩车）
［底图来自《新定三礼图》第 234-235 页（左）和《三礼通论》第 305 页图 91（右）］

---

① 贾公彦撰：《仪礼疏》，文物出版社，1982 年，卷三十八，第 4 页。
② 贾公彦撰：《仪礼疏》，文物出版社，1982 年，卷三十八，第 4 页。
③ 贾公彦撰：《仪礼疏》，文物出版社，1982 年，卷三十八，第 4 页。
④ 钱玄著：《三礼通论》，南京师范大学出版社，1996 年，第 305 页。
⑤ 道宣：《续高僧传》，文殊出版社，1988 年，卷五，第 134 页。
⑥ 慧琳：《一切经音义》，中华书局，1993 年，卷九十一，第 193 页。

（四）桯——"横木"

另外南唐徐锴在《说文解字系传》中解释"桯"字时，曾经指出"桯，即横木也。"[1]《法式》中除了"昂桯"之外，也多见"桯"字，例如卷六中的乌头门[2]、软门[3]、截间屏风骨[4]、四扇屏风骨[5]、版引檐[6]、格子门[7]、堂阁内截间格子[8]、平棊[9]、牙脚帐[10]、壁帐[11]等小木作中都有"桯"这种构件，而破子棂窗[12]、阑槛钩窗[13]、殿内截间格子[14]等小木作中还有"子桯"这种构件，从《法式》记载的尺寸来看，桯和子桯都是一种扁方的长杆。《法式》中另有"算桯方"[15]，是用于铺作里跳跳头最上面的方材。而元代杂剧《玎玎当当盆儿鬼》第三折："被门桯绊我一个合扑地。"[16] 显然此处的门桯与《法式》中各种门的"桯"一样，也是一种横木[17]。另有《农政全书》："耙桯长可五尺，阔可四寸，两桯相离五寸许。其桯上相间各凿方窍以纳木齿。"[18]（图六）《法式》昂桯中的桯字有可能取此"横木"意，朱永春即持此观点：他认为昂桯的桯字就是"木条或杆状构件"[19]。

（五）桯——"碓桯"

在慧琳《一切经音义》中引用了《韵诠》："碓桯。"[20] 同样的解释也见于《广韵·青韵》："桯，碓桯。"[21] 碓，是我国一种传统的舂米工具。最早的时候是一臼一杵，手持杵舂米；后来用柱架起一根木杠，在杠的一头系石头，脚踏另一端，一起一落舂米，这种工具就是碓；后来也出现了用水力、畜力等的碓。而碓桯就是支撑起木杠的柱子（图七）。在碓这种工具中，起主要作用的是木杠，很明显木杠是一种杠杆，而其支点就是碓桯上方的横木。

---

① 徐锴：《说文解字系传》，中华书局，1987 年，第 114 页上栏。
② 李诫：《营造法式》，台湾商务印书馆，1984 年，第 445 页下栏。
③ 李诫：《营造法式》，台湾商务印书馆，1984 年，第 446 页下栏。
④ 李诫：《营造法式》，台湾商务印书馆，1984 年，第 449 页上栏。
⑤ 李诫：《营造法式》，台湾商务印书馆，1984 年，第 449 页下栏。
⑥ 李诫：《营造法式》，台湾商务印书馆，1984 年，第 445 页下栏。
⑦ 李诫：《营造法式》，台湾商务印书馆，1984 年，第 453 页下栏。
⑧ 李诫：《营造法式》，台湾商务印书馆，1984 年，第 456 页上栏。
⑨ 李诫：《营造法式》，台湾商务印书馆，1984 年，第 461 页下栏。
⑩ 李诫：《营造法式》，台湾商务印书馆，1984 年，第 478 页上栏。
⑪ 李诫：《营造法式》，台湾商务印书馆，1984 年，第 483 页上栏。
⑫ 李诫：《营造法式》，台湾商务印书馆，1984 年，第 447 页上栏。
⑬ 李诫：《营造法式》，台湾商务印书馆，1984 年，第 455 页上栏。
⑭ 李诫：《营造法式》，台湾商务印书馆，1984 年，第 455 页上栏。
⑮ 李诫：《营造法式》，台湾商务印书馆，1984 年，第 429 页下栏、第 471 页上栏。
⑯ 臧晋叔编：《元曲选》第四册，中华书局，1958 年，第 1402 页。
⑰ 也有观点认为此处的门桯是门槛之义。王亚男、邵则遂：《古楚方言词"桯"源流探析》，《湖北社会科学》2014 年第 11 期，第 132 页。
⑱ 徐光启：《农政全书》（清道光二十三年上海太原氏刻本），卷二十一，第 7 页。
⑲ 朱永春：《〈营造法式〉中"挑斡"与"昂桯"及其相关概念辨析》，《二零一六年中国〈营造法式〉国际研讨会论文集》，福州大学建筑学院，2016 年，第 137 页。朱永春：《〈营造法式〉中"挑斡"与"昂桯"及其相关概念辨析》，《建筑学报》2018 年第 2 期，第 28 页。
⑳ 慧琳：《一切经音义》，中华书局，1993 年，卷九十一，第 193 页。
㉑ 陈彭年等重修、陆法言撰本：《覆宋本重修广韵》，中华书局，1985 年，卷二，第 177 页。

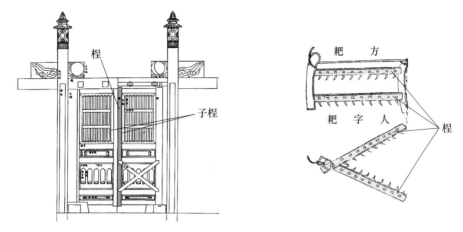

图六　各种横木——桯

[底图来自《营造法式の研究》第二卷第 197 页插图 122（左）和《农政全书》卷二十一第 7 页图（右）]

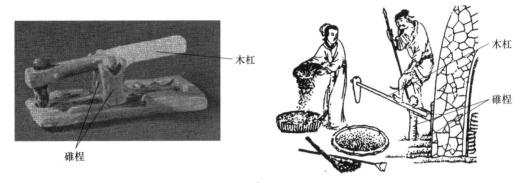

图七　古代践碓①形象及其中的碓桯

[底图来自《唐郑仁泰墓发掘简报》图版十二图 6（左）和《元曲选（39 册）》咿咿哑哑乔捣碓图（右）]

由此不难看出碓桯与《法式》昂桯有相似的功能。出昂尖的下昂本身就是一个杠杆，但是当下昂不出昂尖时，柱头方等不再胜任下昂支点的作用；而当下昂不出昂尖又做出挑斡时，挑斡意味着昂尾需要提供向上的力，要做到这一点就需要再次将不出昂尖挑斡的下昂变成一个杠杆，昂桯的作用就是用来给这个不出昂尖挑斡的下昂在铺作内侧提供一个支点，以便使其再次成为一个杠杆（图八）。因此就这一点来看昂桯虽然和上昂、挑斡形似，但实际功能却明显不同，它的功能就是给杠杆（不出昂尖挑斡）支点②提供支撑。从碓桯的形象来看，其与轪轴的桯有一脉相承的关系。

（六）桯——其他释义

另外桯字在古代还有"车盖柄下方的套管"③和"柱子"④等两个意思，其中后者与前述"碓桯"的"桯"字字义有一定的联系。

---

① 践碓即采用脚踏方式工作的碓。
② 我们认为这个支点就是《法式》中所提到的"束阑方"。
③ 郑玄注：《周礼注疏》（下），上海古籍出版社，2010 年，第 1548 页。
④ 《集韵》："楹桯，《说文》：'柱也。'引《春秋传》：'丹桓宫楹。'或从嬴，从呈。"丁度：《集韵》（第 2 册），上海古籍出版社，1983 年，卷四，第 7 页。

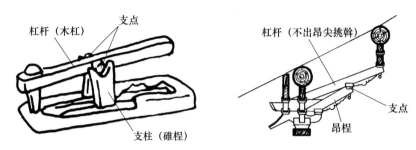

图八　碓桯和昂桯的功能分析
［底图摹自《唐郑仁泰墓发掘简报》图版十二图 6（左）和《共同的遗产》第 69 页图 6-20］

四、结　语

　　昂桯是记载于《营造法式》里的一种构件，长期以来对它的诠释基本处于阙如的状态，近年朱永春和林琳在这方面做出了突破性的工作，其思路是从《法式》原文出发，用与之形似的上昂和挑斡结合实例展开研究。本研究沿用这两位学者的思路深入《法式》原文，再辅以汉字小学的研究。初步研究发现：上昂、挑斡、昂桯都是用在铺作中的斜向构件，其上方均设有简单的斗栱组合。三者的差异在于，①上昂用于设平棊或者平闇的建筑中①，而挑斡和昂桯则设于彻上明造建筑中；②上昂的作用在于直接或间接支撑平棊方、井口方，挑斡的作用在于直接或间接支撑下平槫，而昂桯的作用在于直接或间接支撑不出昂尖的挑斡后尾。而从汉字小学的角度来看昂桯与历史上的农用机械践碓中的碓桯存在联系，其功能在本质上都是杠杆的支柱。这是本研究的初步结论，本研究的下篇将结合东亚建筑实例继续论证和深入相关问题。

参 考 文 献

［1］　李诫：《营造法式》（文渊阁本），台湾商务印书馆，1984 年。

［2］　梁思成：《营造法式注释（卷上）》，中国建筑工业出版社，1983 年。

［3］　竹岛卓一：《营造法式の研究》，中央公论美术出版，1971 年。

［4］　陈明达：《营造法式大木作制度研究》，文物出版社，1981 年。

［5］　徐伯安、郭黛姮：《宋〈营造法式〉术语汇释》，《建筑史论文集》1984 年第六辑，第 1～79 页。

［6］　何建中：《宋代建筑术语解释》，《〈营造法式〉解读》，东南大学出版社，2005 年，第 242～266 页。

［7］　何建中：《宋代建筑术语解释》，《〈营造法式〉解读》（第二版），东南大学出版社，2017 年，第 242～266 页。

［8］　陈明达：《〈营造法式〉辞解》，天津大学出版社，2010 年。

［9］　潘谷西、何建中：《〈营造法式〉解读》，东南大学出版社，2005 年，第 100～103 页。

［10］　潘谷西、何建中：《〈营造法式〉解读》（第二版），东南大学出版社，2017 年，第 100～103 页。

［11］　张十庆：《南方上昂与挑斡作法探析》，《建筑史论文集》2002 年第 16 辑，清华大学出版社，第 31～45 页。

［12］　张十庆：《中国江南禅宗寺院建筑》，湖北教育出版社，2002 年，第 179～194 页。

［13］　朱永春：《〈营造法式〉中"挑斡"与"昂桯"及其相关概念辨析》，《二零一六年中国〈营造法式〉国际研讨会论文集》，福州大学建筑学院，2016 年，第 135～144 页。

［14］　朱永春：《〈营造法式〉中"挑斡"与"昂桯"及其相关概念辨析》，《建筑学报》2018 年第 2 期，第 28～31 页。

［15］　朱永春：《两浙福建宋元遗存中所见〈营造法式〉大木作的三个问题——从宁波保国寺大殿与福州华林寺大

---

　　① 上昂还可用于平坐铺作中，在这里其作用在于直接或间接支撑铺版方。

殿切入》,《木构建筑文化遗产保护与利用国际研讨会会议资料》,宁波市文化广电新闻出版局,2016 年,第
44~57 页。

[16] 朱永春:《两浙福建宋元遗存中所见〈营造法式〉大木作的三个问题——从宁波保国寺大殿与福州华林寺大
殿切入》,《东方建筑遗产》2018 年 2016~2017 年卷,文物出版社,第 25~36 页。

[17] 林琳:《日本禅宗样建筑所见的〈营造法式〉中"挑斡"与"昂桯"及其相关构件——兼论其与中国江南建
筑关系》,《木构建筑文化遗产保护与利用国际研讨会会议资料》,宁波市文化广电新闻出版局,2016 年,第
169~195 页。

[18] 林琳:《日本禅宗样建筑所见的〈营造法式〉中"挑斡"与"昂桯"及其相关构件——兼论其与中国江南建
筑关系》,《建筑史》2017 年第 40 辑,中国建筑工业出版社,第 214~230 页。

[19] 林琳:《日本禅宗样建筑所见的〈营造法式〉中"挑斡"与"昂桯"及其相关构件——兼论其与中国江南建
筑关系》,《东方建筑遗产》2018 年 2016~2017 年卷,文物出版社,第 79~100 页。

[20] 朱永春:《闽浙宋元建筑遗存所见的〈营造法式〉中若干特殊铺作》,《2013 年保国寺大殿建成 1000 周年系列
学术研讨会论文合集》,科学出版社,2015 年,第 40~46 页。

[21] 朱光亚:《探索江南明代大木作法的演进》,《南京工学院学报（建筑学专刊）》1983 年第 2 期,第 100~118 页。

[22] 孔磊:《瓯越乡土建筑大木作技术初探》,上海交通大学船舶海洋与建筑工程学院,2008 年,第 70~82 页。

[23] 贾洪波:《关于宋式建筑几个大木构件问题的探讨》,《故宫博物院院刊》2010 年第 3 期,第 91~109、158 页。

[24] 张柱庆:《苏州市殿堂大木构架形式特征探析》,上海交通大学船舶海洋与建筑工程学院,2013 年,第
72~77 页。

[25] 温静:《組物から見た中国宋・遼・金代建築の研究》,东京大学工学系研究科,2015 年,第 23~44 页。

[26] 俞莉娜、徐怡涛:《晋东南地区五代宋元时期补间铺作挑斡形制分期及流变初探》,《中国国家博物馆馆刊》
2016 年第 6 期,第 21~40 页。

[27] 马叙伦:《说文解字六书疏证》13,科学出版社,1957 年,第 139 页。

[28] 李学勤主编,赵平安副主编:《字源》3,天津古籍出版社、辽宁人民出版社,2013 年,第 1243 页。

[29] 约斋编著:《字源》,上海书店,1986 年,第 138 页。

[30] 许慎撰、徐铉校定:《说文解字》（陈昌治刻本·1873 年·同治癸酉）,中华书局,1961 年。

[31] 李昉等编纂:《太平御览》（卷七百六十二）,台湾商务印书馆,1984 年,第 724~725 页。

[32] 喻梦哲:《宋元样式的南方殿阁实例——时思寺大殿研究》,《建筑史论文集》2013 年第 31 辑,清华大学出版
社,第 85~96 页。

[33] 《铺作构件之——飞柳》,http://blog.sina.com.cn/s/blog_4de138e50102dxoi.html,2012-02-12/2018-05-08。

[34] 孙作云:《河南密县打虎亭东汉画像石墓雕像考释》,《开封师院学报（社会科学版）》1978 年第 3 期,第
59~77 页。

[35] 孙机:《汉代物质文化资料图说》,文物出版社,1991 年,第 227 页。

[36] 扬雄撰、郭璞注、戴震疏证:《輶轩使者绝代语释别国方言》（一）（聚珍版丛书本）,商务印书馆,1937 年,
第 116 页。

[37] 王观国撰:《学林》（丛书集成初编本）,中华书局,1985 年,第 111 页。

[38] 裘锡圭:《鋞与桱桯》,《文物》1987 年第 9 期,第 28~32 页。

[39] 湖北省文物考古研究所、云梦县博物馆:《湖北云梦睡虎地 M77 发掘简报》,《江汉考古》2008 年第 4 期,第
31~37、141~146、148 页。

[40] 聂崇义:《新定三礼图》（析城郭氏家塾刻本·1247 年·淳祐丁未）,浙江人民美术出版社,2015 年,第
234~235 页。

[41] 钱玄著:《三礼通论》,南京师范大学出版社,1996 年,第 305 页。

[42] 贾公彦撰:《仪礼疏》（张古余刻本）,文物出版社,1982 年,卷三十八,第 4 页。

［43］ 道宣:《续高僧传》, 文殊出版社, 1988 年, 卷五, 第 134 页。

［44］ 慧琳:《一切经音义》[《中华大藏经》(五十九) 本], 中华书局, 1993 年, 卷九十一, 第 193 页。

［45］ 徐锴:《说文解字系传》(祁寯藻刻本·1839 年·道光己亥), 中华书局, 1987 年, 第 114 页上栏。

［46］ 臧晋叔编:《元曲选》第四册, 中华书局, 1958 年, 第 1422 页。

［47］ 王亚男、邵则遂:《古楚方言词 "桯" 源流探析》,《湖北社会科学》2014 年第 11 期, 第 130～134 页。

［48］ 徐光启:《农政全书》(上海太原氏据徐氏家藏明版校刊重刻本), 上海太原氏, 1843 (道光癸卯), 卷
二十一, 第 7 页。

［49］ 陈彭年等重修、陆法言撰本:《覆宋本重修广韵》(丛书集成初编本·影印古逸影宋本), 中华书局, 1985 年,
卷二, 第 177 页。

［50］ 陕西省博物馆礼泉县文教局唐墓发掘组:《唐郑仁泰墓发掘简报》,《文物》1972 年第 7 期, 第 33～42、
77～78 页。

［51］ 臧懋循辑:《元曲选》(39 册《魔合罗、盆儿鬼》), 臧懋循雕虫馆, 1616 年 (万历丙辰)。

［52］ 上海现代 (集团) 建筑设计有限公司:《共同的遗产》, 中国建筑工业出版社, 2009 年, 第 69 页。

［53］ 郑玄注:《周礼注疏》(下), 上海古籍出版社, 2010 年, 第 1548 页。

［54］ 丁度:《集韵》(第 2 册)(影印述古堂影宋钞本), 上海古籍出版社, 1983 年, 卷四, 第 7 页。

Discrimination of Three Terms *Shang'ang*, *Tiaowo* and *Angting*（Part I）

XIE Yibing, ZHANG Yijie, LUO Hanrui

(School of Architecture and Design, Southwest Jiaotong University, Chengdu, 611756)

Abstract: *Shang'ang*, *Tiaowo* and *Angting* are three terms of Chinese traditional timber structure recorded in *Ying Zao Fa Shi*, a Chinese ancient monograph on architectural technology finished around AD 1104. Past researchers often confused these three terms, although Zhu Yongchun and Lin Lin had discussed these terms in detail and made a great breakthrough, there still remain several questions. This paper analyses relative records in *Ying Zao Fa Shi* and interprets the specific meaning of *Angting* by analyzing the ancient meaning of the Chinese character of *Ting*. The study shows that *Shang'ang*, *Tiaowo* and *Angting* are all slanting components in the inward projecting bracket. *Shang'ang* was used in the buildings with paneled ceiling and its function was to support beams of ceiling directly or indirectly, while it was also used in the bracket set of *Pingzuo* to support beams. *Tiaowo* should be a practice of the end of *Xiaang*, a kind of slanting components in bracket set, its function should be to support purlins called *Xia Ping Tuan* in Chinese. *Angting* was used in buildings without ceiling and its function should be to support *Tiaowo*.

Key words: *Shangang, Tiaowo, Angting, Ying Zao Fa Shi*

明清雄安地区文庙建筑营建史略*

段智钧　李丹彤

（北京工业大学城市建设学部，北京市历史建筑保护工程技术研究中心，北京，100124）

摘　要：通过考察明清时期雄安地区雄县城、容城县城、安州城和新安县城这四座城池的文庙营建发展历程，探索有关文庙建筑布局的演变特征及其内在联系，总结此地区文庙建筑营造历史实践的一定规律与特点。

关键词：明清时期；雄安地区；文庙建筑；演变历程；布局特点

文庙，又称孔庙，是中国古代尊崇和祭祀以孔子为代表的儒学先圣先贤的庙宇建筑空间，也是广泛分布于全国各级建制城市的重要建筑类型。文庙往往也是各地最重要最高级别官办学校（儒学）所在地，因此一般也合称为学宫、庙学等（以下均统称为"文庙"）。由于在地方建筑中占据重要的地位，明清时期在全国范围官方、民间均对文庙不断进行修缮、增建，"世之谭政者靡不以崇教化重学校为务，诚重之也，舍此即兢兢于簿书，期会间抑未焉耳，故学宫规制不可不备，庙貌不可不新，堂斋不可不洁"。^① 大部分地区的明清文庙都发展到了历史上的最大规模和最鼎盛阶段，雄安地区文庙建筑同期也有相应的营建发展，本文尝试开展一定探讨。

今天的雄安地区范围主要包含河北省雄县、容城县、安新县这三个行政县的县城所在地（镇）及周边区域。在明清时期，这个地区共建有由州、县官办文庙四座，分布在四座城池之内，分别为雄县（今雄县）文庙、容城县（今容城县）文庙、新安县（今安新县）文庙和安州（今安新县安州镇）文庙（图一）。雄安地区自古以来从上而下重视教育，崇尚文化，"古者，建国亲民必立学校者，储养人才之地教化所由隆也，……有司者所宜，隆师教，敦士习，先德行而后文艺，相与鼓

图一　明清时期雄安地区主要文庙建置州、县关系示意图

---

*　北京工业大学 2019 基本科研业务项目。

① 道光《安州志·卷六·学校》。

舞，不倦不可徒。为粉饰文具已也，故举历代尊崇之典而并详其仪，使知国家建学之至意"。^① 关于明清时期雄安地区文庙的营建历程，通过对相关史料的考察，下面分别加以讨论。

一、雄 县 文 庙

雄县位于今雄安地区东北方向，雄县明清城池平面大致为一个南北走向，东西较狭的矩形。宋、元为雄州，明太祖洪武七年（1374 年）降雄州为雄县。明清时期雄县文庙建筑发展大致可归纳为三个阶段，下面我们结合文庙建筑的布局变化进行一定梳理。

（一）元末至明初——基本创制时期

通过考察相关史料，我们现知雄县元代的学校位于雄县城的北部，"元在学之东北"，明代文庙则是从之前更偏东北位置的名为"夫子窟"处迁建而来^②。明太祖洪武八年（1376 年）改创，基本奠定了其明代前期文庙的基本形制基础。

这一时期雄县文庙布局南北向大致可见五个层次（院落空间），其核心为大成殿、明伦堂等主要建筑所在的"前（孔）庙、后（儒）学"南北两个合院空间。儒学合院的主要建筑是南向居中的明伦堂五间，堂壁上刻有（洪武帝朱元璋）御制卧碑一通，堂东西两翼各有耳房，左侧为"祭器库"，右侧为"养贤仓"。明伦堂前的庭院空间，名为"礼庭"，礼庭左右各分列有一通科贡题名碑。礼庭东西两侧设有两所学斋，东曰"明德斋"，西曰"日新斋"，两斋相向。两斋南侧东西各有日常号房（东号、西号）七间，两侧号房南端围墙连接，围墙正中开有随墙门，为儒学正门。此时，儒学合院构成了较为严整的四面围合关系。

儒学正门前为一条东西向横路，路东端为仪门（也称为"礼门"），出礼门折向南为一狭长围墙间夹道，夹道沿孔庙往南，尽端为"庠门"，为儒学最外一道大门，直通文庙外街道。

出礼门向东，正对为射圃门，射圃门居于射圃箭道的最南端，其北端有一座观德亭，当为其时习射、行乡射礼仪之所在。在射圃以南的一个狭长院落内，建有名宦祠和乡贤祠，其并列布局方式尚未厘清（有显示东西并置，有显示南北错落），此一区为整个文庙最东南的院落，院落开门向西，通往庠门夹道。

儒学正门前横路以南为孔庙合院，南向的文庙大殿五间为其中的主要建筑，大殿两厢分别为东、西庑，围合为一个祭祀庭院空间，庭院南侧有围墙，围墙上开有三座门，中为孔庙门，两侧各有一座角门。为便于与孔庙后的儒学合院沟通，在文庙大殿后围墙东侧也开有一座角门，可通儒学正门前那条横路。

从纵向院落层次来看，雄县文庙"前庙后学"的院落空间可以划出一条南北向贯穿的中轴线。沿此中轴线向南，在孔庙院落之前还有一个空间层次，即棂星门内的院落空间；而在棂星门外，"有屏有坊，东曰'泮宫'，西曰'儒林'"^③，即一个屏风照壁加上东、西牌坊共同围合的前导空间。

---

① 民国《容城县志·卷三·文庙》。
② 《嘉靖雄乘·建置第五·学校》。
③ 《嘉靖雄乘·建置第五·学校》。

在中轴线的最北端，儒学合院之后，也即明伦堂之后，还有文庙主责官员——教谕的宅邸，自成一个院落。

从横向院落分布来看，由一条南北向中轴线贯穿的前导空间、棂星门内空间、孔庙合院、儒学合院、教谕宅院落依序居中布置；其平行东侧为另一条南北向轴线贯穿较为窄长的前部乡贤祠＋名宦祠院落、后部的射圃＋观德亭院落。其平行西侧也是一条窄长的院落，但建筑布局并未形成明确的轴线坐落，且建筑较少，仅有文庙两位副手学官——训导的住宅，未见清晰的院落组合关系。

此时的文庙建筑院落东、中、西三组院落，每组院落各有若干空间层次的总体布局已创制成型，"其制广二十有八丈，袤七十丈，四至直方，三廊俱通瓦济（街）"①。

（二）明代中期——增修新制时期

明初以后，雄县文庙在景泰年间（1450～1457年）、天顺年间（1457～1464年）、弘治年间（1488～1505年）、正德年间（1506～1521年）等均有不断小规模修缮的记录。到明世宗嘉靖年间（1522～1566年）结合议礼等全国范围礼制及实际功能要求，雄县文庙又得以完善充实，包括新建敬一亭、启圣庙，以及镜堂等，"视前为备，故士多宁宇肆业焉"②。

在儒学合院的礼庭南侧中轴线位置，新建有"敬一亭"一座，在其中，列明世宗嘉靖五年（1526年）"颁御制'敬一箴'于学宫"③，以教化天下，宣扬儒学而作的"敬一箴"碑，以及其他碑，共"立碑七通"④，因此也被称为碑亭。又在棂星门内院落的北墙东侧，添设"启圣庙"一座三间，启圣庙（祠）也是典型的由嘉靖帝议礼而新创制的文庙建筑类型。启圣庙（祠）中奉祀孔子之父"启圣公"叔梁纥，明嘉靖九年（1530年），嘉靖帝依大学士张璁等人建议，提出典重本原，仅祀孔子则不能推本其所自出，特别追封其父为启圣公，"凡学别立一祠，中叔梁纥，题启圣化孔氏神位，以颜无繇、曾点、孔鲤、孟孙氏配"⑤。

此外，因明初雄县文庙创制时占地较大，建筑密度不高，明嘉靖之前，在东北部射圃与教谕宅之间隙地还新建了一座"镜堂"，前有"明远"轩门，可通过祭器库东侧墙开的小门直抵明伦堂前。据《大梁杨东山镜堂记》记载："雄邑庠明伦堂之东有僻地焉，……明年构堂三楹，名曰东堂，盖为游息潜修之所也，落成之期，客有献方镜者……更堂之名为镜堂"⑥，镜堂一区实际上是一组独立的小型休憩园林建筑，"西岩远峙，石径通桥，曲水环合，前后桃李数株，春华夏实，鲜如硕如，丛菊茂竹"，是当时地方官员同僚文人雅聚胜地。

（三）明末至清代——完善修整时期

明代末期至清前期在此前基础上，又在雄县文庙地块内稍有添建，包括新建尊经阁、文庙大殿后开西便门等，并不断修葺。

---

① 《嘉靖雄乘·建置第五·学校》。
② 《嘉靖雄乘·建置第五·学校》。
③ 《明史》卷十七。
④ 《嘉靖雄乘·建置第五·学校》。
⑤ 《明史》卷五十。
⑥ 《嘉靖雄乘·建置第五·学校》。

其中，在镜堂一区的基础上增建有尊经阁等，"（教谕）宅之东有尊经阁二楹，万历间邑人……建，阁前有号房三楹，阁后有镜堂三楹，有门有垣"，这座尊经阁大致可能是一座两层的楼阁建筑，按明清一般文庙配置，尊经阁应为藏书之所，用以贮藏儒家重要经典及百家子史诸书，以供学宫生员博览经籍、阅读研求等。想必当时雄县文庙因规模较大，历经岁月，应藏书丰厚之需而建。尊经阁的位置就是利用此前镜堂一区前的空地，并配有号房等辅助建筑，具备比较完备的文庙图书馆功能。

据记载，清前期儒学合院之中，明伦堂前的礼庭南侧为"风化本源亭三楹，亭之前循文庙后"[1]，与前代对比可见，此"风化本源亭"与明嘉靖年间所建"敬一亭"基本在同一位置，之间也未见毁圮更修记录，很有可能"风化本源亭"就是"敬一亭"更名而来，从《康熙雄乘》所载县学图中此位置仅有"敬一亭"来看，也大致如此。

为便于与孔庙后的儒学合院沟通，前述雄安文庙明初创制时，已在文庙大殿后围墙东侧开有一座角门，可通儒学正门前横路，以达其后的儒学（学宫）合院，但很可能当时仅此一座角门仍显不便，故在西侧又添置了一座门，因此实现"庙东西有二便门达为学宫"[2]。

这一时期，孔庙合院中，文庙大殿前祭祀空间，及南侧围墙三座门，已有更加明确的形制，"庙前为露台，为戟门，前为泮池"。对照明初情况，此泮池当为不晚于明末时增设，泮池所处，"有坊二，曰洙泗源流，曰鸢鱼飞跃，万历间县丞刘天健建"。

此外，在前述明初所设庠门（儒学门）东南方的空地又添设了一座文昌祠，"儒学门门之东有文昌祠三楹，有门有屏，门外有坊二，东曰育才，西曰兴贤。"这座文昌祠很可能与附近旧有的乡贤祠、名宦祠形成相对独立的一个功能区。

明末以后至清代，雄县文庙整体变化不大（图二）。

二、容城县文庙

明代以前容城县已有文庙，由于容城县在明洪武七年（1375年）归并入雄县，洪武十四年（1382年）才重设独立的县治，同年，由当时的知县唐益创建新的文庙于县治的东北位置，关于明代以前旧文庙，仅知其"文庙旧在县治东南，创置无考，洪武七年归并雄县，积久倾圮"[3]，早前更多情况难以考证。

（一）明代前期——创制成形时期

就现有史料情况来看，容城县文庙在明代前期已经奠定"前庙后学"的基本格局，即如果有一条南北向中轴线的话，孔庙院落在前，儒学院落在后。首先，孔庙院落正面为五开间的大成殿（史料也有称作"圣殿"）居中，有东庑五楹，西庑五楹，相向而居。院落南端有庙门（即大成门）三楹。院落中还可能存在一些其他附属建筑。

---

① 《康熙雄乘·建置第五·学校》。

② 《康熙雄乘·建置第五·学校》。

③ 光绪《容城县志·卷三·学校志》。

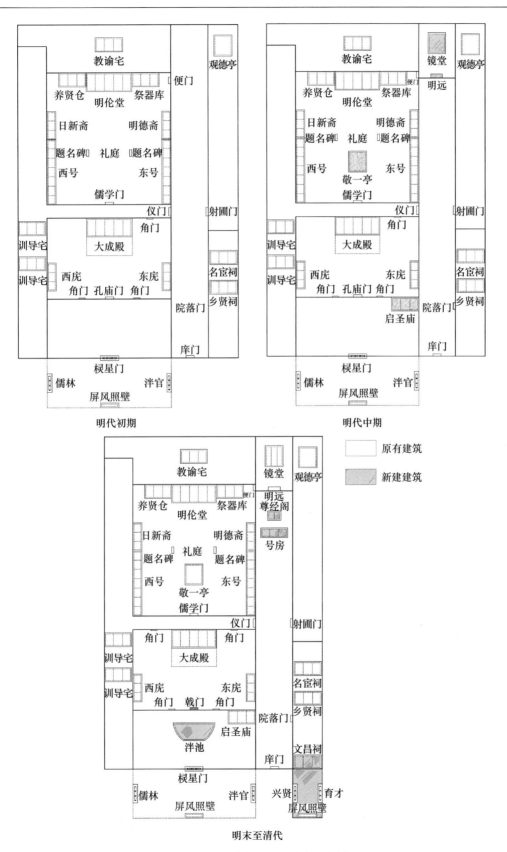

图二　明清雄县文庙演变示意图

其次，在孔庙院落前部，也存在一个以棂星门为主要建筑的院落，棂星门三楹位于此院落南端。棂星门院落外（迤南），东、西各有一牌坊，东坊名为"道观古今"坊，西坊为"德配天地"坊，棂星门正对有一座照壁，形成入口空间。

其三，在孔庙院落以北，就是以明伦堂为核心建筑的儒学院落。儒学院落一区，可能在南北向中轴线位置上还存在多座其他辅助建筑，但因年久已失考；在中轴线东、西，各有学斋一所，东为"进德斋"、西为"修业斋"，两斋相向而对。

此外，这个时期，因棂星门院落较为空旷，在院落东、西又各划分出两个对称的小院落，东院居中的主要建筑为"名宦祠"，三楹面南；西院居中为"乡贤祠"，也是三楹面南。

由上可知，明代前期的容城县文庙沿着南北向中轴线，依次布置着四个院落区域，由北至南依次为：儒学院落、孔庙院落、棂星门院落（含东西小院落），以及棂星门外一个由坊门、照壁围合的一个主入口前导空间。除此以外，容城县文庙在中轴线这一大组合院建筑以外，东、西还各有一路辅助住宅建筑，其中，现知西路有两座文庙学官住宅，一为教谕宅，一位训导宅；东路住宅情况失考。因东、西路占地也颇广，但所知分布的住宅建筑较稀少，也为后来的发展预留了基地。

（二）明中期以后——增修维持时期

明代中期，容城县文庙陆续有一些增修，其中，嘉靖年间，将"大成门"更名为"戟门"，用以列戟二十四枝，据称为仿宋制，"故宋太祖建隆三年，诏庙门立戟十六枝，大观四年增为二十四枝"[①]。还在大成殿以东，东路住宅院落的中部，新修建"启圣祠"（清代改称"崇圣祠"）三楹，当同前述雄县文庙之事。同期，在明伦堂院落之后（北侧），还新建了一座敬一亭，可能也自成院落一区，但形制不详。敬一亭大致位于容城县文庙南北中轴线的最北端。嘉靖三十八年（1559 年），又在棂星门院落中，新凿修了泮池。

至此，容城县文庙建筑群的主要形制全面确立，总体坐落为南北向，并列东、中、西三路院落群，其中路为文庙的主要部分，依次布置有五进院落区域，由南至北分别为：棂星门外由坊门、照壁围合的主入口空间，棂星门泮池院落（含东西小院落），孔庙院落，儒学院落、敬一亭院落。

另外，明代附属于容城县文庙管辖的，还有一座射圃院落，其中核心的建筑为正厅三楹，但是这个院落并不在文庙临近之地，而是"在城内东北角"[②]，清代以前可能就已经荒废了。

清代以后，容城县文庙屡有修缮，但未见新的兴造记录，整体布局在也再无大的变动（图三）。

三、安 州 文 庙

（一）元末至明初——另址重建时期

明代以前安州文庙就已有建置，"元时在州治东"[③]。明初又在州治西，改建了一座文庙，此时文

---

①　光绪《容城县志·卷三·学校志》。
②　光绪《容城县志·卷三·学校志》。
③　道光《安州志·卷六·学校》。

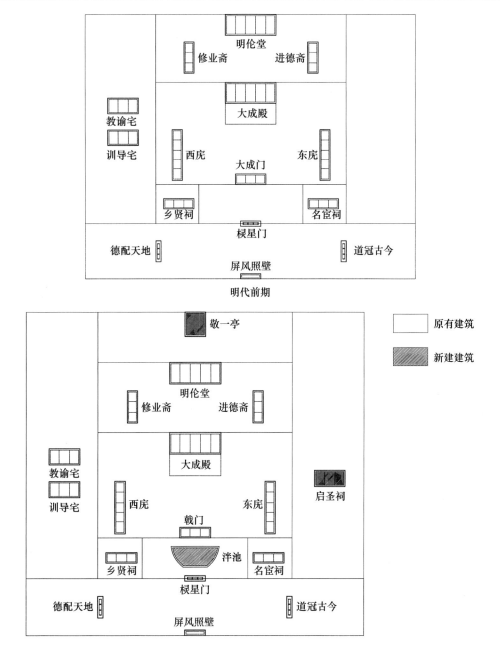

图三　明清容城县文庙演变示意图

庙的整体规模为"东西阔三十七步,后七十五步,南北长一百三十步"①,也存在着明确的南北向中轴线。明初的安州文庙,儒学合院已较为完善,明伦堂三楹位于院落正中,东、西二斋相向,记载有宰牲所在明伦堂西斋房之后。正统年间,明伦堂东西两厢又各建有号房,共计16间,弘治三年(1490年),经增修再扩至36间。

　　儒学合院南侧的孔庙合院在明初便已建设。到明正德元年(1506年),孔庙合院得到增广,正中大成殿七间南向,东、西两庑共18间,院落四隅还有角房12间,其中,神厨在东角房。其后,

————————————————————

　　①　道光《安州志·卷六·学校》。

历代增修重修渐趋完善。大成殿正对的戟门、棂星门，都是景泰年间所建，此时孔庙合院的基本平面布局已明确，同时，以儒学合院、孔庙合院、戟门、棂星门纵列的文庙中轴线也已明确。泮池之上的泮水桥在戟门外，是在弘治初年所造。棂星门外的入口空间，由正对照壁，东侧"义路"上的道冠古今坊，西侧"礼门"上的德配天地坊共同围合而成。

正德十六年（1521 年），在儒学合院之后又建尊经阁，"筑墙圜之"①，自成院落，安州文庙的中轴线又向北延伸。此时，名宦祠、乡贤祠位于尊经阁的左右。

安州文庙创建之初，在东侧建有训导宅三所，位置在学正宅之后。这些学官住宅——学署形成一南北纵列，构成与安州文庙中轴线院落并列的东部院落。西部也零星有一些建筑，"射圃在明伦堂西，旧时知州置中建观德亭三楹"②。

（二）明代中期——修整完善时期

安州文庙的明伦堂在明正统年间（1436～1449 年）、成化年间（1464～1487 年）经历重修。到万历己亥年（1599 年），明伦堂彻底翻新重建，规模变大，"尽撤其旧而广为五楹"③。

嘉靖初年，在尊经阁左侧建启圣祠，嘉靖十年（1531 年）又前置于东部学署院落与中轴线院落之间，启圣祠的旧祠则改建成为馔堂。嘉靖甲午年（1534 年），又将尊经阁两侧的名宦祠、乡贤祠移到了戟门的东、西两侧。而尊经阁西偏的原乡贤祠，改为了一座讲读之所，"读书精舍在射圃亭后，乃静修先生讲道之处。国初建为乡贤祠，知州张寅政为读书堂，尽存静修之遗迹云"。④嘉靖末年，因学官数量调整，东路学署院落合并三所训导宅为二所。

嘉靖初年还建有敬一亭，位于明伦堂后、尊经阁之前的空地，其中置明嘉靖帝御制敬一箴及注释，视听言动心五箴碑等。此时，安州文庙的中轴线达到最完整状态，有南至北分别为：入口空间、棂星门泮池院落、戟门孔庙合院、儒学合院、敬一亭、启圣祠尊经阁院落。

（三）明末至清代——逐步衰落时期

明代末期，安州文庙建筑形制已经确定，至清代后以局部修缮或省减为主。

万历庚戌年（1610 年），重修孔庙合院的东、西庑，并改为 14 间。崇祯二年（1629 年），于明伦堂东创建文昌祠，迁尊经阁神像于内，清乾隆末年俱废。馔堂、敬一亭、神厨、射圃、讲读堂到清代时都已废置。

清道光十二年（1832 年），随着安州建制调整移治，"以新安归并安州，裁去教谕训导，即移安州训导于新安城中，为安州乡学"⑤，安州文庙的级别降低，二所训导宅合并为一所。明伦堂在清代已废，可能也与安州文庙的级别降低有关（图四）。

---

① 道光《安州志·卷六·学校》。
② 道光《安州志·卷六·学校》。
③ 道光《安州志·卷六·学校》。
④ 道光《安州志·卷六·学校》。
⑤ 道光《安州志·卷六·学校》。

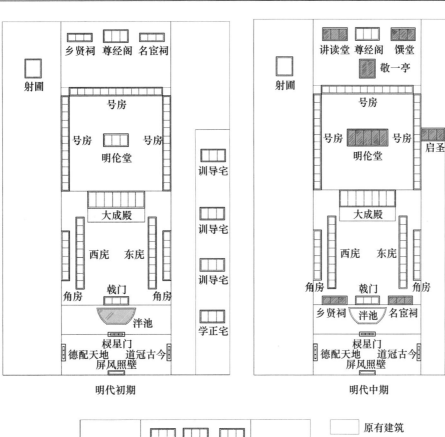

明代初期

明代中期

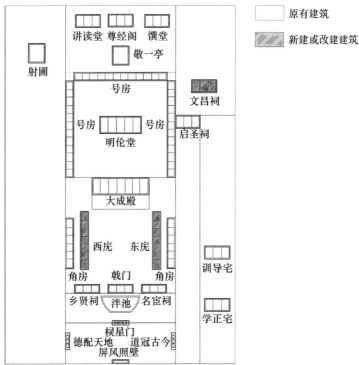

明末至清代

☐ 原有建筑

▨ 新建或改建建筑

图四　明清安州文庙演变示意图

四、新安县文庙

新安县在明代以前，不晚于金元时期就曾建有县级的文庙建筑，"庙学金元在三台有山长，以主其事"①，但是，金元时期的新安县城池，在元代因水患逐步废弃，并湮没无遗②，因此，有关较早期文庙建筑情况也年久失考。

（一）明代初期——新址新建时期

明代洪武永乐年间，新址新筑新安县城（后世未再更迁徙），据文献记载，明永乐六年（1408年），在城内新安县治的东南角开始营建文庙③，这一时期已基本形成了各主要院落关系，总体仍然是南北中轴线上"前庙、后学"布置。先看前部的孔庙合院，正面居中为大成殿面阔三间，东、西两庑各七楹，院落南端为戟门三楹，戟门东、西两侧各并列有一座角门。孔庙院落沿轴线以南紧接着为棂星门院落，棂星门位于院落南围墙上，此院落东、西各分出两个小院落，其中，名宦祠居东，乡贤祠在西。出棂星门往南是整个新安县文庙的前部入口空间，结合东、西两座牌坊，平面形成了一个半围合的空间，也就是中轴线的最南端。东、西坊的明代旧名为"义路""礼门"，后来更名为"德配天地""道观古今"。

新安县文庙也有东、中、西三路院落，与中轴线院落并列的东、西路院落相对较狭窄，西路前部为一条南北向夹道，夹道南端为儒学门三楹，迤北至孔庙院落西墙侧后的随墙角门，可进入儒学合院前东西向横路。横路正好是孔庙合院与儒学合院的分界，东西端角门各通东、西路院落。儒学院落入口为横路中段的仪门，进入仪门，北面正中为明伦堂五楹，也是位于中轴线上，院落东西为两斋相向，各五楹。东、西二斋旧名"日新""时习"，后来改名为"进德""修业"。儒学合院中还有神厨、学仓各一间，位置不详。以上就是新安县文庙明代创建时的基本状况。

（二）明中期以后——增修完善时期

新安县文庙明初创建之后，历经修缮，明中期以后又有增建，得以"广其制""巍其观"④，主要包含以下几方面。

明世宗嘉靖年间，在明伦堂后增建敬一亭，其内立敬一箴注释，"视听言动心"五箴碑。约略自成院落，万历四十六年（1618年）时任新安知县的张廷玉对其重新修葺⑤。从对位关系来看，敬一亭位于新安县文庙中轴线的最北端。

嘉靖年间还增建有启圣祠三楹，在大成殿东侧偏后，实际位于新安县文庙的东路院落中北部。启圣祠院落也可以通过院西的随墙角门，通向孔庙合院与儒学合院之间的横路。

新安县文庙在明初即建有泮池，在棂星门以南入口围合空间的南部，但因其初制最南端有照壁

---

① 乾隆《新安县志·卷二·学校》。
② 李丹彤、段智钧：《明清雄安地区城池营建考略》，《2019 中国建筑学会建筑史分会年会暨学术研讨会论文集》。
③ 乾隆《新安县志·卷二·学校》。
④ 乾隆《新安县志·卷二·学校》。
⑤ 此为明代万历年间进士张廷玉，与清代康熙雍正年间的名臣张廷玉重名。特此说明。

墙，造成空间狭窄。明神宗万历年间的学官陈盟曾主持拆除了照壁墙，并跨越泮池建起一座泮桥，泮桥南建有一牌坊，其上匾额书有"攀龙附翼""腾蛟起凤"。知县张廷玉又将泮池扩大为数亩，形成中路泮桥甬路分隔为东、西二池的形态，"周抱如环，规摹宏敞，岸植垂柳，中插芙蕖"，并在甬路上建亭一座，题匾曰"思乐"。原本居于新安县文庙中轴线南端的泮桥、牌坊、亭到明末时都已毁废，明崇祯年间，时任训导邬萃将东、西二池又合二为一，泮池平面整体呈半月形。

明万历年间，知县张廷玉还在敬一亭的东西两侧分别创立了教谕宅、训导宅，这二者各自又分别位于东、西路院落的最北端。到清代中期，由于学官压缩，教谕宅早已废弃，训导宅尚存。从东路院落来看，前部空旷，中部偏北为启圣祠院落，启圣祠院落再北为教谕宅；从西路院落来看，前、中部为儒学门及迤北夹道，后部最北端为训导宅。

其后，如清乾隆年间前后，新安县文庙亦有零散整饬记载，例如提到"敬一亭泮池斋房数间重建""学宫西有射圃亭旧址，因创三楹，俾诸生以时习射而观德焉"①，但因内容记载不详，不确知具体位置。清代后期，新安县文庙仍然有一些小规模修葺的记载。

明末至清代，新安县以文庙为核心向外扩展的与文化教育相关建筑还有文昌阁、文笔峰塔、魁星阁、观德亭等，但由于均不在文庙地块直接临近位置，此处从略（图五）。

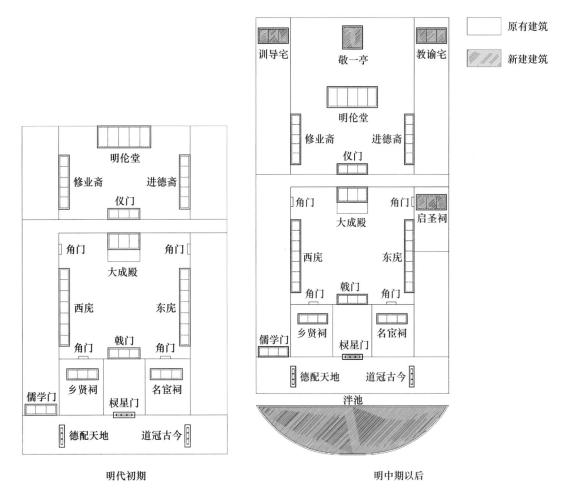

图五　明清新安县文庙演变示意图

---

① 乾隆《新安县志·卷八·艺文志·重修学宫碑记》。

五、明清雄安地区文庙建筑布局特点

通过上述对明清时期演变历程的梳理可知，明清雄安地区四个州、县城文庙建筑作为这个区域最基层的官办祭祀孔庙和儒学学校，具有较为一定相近的营建时代性特点。明初，都经历了较大规模的文庙创制兴建，并基本具备了基本的孔庙、儒学功能和礼仪空间；明代中期，尤其嘉靖年间，受到全国性增修敬一亭、启圣祠等特定建筑的影响，以及各自自身完善功能要求等情况下，文庙建筑体系日渐完备；明末至清代，一般整体无大的变动，往往小有修葺，或兴废延续或渐趋式微。

在此基础上，我们尝试进一步讨论雄安地区文庙建筑平面布局可能存在的一些规律性。

（一）文庙建筑的一般平面布局

一般认为，明清各地的文庙建筑，均有仿制曲阜孔庙基本建制的倾向，视各自等级规模而因地制宜，建筑尺度与地方手法各具特色，形成一种特殊的建筑体系。雄安地区的文庙建筑也大致有此渊源而细节各异，从整体布局来看，南北向纵列东、中、西三路建筑。中路建筑为主要院落和功能空间，尤以主入口、孔庙、儒学为核心序列，均为"前庙后学"布局，并具有显著的轴线对位关系；东、西路为辅助院落或预留扩展区域，多见分布学官宅署、射圃等附属建筑，以及各类增建建筑（表一）。

表一　明清雄安地区文庙建筑一般平面布局情况

由北向南平面分布	西路	中路	东路
固定功能建筑或院落空间（非固定功能建筑或院落空间）	（学官宅、射圃、书斋）	（尊经阁、敬一亭等） 明伦堂及东、西斋等 （横路） 大成殿及东、西庑等 戟门 （泮池） 棂星门 主入口空间	（学官宅、射圃、书斋、花园） （启圣祠等）

（二）文庙功能建筑分布的灵活性

首先，看文庙中路布局的一些变化，泮池也有不居于棂星门、戟门之间，而前置于棂星门外入口空间的情况，如新安县文庙。

乡贤祠、名宦祠常见分布于在棂星门的东西两侧，或自成小院落或与戟门组合，明初也有置于明伦堂后，如安州文庙前期情况；此外也有布置在东路院落的情况，如雄县文庙。

孔庙（大成殿）院落与儒学（明伦堂）院落之间，有可能会设置一条横路分隔前后空间，除了区分功能之外，很可能也有为儒学院落单辟一条对外通路（夹道）抵达儒学（庠）门独立出入口的意义，这在雄县文庙、新安县文庙中有一定体现。而另外两座文庙并无这条横路，而是孔庙院落与儒学院落紧邻嵌套在一起。

尊经阁并非每座文庙的必备，考虑到其功能特点，如果设置一般布置于儒学后部为多。

其次，关于嘉靖年间增建的敬一亭、启圣祠建筑等，也有一定的布置灵活性，例如，敬一亭多建于明伦堂后，但也有雄县文庙建于明伦堂院中的情况，可能由于堂后地已被其他占用而次选。启圣祠则多布置在东路院落中部的预留扩展空地，也见到有此位置被占用而新设于棂星门内的情形，如雄县文庙。

以上是对明清时期雄安地区文庙建筑布局演变历程及其营建形制的一些整理和总结，未尽之处颇多，敬请同行专家参考指正。

参 考 文 献

［1］ 林从华：《闽台文庙建筑形制研究》，《西安建筑科技大学学报》2003 年第 3 期。
［2］ 李长明：《论中国文庙建筑的灿烂艺术》，《2017 年山东社科论坛——首届"传统建筑与非遗传承"学术研讨会论文集》，2017 年。

Brief History of Confucian Temples Construction in the Xiong'an Area during the Ming and Qing Dynasties

DUAN Zhijun, LI Dantong

(College of Architecture and Civil Engineering, Beijing University of Technology, Beijing, 100124; Beijing Historical Architecture Protection Technology Research Center, Beijing, 100124)

Abstract: By investigating the construction and evolution of Confucian temples in Xiong'an area, including the Xiong county town, Rongcheng county town, Anzhou city and Xin'an county town, in the Ming and Qing Dynasties, this paper discusses the evolution characteristics and internal relations of the layout of Confucian temples, and summarizes several rules and characteristics of the historical construction practices of Confucian temples in this area.

Key words: Ming and Qing Dynasties, Xiong'an area, Confucian temples, evolution process, layout features

登封永泰寺均庵主塔现状勘测及形制研究

吕军辉

（河南省文物建筑保护研究院，郑州，450002）

摘　要： 永泰寺均庵主塔位于登封市西北 11 千米嵩山太室山西麓，背依望都峰，北临子晋峰，南为少室山和少林水库。均庵主塔坐北朝南，系四边形二层叠涩密檐式砖塔，塔须弥座雕刻精湛，叠涩檐层层收敛，形制简洁，形象优美，是永泰寺现存唯一有明确纪年的金代建筑遗物，对研究永泰寺历史提供了的珍贵实物例证。

关键词： 现状勘测；建筑形制；形制研究

一、概述及历史沿革

（一）概述

图一　现状

永泰寺始建于北魏，原名明练寺。位于河南省登封市西北 11 千米外嵩山太室山西麓，背依望都峰，北临子晋峰，南为少室山和少林水库。地处东经 112° 58′ 11.70″，北纬 34° 31′ 26.30″。

永泰寺现存文物建筑有唐代永泰寺塔一座、金代均庵主塔一座（图一）、明代肃然无为普同之塔一座；寺内还存有附属文物唐天宝十一年（752 年）"大唐中岳永泰寺碑"一通，天宝九年（750 年）、天宝十二年（753 年）石经幢两通，明清碑刻十三通。1963 年 6 月 20 日，河南省人民政府公布永泰寺塔为第一批省级重点文物保护单位。2001 年 6 月 25 日，永泰寺被国务院公布为第五批全国重点文物保护单位。

登封背依嵩山，东北与巩义市搭界，西北与偃师市相连，西部为九朝古都洛阳，西南与汝州市连接，东南与禹州市接壤，东部与新密市、郑州毗邻，郑少洛高速、永登高速穿城而过，交通便捷。

登封嵩山属于暖温带大陆性山地季风气候区。其特点是春季温暖多风，夏季炎热多雨，秋季天高气爽，冬季干冷少雪。

登封处于豫西山地向豫东平原过渡地区，山地、丘陵面积占全市总面积的 90%。境内有雄伟险峻的嵩山、箕山、大小熊山等；有错综起伏的丘陵如玉案岭、卢店岭、牧子岗、花椒岭等。形成了西北高、东南低的倾斜地势，地貌形态复杂，有山地、有丘陵、有盆地，也有河谷平原。嵩山属伏牛山系，是中国五岳之一，通称为中岳。

登封地区河网密度大，地下水丰富。以嵩山为分水岭，市域河流分属淮河和黄河两大水系：北坡流至黄河水系，南坡流至淮河水系。

（二）历史沿革

1. 建置沿革

登封是因女皇武则天封禅嵩山而得名，嵩山与泰山、衡山、华山、恒山并称为中国"五岳"名山。考古资料证明，距今 10 多万年以前，这里就有人类劳动、生息和繁衍后代。据清乾隆五十二年《登封县志》卷三载：夏阳成，《孟子》"禹避舜之子於阳城"，《史记·五帝本纪·正义》，引魏王泰《括地志》，"禹居洛州阳城者，避商均非时久居也"。说明夏禹王曾建都或居住于登封告成（古称阳城），故有"禹都阳城""禹居阳城"的记述。春秋、战国时期，阳城又先后成为郑国和韩国西面的军事重镇之一。秦、汉时，均设阳城县治。西汉元封元年（前 110 年），武帝刘彻游嵩山，划崇高山（嵩山）下三百户居民为崇高县（登封市前身）。隋大业元年（605 年），改崇高县为嵩阳县。唐武周万岁通天元年（696 年），女皇武则天登嵩山封中岳神为天中王，为纪念这次"盛大典礼"的成功，改嵩阳县为登封县，改阳城县为告成县，寓含她"登嵩山，封中岳"已经"大功告成"的意思。五代后周显德五年（958 年），把告成县并入登封县。"登封"县名沿用至今未改。1949 年以前，登封县属河南府（府治在洛阳）管辖。新中国建立后，登封县先后归郑州市、开封专区、郑州市管辖。1994 年撤县设市，属郑州市管辖。

2. 修建沿革

永泰寺始建于北魏，原名明练寺。传说正光二年（521 年）北魏宣武帝之女永泰公主在嵩山出家为尼，后由其兄元诩在此敕建寺院，供公主修行。因此地原有南朝梁武帝之女明练公主塔，故定名为明练寺。隋唐时期对寺院重加增葺，唐中宗神龙二年（706 年）更名为永泰寺。唐天宝十一年（752 年）《大唐中岳永泰寺碑》记载唐代时永泰寺一带共有 6 座佛塔，其中留存至今的一座十一层密檐砖塔即永泰寺唐塔。五代～北宋时期，永泰寺仍继续保持兴旺，并时有扩建，寺院中至今尚存 10 多件北宋时期的石构件，可为当时的实物例证。金代永泰寺一度更名为永禅寺，并兴建了一座千佛阁。大安元年（1209 年）建均庵主墓塔，即今存之永泰寺金塔。元朝以后再度复名为永泰寺，其住持智和、圆公曾经先后修整寺院，至元朝后期逐渐衰落。明朝成化年间（1465～1487 年）永泰寺开始重兴，万历三年～四年（1575～1576 年）、万历十三年～万历三十五年（1585～1607 年）圆秀、圆敬先后对寺院进行修建，使得寺院得到一定的恢复。崇祯十一年（1638 年）在寺院东北山坡上修建肃然、无为二高僧墓塔，即今存之永泰寺明塔。清朝康熙、雍正、乾隆年间永泰寺曾经多次重修，现存寺院格局基本为清代所奠定。

永泰寺历史悠久，历代均有所维修、扩建，清代达鼎盛时期，规模宏大。1928 年，河南省政府主席冯玉祥没收寺庙田产归文教部门，永泰寺亦在其中。新中国成立后，人民政府逐年拨款修葺，使永泰寺的珍贵文物得以妥善保护，1963 年河南省政府将永泰寺唐塔及寺院列为第一批河南省文物保护单位。1964 年河南省政府拨款对永泰寺唐塔、金塔（均庵主塔）的塔基进行整修加固。

二、建筑及结构形式

（一）外部形制及结构

永泰寺均庵主塔，建于金大安元年（1209年），坐北朝南，南偏东8°。平面呈方形（图二），须弥座基，塔采用0.35米×0.175米×0.06米青砖卧砌，现存二层叠涩密檐式砖塔，塔由塔基、塔身二部分组成，通高4.30米。

永泰寺均庵主塔基座由基台和须弥座基座组成（图三）。基台平面2.430米×2.430米，高0.045米，基台上承托雕刻精美的二层束腰须弥座，其中一层须弥座基座下部四面正中各置一个两层卷云花瓶，高90厘米，瓶内植惹草，高45厘米，四个转角处各置一个，惹草间以"蝙蝠"纹连接，花瓶、惹草及蝠纹砖雕图案精美。一层须弥座束腰四面各施5个壶门，壶门高14厘米，壶门间以方形槏柱分隔，槏柱每面正身4个，转角各施角柱一个。正中壶门内砖雕菱形佛教"卐"图案，两侧各两个双如意头图案。一层须弥座总高0.505米。二层须弥座下层砖雕反叶足饰，高6厘米，上为砖雕覆莲，高6厘米，覆莲上层砖雕云纹，高6厘米，再上素面砖层，高9厘米，砖挑菱形砖檐，高5厘米。二层须弥座置一层砖檐上须弥座束腰，高16厘米。束腰浮雕匾框，匾框内南、东、西三面砖雕牡丹、缠枝花卉图案，北面匾框内砖雕飞天、天马、大象、麒麟等人物和动物图案。束腰上为两层仰莲，仰莲层中间为砖雕棱形格，棱形内为太阳花图案，总高18厘米。二层须弥座砖雕花卉图案雕刻精美，人物、动物图案栩栩如生，是不可多得的金代雕刻艺术精品。

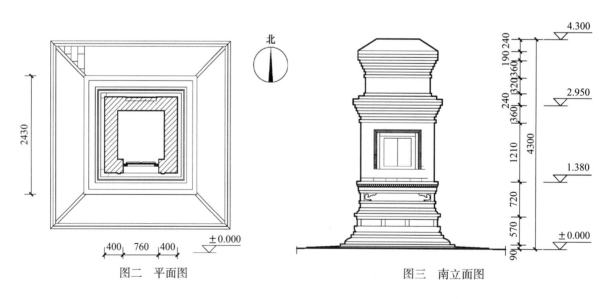

图二 平面图　　　　　　　　图三 南立面图

塔身一层，塔身边长1.56米×1.56米，高1.21米，无收分，塔身采用顺砖岔分砌筑。塔身上为两层拔檐砖，出挑0.04米，高0.12米，拔檐上为四层正叠涩，正叠涩上两层檐口砖，高0.12米。檐口砖上二层反叠涩。一层塔身南面开1.00米×0.81米方形门，可入塔心室，塔心室方形1.00米×1.00米，门左、右、上方砖雕莲花图案的边框，边框内东西竖砖砌抱框，抱框上下为木质，两扇木质实榻门。原一层塔身北面嵌青石塔铭一方，上书《嵩山永泰寺均庵主塔记》，宽 0.66 米，高 0.43 米，该碑铭记录了永泰寺的历史及建塔经过。

塔身二层，塔身边长 1.37 米 × 1.37 米，高 0.32 米，无收分，塔身采用顺砖岔分砌筑。塔身四面均无门、窗洞口。塔身上为两层拔檐砖，出挑 0.04 米，高 0.12 米，拔檐上四层正叠涩，正叠涩上为檐口砖，高 0.12 米，檐口砖顶由于年久失修，其上部结构及塔刹形制不详，后人维修中将反叠涩檐采用白灰黄泥浆斜向抹坡，坡顶做四边形，增加了塔顶的排水效果（表一）。

表一   第一、二层正反叠涩尺寸表　　　（尺寸：厘米）

名称 / 分层高度	一层正叠涩	一层反叠涩	二层正叠涩	备注
一层（高×平出）	3.5×6.0	11.0×6.0	3.0×6.0	
二层（高×平出）	3.0×6.0	3.0×6.0	3.0×6.0	
三层（高×平出）	3.0×6.0		3.0×6.0	
四层（高×平出）	3.0×6.0		3.0×6.0	
五层（高×平出）				
檐砖（高×平出）	12.0×4.0		12.0×4.0	
檐口（总高及出檐）	15.5×24.0		12.0×24.0	
备注	正叠涩四层	反叠涩二层	正叠涩四层	反叠涩及塔刹遗失

（二）内部形制及结构

均庵主塔内部结构较为简洁（图四）。塔身一层南面设方形拱门，可入塔心室，塔心室方形，塔心室壁高 1.12 米，塔心室顶呈覆斗状藻井，反叠涩五层，五层顶为方形盖板封护，藻井高 0.30 米。塔心室内无遗物存放。

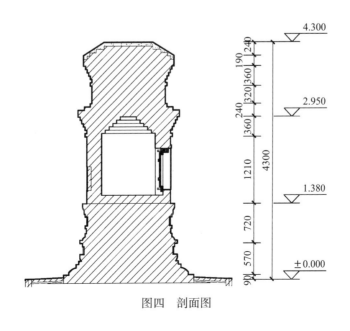

图四　剖面图

三、建筑及结构特征研究

（1）永泰寺均庵主塔在塔身北面嵌青石塔铭《嵩山永泰寺均庵主塔记》一方，明确了塔的建筑年代，弥足珍贵。

（2）均庵主塔采用二层须弥座的做法，此做法在登封少林寺塔林宋、金墓塔中较为常见，具有较高的科学研究价值。

（3）永泰寺均庵主塔外檐采用密檐式砖塔，塔的一至二层均采用叠涩密檐式，其做法沿袭了唐、宋塔的建筑形制。如登封永泰寺塔唐塔、登封三祖庵塔金塔等。永泰寺均庵主塔具有河南唐、宋密檐式砖塔的特点。

（4）均庵主塔须弥座采用砖雕飞天、天马、大象、麒麟和牡丹、缠枝花卉等图案，雕刻细腻、雕工精美，这在河南现存金代古塔中较为少见，具有较高的艺术研究价值。

（5）塔身砖与砖之间用黄泥白灰浆砌筑，同时，塔身采用白灰浆勾缝，在登封古塔中此材料做法较为常见，具有较典型的地域建筑特征。

参 考 文 献

［1］ 洪亮吉等撰：《登封县志》（中国方志丛书），成文出版社，1976年。
［2］ 郭黛姮主编：《中国古代建筑史·宋辽金西夏建筑》，中国建筑工业出版社，2003年。
［3］ 杨焕成：《塔林》，少林书局，2007年。

Investigation and Form Study of the Jun'anzhu Pagoda of Yongtai Temple in Dengfeng

LV Junhui

(Henan Provincial Architectural Heritage Protection and Research Institute, Zhengzhou, 450002)

Abstract: The Jun'anzhu pagoda of Yongtai Temple is located at the west foot of Taishi Mountain of Mount Song, 11 kilometers northwest of Dengfeng City, with Wangdu Peak on the back, Zijin Peak on the north, Shaoshi Mountain and Shaolin Reservoir on the south. The Jun'anzhu pagoda sits in the north facing the south and is a quadrilateral two-layered astringent eaves brick tower with simple shape and beautiful image. The sumeru pedestal has superb carvings and the layers of astringent eaves are convergent. It is the only surviving architecture of Yongtai Temple of the Jin Dynasty, which provides a precious physical example for studying the history of Yongtai Temple.

Key words: status quo survey, architectural form, form study

登封"天地之中"历史建筑群木雕饰件考述

宫嵩涛

（登封市文物管理局，登封，452470）

摘　要： 登封"天地之中"历史建筑群中的中岳庙、少林寺常住院、初祖庵、会善寺、嵩阳书院、嵩岳寺塔等文物保护单位的木结构建筑保存大量木雕饰件，惜无文献记载。本文就世界文化遗产"登封'天地之中'历史建筑群"木雕饰件的保存分布与年代、损毁钩沉、研究和保护、传承等问题，进行考述。

关键词： 登封"天地之中"历史建筑群；木雕饰件；保护传承；考述

登封"天地之中"历史建筑群木构件上附着有大量的木雕饰件，这些饰件是嵩山木雕的重要组成部分。正是木雕饰件的合理装饰，弥补了木构件粗糙、单调的外表，使历史建筑大小木作的艺术美感油然而生。不同的木构件有着与相之协调的木雕内容，互不重复的内容使整座古建筑显得工艺精细、精雕细琢、超然脱俗、无与伦比，再配以文化的、宗教的、民俗的、人为需要的诠释，使历代工匠的创造技艺凝结成精美绝伦、内涵丰富、独具匠心的作品。经过岁月的磨砺，经受住了风雨的侵蚀和人为的破坏，沉积了满满的历史沧桑痕迹，完好的保留到现在，成为不可再生的历史文物。通过这些文物实物，再现了优秀的民族文化遗产技艺从产生、发展、成熟的过程，又具有教科书的作用。

笔者长期从事包括历史建筑在内的文物保护利用工作，耳濡目染，特别是在日常工作中多次受到著名学者郭黛姮、杨焕成、张家泰、宫熙、杜启明等先生的教导下，积累了一些资料。近年来，对登封"天地之中"历史建筑群木雕饰件再做一次梳理，形成这篇小文，请大家批评指正。

一、木雕饰件的分布与年代

登封"天地之中"历史建筑群中的木雕作品主要分布在中岳庙、少林寺常住院、初祖庵、会善寺、嵩阳书院、嵩岳寺塔等文物保护单位，2019年8月中旬，初经过粗略核查统计，现存木雕饰件约有2600余件（个）[①]。

（一）大木作木雕饰件

大木作是指古代建筑的主要结构部位，由柱、梁、枋、檩等组成，其作用为承重部分。木雕装饰主要雕刻在瓜柱、角背、穿插枋等部位，数量不多。瓜柱雕成鱼的形状，鱼嘴朝下，栩栩如生。嵩山地区，将瓜柱做成鱼形，只有两个，左右对称。鱼是水中生物，古建筑上置此，含有以水灭火之意。角背是稳固脊瓜柱的构件，位置高，不易被人看见，可能是木工匠人精益求精的原因，将数个角背刨平打磨平滑后，雕成起伏云饰、山饰或花草等，视觉效果很好。穿插枋是将外漏榫头，打

---

① 2019年8月中旬初，宫嵩涛、赵垠瑞、于广瑞结伴核查"登封'天地之中'历史建筑群"木雕保存现状。

磨光滑，雕刻成简单的祥云纹饰，调和视觉效果。

（二）小木作木雕饰件

小木作是指古代建筑中非承重木构件。在宋《营造法式》中归入小木作的构件有门、窗、隔断、栏杆、外檐装饰及防护构件、地板、天花（顶棚）、楼梯、龛橱、篱墙、井亭等 42 种，在书中占六卷篇幅。清工部《工程做法》称小木作为外装修，把面向室外的称为外檐装修，在室内的称为内檐装修。因为木雕作品的装饰，覆盖了小木作单调的外貌，呈现出多姿多彩的文化底蕴，为外形庄重的古建筑平添了富华艺术之韵。登封"天地之中"历史建筑群木雕饰件主要分布在：

（1）斗栱木雕饰件：嵩山地区保存宋、金、元、明、清各个历史时期有木雕纹样的斗栱数百朵，雕刻手法比较简单，主要分布在斗和昂两个部位，早期的斗面，刻成瓜瓣形，昂首素面下垂，昂尾高挑，雕刻成云与水面波浪纹饰，承接殿内梁架。晚期的斗栱昂首或雕成龙头、或雕成波浪水纹，有以水灭火的意思。

（2）藻井木雕饰件：只有一处，清乾隆年间初期雕造，位于中岳庙大殿内拜石上方顶棚正中，名曰"盘龙藻井"，用柏木雕成，藻井的四边用木雕小斗栱砌合成攒尖形，上面嵌卡一块雕有独龙盘踞的板面，高浮雕，盘龙昂首下垂，龙须卷扬，玲珑可爱。该藻井作黄罗华盖伞的作用相同，乾隆皇帝巡幸嵩山，谒见岳神，大殿内再撑黄罗华盖伞就不妥了，有此藻井，寓涵华盖。另一说，藻井和龙，灭火也[1]。

（3）雀替木雕饰件：雀替是安置在梁或阑额与柱子交接处承托梁枋的木构件。登封"天地之中"历史建筑群中的雀替主要分布在中岳庙、少林寺常住院、初祖庵等处，有数百个，大雀替的数量多于小雀替，雕刻画面多为人物、游龙、仙鹤、花草、祥云、仙山、仙狮、仙鹿等，雕法有浮雕、透雕和线刻等。年代均为清代和民国。

（4）门窗木雕饰件：中岳庙、少林寺、会善寺、初祖庵、嵩阳书院、嵩岳寺塔、观星台等世界文化遗产地都有门窗木雕饰件，纹样有棱形、圆形、方格形、步步锦和祥云等。有数百个。

（5）神龛木雕饰件：殿内木制神龛有四个，清代建造，分别位于少林寺常住院、初祖庵大殿。龛窗、龛楣、龛顶内棚，均有木雕饰件。

（6）神帐木雕饰件：神帐，有两处，在中岳庙大殿、寝殿内，体型庞大，神帐棚顶雕花、门窗、亮窗、帐檐等处均有木雕饰件。

（7）花板木雕饰件：花板是木构牌坊门楼上部之上枋木与下枋木中间嵌置的木板，木板中间刻写牌坊的名字，字的两侧空白处刻有木雕花纹装饰。花板雕花在嵩山地区保存不多，目前只有两处，都在中岳庙内，一处是"配天作镇"坊，另一处是"嵩高峻极"坊。两坊共保存完整的花板雕花 6 块，均为透雕，花草图案，清代中早期作品，刀法轻重有序，花、叶、枝蔓布局规整，具有显著的清代早期官式做法。

（三）木雕匾额饰件

匾额是古建筑不可或缺的组成部分，相当于古建筑的眼睛。用以表达经义、感情、概括地域文

---

[1] 宫嵩涛:《中岳庙》，香港国际出版社，1998 年，第 13～15 页。

化或特点的属于匾,如少林寺的"雪印心珠""法印高提",中岳庙的"威灵镇佑"等;而表达建筑物或整座建筑群名称的则属于额,如清康熙皇帝御书的"少林寺"等,这两者合称匾额。登封"天地之中"历史建筑群中保存清代、民国时期木制匾额 13 个,其中清代 8 个、民国 5 个,分别悬挂于少林寺常住院、中岳庙、初祖庵内。这些匾额刻字均为阳刻,刀工娴熟,神韵自现。边框装饰有素面金边的、有翔龙环绕的、有瑞兽行走的、有祥云涌动的、有花草与修竹的……等,生动的装饰画面,使人看后觉得同是匾额,观其内容,则匾匾不同。特别是清康熙皇帝、乾隆皇帝、咸丰皇帝题写的匾额,印玺雕刻非常传神,同朝三个皇帝,三种印玺,玺文微有差异,细心观之,别有一番韵味。

(四)木雕对联饰件

木雕对联是古建筑的重要装饰物件。悬挂在古建筑上的对联,是文物名胜联语中的一种,因大多悬挂在古建筑圆形檐柱上的木质对联呈半圆形,又称抱柱对联,其内容多为综合概括这座古建筑或整个古建筑群或所在名山文化和自然景观特点或内涵的联语,成为历史建筑的重要组成部分。登封"天地之中"历史建筑群保留的古代木制对联,只有 1 副,悬挂在少林寺千佛殿内神龛前金柱上,清乾隆十五年(1750 年)九月三十日弘历皇帝游少林寺时撰书,联语为:"山色溪声涵静照,喜园乐树绕灵台"。

(五)木雕神像

木雕神像是木雕艺术中唯一独立存在的作品,不依附于任何形制的物体。本尊神主是主体,规模再大的建筑也是为本尊神主修建的。历史上嵩山寺庙宫观供奉的木雕神像很多,清末学者黄易嵩山考察,见到很多唐宋金时期的木雕像。现在已经没有一件古代的木雕像了。从 20 世纪 80 年代开始,一些木雕匠人受文物、宗教部门委托或是社会捐赠供奉,创作一批优秀木雕。据统计,现有木雕像 76 尊,其中 1982 年,登封县文物保管所聘请南阳李逯中等人创作了周公、陈胜、僧一行、程颢、程颐、郭守敬六尊历史文化名人木雕像,放在中岳嵩山文物名胜陈列馆中展出[①];约 1988 年前后,中岳庙民主管理委员会主持雕制"天中王睡像"一尊,供置在寝殿神帐西次间床榻上,民间俗称"睡爷爷"[②];2001 年,西关群众集资请南阳木雕师李广雕制城隍木质坐像一尊,现供奉在城隍庙大殿内[③];2003 年,嵩山木雕艺术研究所木雕师傅王振北应老母洞民主管理委员会邀请,雕制文殊老母、普贤老母木雕像,现供奉在老母洞观音殿内[④];2014 年,中岳庙民主管理委员会请浙江临海县崔姓师傅,雕制六十甲子木雕像六十二尊,供奉在元辰殿[⑤]。2014 年,登封市颍阳人王超斌敬奉中岳大帝、中王奶奶大型坐像两尊,现为寝殿主尊神主,其前侍立侍者童子像两尊,共四尊木雕像[⑥]。

---

① 根据 2019 年 9 月 5 日原登封县文物保管所宋书范、冯金鹏提供资料。
② 根据 2019 年 9 月 5 日中岳庙民主管理委员会刘理伟道长提供资料。
③ 根据 2019 年城隍庙登封历史博物馆王卫华提供资料。
④ 根据 2019 年 9 月 5 日嵩山木雕艺术研究所王振北提供资料。
⑤ 根据 2019 年 9 月 5 日中岳庙民主管理委员会刘理伟道长提供资料。
⑥ 根据 2019 年 9 月 9 日中岳庙民主管理委员会赵强提供资料。

除此之外，还有供案木雕饰件、木质法器木雕饰件、床榻木雕饰件、桌椅木雕饰件等等，因旧物皆以毁尽，今日使用的均为复仿制品，木雕内容仅为一般性装饰纹样，此不赘述。

关于登封"天地之中"历史建筑群木雕饰件的年代问题，根据保存现状，经过多年来专家学者认真辨识，宋代、金代木雕饰件虽然有，但较少。元代的数量较前者会多一点。明代的数量也不多。清代和民国时期的作品最为常见，数量很多。20 世纪 80 年代初期以来修复、仿制复原的木雕纹样，普遍工艺粗糙，这是因为匠人对古建筑的作用、历史文化延续、木雕纹样与历史建筑的关系，没有研究明白造成的，旧新明显。所以，干好一个事情，调研很重要。

二、木雕饰件的损坏钩沉

嵩山木雕损坏的主要原因是天灾和人祸，很多存世数百年之久的木雕作品因之毁失无存，留下难以弥补的遗憾。如北魏孝昌三年至西魏大统二年（527～536 年），嵩山永泰寺比丘尼明练公主主持建造的两座千佛木塔，塔体高大，塔身满布佛龛，龛内雕造的木质佛像，油漆彩绘后，到永泰寺礼佛的信士，远远即可望见这两座"亭亭四照"的佛塔。这两座佛塔的形制、工艺是很有震撼力的。千佛塔，并非塔身上真正有一千尊佛像，只是形容塔上佛像众多而已。塔身雕造"千佛"，是按照佛教"千百亿化身"的说法。《法华玄义》上说："摩耶是千佛之母，净饭是千佛之父，罗睺罗是千佛之子"。千佛塔之名，来自佛教经典，取"众多"之意。唐天宝年间（742～755 年）初期，兴复嵩山永泰寺工程大功告成，为纪其吉祥，天宝十一年（752 年）刻立释靖彰撰文的《大唐中岳永泰寺碑颂并序》中记载有千佛塔事：

> 皇祚千佛二古塔者，昔明练之所起，亭亭四照，巍巍摇空，龛室玲眬重光，回映其间。

文字虽少，但蕴含的历史资料比较丰富，大约到晚唐或五代时期，由于战乱纷扰，社会动荡，民不聊生，为了生计，永泰寺比丘尼四散净尽，无人维护的千佛古塔，慢慢废毁无存。今天要想了解这两座中国早期木质佛塔木雕的华丽重光，只有从文献资料中钩沉想象了！[①]

隋大业末年，隋炀帝的横征暴敛，天下大乱，占据河南的瓦岗军，成为反隋的主力。巩县、洛阳一带的起义军纷纷响应，起义军在反对隋朝统治者和劣绅地主的同时，也打击了近在洛都拥有土地万余亩的嵩山少林寺院。唐裴漼《皇唐嵩岳少林寺碑》称："大业之末，九服分崩，群盗攻剽，无限真俗。此寺为山贼所劫，僧徒拒贼，贼遂纵火焚塔院，院中众宇，倏焉同灭。瞻言灵塔，岿然独存。"因为武力的争斗，少林寺被一把大火焚烧的只剩下一座佛塔，这是少林寺历史上第一次被火焚毁[②]。也使得少林寺众多早期木雕荡然无存的原因。

五代时期，嵩山很多古建筑群，被人为地破坏了。会善寺，是唐、五代时期嵩山古建筑群中规模最大的一座佛教寺院。唐哀帝李柷天祐四年（907 年）四月，梁王朱温篡唐称帝，国号为梁，建都开封。"朱梁初"，下令拆撤会善寺佛殿，"材木辇致汴京"，"营建宫阙"，导致会善寺"寺废坏

---

① 宫嵩涛：《嵩山佛塔研究》，《古都郑州》2019 年 1 期，第 18～24 页。
② （唐）裴漼：《皇唐嵩岳少林寺碑》[唐开元十六年（728 年）七月刻立，碑存嵩山少林寺院内]。

六十余载"①，众多木雕也都荡然无存。

明毅宗"崇祯十四年（1641 年）三月，岳庙火，大殿、两庑俱烬。"②中岳庙火灾后的第 12 年，即"清顺治十年（1653 年），邑民王贡等，募化重修，规制仍旧。"③维修后的中岳庙，瞻拜信士络绎不绝，有广东东部信士朝贡嵩山中岳庙，敬奉大型檀香木雕成的中岳大帝像，高 15 尺，放置在中岳大殿神龛东间，吸引了众多的朝拜者，时人称此像为"岳神香像"。康熙三十三年（1696 年）时，"岳神香像"移入道院供奉④。毁失何时不详。

民国十七年（1928 年），冯玉祥部国民军北伐，建国豫军樊钟秀以少林寺为司令部，攻其后方，占领偃师、巩县，围攻登封，冯部师长石友三从前方回援，击败樊军，农历三月十五日，从轩辕关攻入少林寺，因不满寺僧暗地助樊，纵火以泄其愤，大火延烧四十余天，少林寺法堂、天王殿、大雄殿、钟鼓二楼、客堂、禅堂、库房、伙房、紧那罗殿、六祖殿、跋陀殿、十方堂、七棵汉柏和"五品"秦槐、全部明代北京铜版藏经、少林寺志木刻板、魏与齐造像碑、达磨面壁影石以及其他佛堂设施仪仗等文物，俱成灰烬。这是少林寺历史上继隋末大火之后被烧得最为惨重的一次，少林精华尽遭浩劫⑤。寺内木雕大为减少。

民国三十年（1941 年）10 月 12 日，侵华日军飞机十余架，空袭中岳庙，投炸弹数十枚，炸毁中岳大殿东北角，天花板震落殆尽，木雕亦有损毁⑥。

1966 年"文革"期间，少林寺、中岳庙、初祖庵、嵩阳书院、会善寺、永泰寺、嵩岳寺塔、龙潭寺、法王寺、刘碑寺等文物保护单位，毁掉很多匾额、对联、法器、香案等木雕文物⑦。

同时，还扒毁卢岩寺、关岳庙、文庙、下龙潭寺、老母洞、马鸣寺、崇法寺、宝林寺等一批具有较高价值的古建筑群，这种行为不仅仅是在无知的摧残戕害文化，更可恶的是这种行为导致了众多的多姿多彩、争奇斗艳的木雕精品永远的消失，成为人们永远的痛。

三、研究嵩山木雕的学者

从 20 世纪初开始，一些国内外的专家学者开始调查研究包括嵩山木雕在内的嵩山历史建筑的历史、艺术、科学价值，他们不远万里，跋山涉水，千里迢迢来到中国、来到河南、来到登封嵩山，实地勘察嵩山历史建筑的科学特点、文化特点、地方做法特点、法式做法的实物样式，试图诠释嵩山历史建筑对中国历史建筑发展的影响、对亚洲历史建筑发展的影响、对世界历史建筑发展的影响。下面介绍几位有代表性的研究嵩山历史建筑的学者：

---

① （明）傅梅：《嵩书》卷之三"寺院六·会善寺"，中州古籍出版社，2003 年，第 47 页。
② （清）洪亮吉、陆继萼：《登封县志》卷八"坛庙记下·中岳庙"，第 72 页。
③ （清）洪亮吉、陆继萼：《登封县志》卷八"坛庙记下·中岳庙"，第 72 页。
④ （清）景日昣：《嵩岳庙史》卷之五"附藏器·岳神香像"，中州古籍出版社，2003 年，第 43 页。
⑤ 宫熙：《登封少林寺》，《郑州市文物志》（郑州市文物志编辑委员会 1961 年 9 月编印），中华书局，2013 年，第 43 页；登封县志办公室编：《新编少林寺志》，中国旅游出版社，1988 年，第 11 页；吕宏军：《嵩山少林寺》，河南人民出版社，2002 年，第 13～14 页。
⑥ 登封县地方志编纂委员会：《登封县名胜文物志》1985 年元月，第 43 页、第 104 页；吕宏军：《世界文化遗产：中岳庙》，中州古籍出版社，2014 年，第 51 页。
⑦ 登封县地方志编纂委员会：《登封县名胜文物志》1985 年元月，第 105 页。

（1）日本学者关野贞、常盘大定与嵩山木雕：关野贞先后于 1907 年、1908 年和 1918 年三次到嵩山考察历史建筑、金石铸器和塑像等文物史迹，拍摄了大量上述文物古迹的照片，测绘重要古建筑木构件现状图，其中古建筑照片就记录了部分木雕图案实物，如宋代初祖庵大殿小木作上的少量木雕饰件等；常盘大定先后于 1920 年、1921 年、1922 年三次到河南嵩山考察佛教文物和古代建筑，拍摄大量古建筑照片中就反映有木雕作品，如匾额、木雕像、对联、供案、中岳大帝像前的木主牌位、带有雕刻纹样的大型兵器架等等。两人是好朋友，由于行走嵩山的时间前后有别，共同的爱好使两人各自的嵩山历史文化考察结束后，共同撰写了《支那文化史迹》十二卷，书中有专篇记述嵩山文物古迹的章节，有大量照片，使我们现在能看到清末以前嵩山木雕的形貌①。

（2）日本学者增田龟三郎与嵩山木雕：1922 年，日本学者增田龟三郎带着摄影师及助手赴嵩山，实地考察少林寺常住院、初祖庵、达摩洞、二祖庵、塔林、永泰寺、嵩岳寺塔、法王寺、会善寺等佛教名刹，拍摄了大量照片，编写了《菩提达摩嵩山史迹大观》一书，1932 年出版。这是一本专写嵩山佛教文化的专著，照片很清晰，反映嵩山木雕的内容有清康熙皇帝御书《少林寺》匾额、清乾隆皇帝御笔《雪印心珠》匾额、清乾隆皇帝御书《法印高提》匾额及千佛殿内神龛、法堂内神龛和龛前供案上硕大的木主牌位等四张照片，其中法堂已于 1928 年被火烧毁，照片所记录的内容弥足珍贵②。

（3）刘敦桢先生与嵩山木雕：1936 年 6 月，时任中国营造学社研究员兼文献主任的刘敦桢先生和营造学社研究生陈明达、赵发参等人来到嵩山，调查登封古建筑。调查结束后，刘敦桢先生撰写了《河南省北部古建筑调查记》一文，文中有记录考察登封文物古迹现状的文章 13 篇，如在《登封县中岳庙》一文中叙述中岳庙大殿木雕："此殿结构雕饰，以及内部的和玺彩画，均系清官式做法，颇疑乾隆重修时，特自北平派遣匠工至此。"言简意赅，辅以照片，清晰直观地反映了建筑、木架、装修、木雕、木雕像、匾额等文物实物景貌③。

（4）卢绳先生与嵩山木雕：1975 年 5 月下旬，卢绳带着助手杨道明来到嵩山，在张家泰、宫熙陪同下，详细勘察了初祖庵大殿、会善寺大殿、中岳庙等砖木结构建筑的特征、木构件做法、包括木雕在内的木构件细部做工的特点等等，撰有勘察报告④。

（5）宫熙先生与嵩山木雕：由宫熙先生撰写的《登封县志·文物名胜志》（1958 年）、《中岳嵩山名胜古迹简介》（1959 年）、《郑州市文物志·登封县文物志》（1960 年）和《登封县文物志》（1965 年）等书籍中详细记述了宋代初祖庵大殿、元代会善寺大殿梁、檩、椽、斗栱等木构架的地方特点和嬗递关系，至为重要的是明确记载了 1961 年中岳庙寝殿内还保存"天中王木雕睡像一具"，该木雕像清代初年雕制，是嵩山木雕的代表作品。很可惜的是这尊木雕像 1966 年被人为破坏。宫熙先生对嵩山古建筑及其木雕保护、利用和研究作出了突出贡献⑤。

① 常盘大定、关野贞：《支那文化史迹》，法藏馆 1941 年刊印。
② 增田龟三郎：《菩提达摩嵩山史迹大观》，昭和七年（1932 年）。
③ 刘敦桢：《河南省北部古建筑调查记》，中国营造学社《中国营造学社汇刊》第六卷第四期，中华民国二十六年（1937 年），第 86~94 页。
④ 根据卢绳：《卢绳与中国古建筑研究》（知识产权出版社，2007 年）"作者简介"撰写。
⑤ 登封市地方志编纂委员会：《登封县志》（下册）卷三十一"人物"，中州古籍出版社，2008 年，第 1634 页；登封文化广电新闻出版志编纂委员会：《登封文化广电新闻出版志》卷七"人物"，中州古籍出版社，2015 年，第 581~582 页。

（6）杨焕成先生与嵩山木雕：杨焕成著作有《中国少林寺·塔林卷》《塔林》《河南地震历史资料》《中国古建史论丛书：杨焕成古建筑文集》等，发表《河南古建筑概况与研究》《河南古塔研究》《试论河南明清建筑斗栱的地方特征》等文章100余篇，对嵩山古建筑及木雕保护做出了突出贡献[1]。

（7）张家泰先生与嵩山木雕：张家泰对登封汉三阙、净藏禅师塔、观星台、少林寺、嵩岳寺塔等国家级、省级文物保护单位进行调查勘测、保护规划、维修设计等工作，对嵩山古建筑及木雕保护做出了突出贡献[2]。

（8）杜启明先生与嵩山木雕：杜启明在嵩山木雕保护与传承方面，主要参与初祖庵大殿维修、中岳庙大殿维修和主持会善寺大殿维修时，坚持使用古建筑原材料，已毁失无存的木构件，在可识别的原则下，用原材料、原工艺完成复原；要求最大限度地保护使用原有建筑材料，包括虽已损坏大部分但经修补后仍可使用的木构件[3]。

除上述几位学者外，国外学者从事嵩山历史建筑调查研究的还有英国人沙畹、俄国人米·瓦·阿列克谢耶夫等。国内因从事嵩山文化研究的学者很多，但涉及历史建筑木构架或是木雕饰件叙述的则很少，因限于篇幅，在此就不一一赘述。

四、保护与传承

在古代也有科学维修古建筑的事例，极其的少。如明世宗嘉靖年间，少林寺初祖庵大殿，年久失修，"靡有损缺"，为确保无虞，少林寺住持小山和尚募资重修，维修工程从嘉靖三十八年（1559年）腊月初开始，到三十九年（1560年）七月竣工，历时八个月，更换了破碎瓦件和少量糟朽的椽木，整体木架几乎没有更新，使得初祖庵大殿北宋木构架及木雕饰件得以完好的保存到今天[4]。

木雕作为历史建筑等文化遗产的主要组成部分，具有较高历史、艺术、科学和观赏价值，分别被公布为全国、省级、市级文物保护单位，设立了文物保护机构，明确专人负责日常保护管理。

在木雕技艺传承方面，登封县文物保管所从新中国成立初期开始，招募一批技术好、踏实肯干的木工师傅，在从事少林寺、中岳庙、会善寺、观星台、初祖庵等文物保护单位日常养护工作中，使他们逐渐养成了良好的专业技术素养，把"保持原状，修旧如旧""使用原材料原工艺"和增加"可识别性"等文物保护理念逐渐的贯穿到工作中。近50年过去了，实践证明，这种做法行之有效，切实可行，深得专家学者认可和赞赏。

通过上述资料可知：包括登封"天地之中"历史建筑群、嵩山古建筑在内的中国古代建筑的保护维修，经过50多年来的不间断的探索与实践，在不断的修正与完善的艰苦工作中，形成了一套行之有效的作法，具体的方法已经写入《文物保护法》《文物保护法实施条例》《文物保护工程管理办法》等法律法规中，这些法律法规是要我们大家来遵照执行的，还有更详细的、更具体的操作规

---

① 根据杨焕成：《中国古建筑时代特征举要》（文物出版社，2016年）"作者简介"撰写。
② 根据2019年9月2日百度"张家泰"词条撰写。
③ 根据2019年9月1日百度"杜启明"词条和电话联系远在西藏出差的杜启明先生，沟通后撰写。
④ 罗洪先：《少林寺重建初祖殿记》碑，明嘉靖三十九年（1560年）秋刻立，碑存少林寺常住院。

范和导则来引领广大从业人员做好文物建筑保护工作。也就是说古建筑的保护与传承，进入到一个有规可依，有矩可循的大好时期，有专业的管理机构、有专项的保护经费、有专业的技术单位，使保管、利用、整修"三大职能"得到了良好的落实。具体到木雕的保护与传承，因为木雕是古建筑木构件上的附属物和附属物上的装饰物，要保持原物件不损坏，需要复原的"木雕"，参照原物，照搬旧制，达到"用原工艺，原做法，原材料，有可识别性"。

五、结　　语

木雕作为古建筑木构件的装饰部分，蕴含有丰富的地域文化特色，使古建筑从单调走向细腻多样化。本文经过实地勘察世界文化遗产"登封'天地之中'历史建筑群"中木构建筑上保存的木雕饰件实物，根据木雕纹样在古建筑上分布的部位和古建筑附属物木雕纹样内容，从大木作木雕饰件、小木作木雕饰件、木雕匾额饰件、木雕对联饰件、木雕神像（即圆雕）五大方面详细考述了登封"天地之中"历史建筑群木雕保存现状与内容。同时，依据相关资料，钩沉了历代破坏嵩山木雕的事件、考述了近现代九位研究嵩山木雕著名中外学者的事迹、记述了新中国建立后，传承嵩山木雕技艺的单位。应该说本文内容填补了嵩山历史建筑木雕饰件调查研究的空白，为今后撰写《嵩山木雕简史》，积累了资料和经验。

Study on the Wood Carvings of Historic Monuments of Dengfeng in "the Centre of Heaven and Earth"

GONG Songtao

(Dengfeng Municipal Administration of Cultural Heritage, Dengfeng, 452470)

Abstract: The Historic Monuments of Dengfeng in "The Centre of Heaven and Earth" was protected by governments as World Heritage site, and a large number of unrecorded wood carving ornaments have been preserved in these wooden historical buildings such as the Zhongyue Temple, Shaolin Temple, Chuzu Temple, Huishan Temple, Songyang Academy, Songyue Pagoda. This paper discusses the ages, distribution, damage history, research, preservation and inheritance of these historical wood carvings of these monuments and buildings.

Key words: Historic Monuments of Dengfeng in "the Centre of Heaven and Earth", wood carvings, protection and inheritance, research

中岳庙碑刻浅论

张玉霞

（河南省社会科学院历史与考古研究所，郑州，450002）

摘　要：中岳庙是嵩山地区碑刻的重要荟萃之地，现存有汉代以来历代碑刻近百通，其中宋代以前的碑刻数量很少，明清两代的碑刻最多。碑刻体量差异很大，通高超过 5 米的 4 通高大碑刻都属于宋金时期，之后体量最大的碑刻通高也不超过 4 米，碑高在 2 米以下的小型碑刻数量占据了碑刻总数的近四分之三。碑刻以记事功德碑为主，还有祭告文碑、诗词碑、图形碑、题字碑等。内容丰富的中岳庙碑刻不仅为雕刻、书法等艺术研究提供了珍贵的实物资料，而且为研究中岳庙乃至中国古代祭祀、宗教、建筑等文化提供了重要的史料。

关键词：碑刻；中岳；国家祭祀

“荒碑利岁月，日月绕中原”。中岳嵩山位居五岳之中，西与古都洛阳、东与古都开封相比邻，是沟通洛、汴、郑、许的交通要道，地理位置十分重要。嵩山作为古都洛阳、开封的畿内名山，历代帝王将相、文人学士、释道隐儒多有活动，有不少还留下了墨宝，铭刻于石。嵩山素有“金石宝地”之称。嵩山石刻蕴藏着丰富的历史资料，是研究嵩山乃至中国古代社会的重要文献，也是研究文字演变和书画艺术的宝贵资料。中岳庙不仅保存了规模宏大的古代官式建筑群，而且汇集了石阙、碑碣、石幢、匾额等大量石刻文物，与少林寺、嵩阳书院一起成为嵩山地区碑刻的重要荟萃之地。中岳庙碑刻历经沧桑，或竖立于庙廊、或嵌于殿墙、或用作基石、或悬于门庭、或毁于兵火。历代金石录及地方志书，如《金石录》《嵩阳石刻集记》《金石萃编》《中州金石目》《寰宇访碑录》《碑帖叙录》《校碑随笔》《金石文字考》《说嵩》《嵩岳庙史》《登封县志》等，对中岳庙碑刻均有详略不同的著录。明代宣德年间周叙在《游嵩阳记》中说中岳庙有“宋金以来石刻以百数”，然经历岁月风霜，碑刻多有损毁。中岳庙现存的历代碑刻，从东汉以来，历北魏、唐、宋、金、元、明、清至民国，据统计共 89 通 97 品。已知存有碑文或记有碑名的已遗失碑刻 33 品。碑刻大小不同、形制各异，内容广泛，撰书者不乏当时名家，历来备受推崇。

一、中岳庙碑刻的数量、形制与年代

中岳庙现存的 89 通 97 品历代碑刻，年代最早的是汉代，汉代 1 通、北魏 1 通、唐代 1 通、宋代 4 通、金代 2 通、元代 2 通 4 品、明代 25 通 27 品、清代 38 通、民国 15 通 18 品。其中，有 2 通碑原立于中岳庙，后移置嵩阳书院，一通是明隆庆六年（1572 年）刘曰材“嵩岳诗碑”，一通是明崇祯三年（1630 年）“中岳告文碑”。也有 2 通是原立他处，后移置中岳庙的，碑文内容与中岳庙无关，一通是清雍正八年（1730 年）“创修会善寺后殿记碑”，一通是清道光三年（1823 年）“重修广惠庵记碑”。已知存有碑文或记有碑名的已遗失碑刻 33 品，按照朝代的分布情况是：唐代 3

品、宋代 2 品、金代 3 品、元代 12 品、明代 6 品、清代 1 品、民国 6 品。

中岳庙不同时代的碑刻数量差别很大。早期碑刻的数量很少，汉代、北魏均仅有 1 通，唐代稍多，这三个时代的碑刻总数与宋代碑刻数相同，均仅占碑刻总数的 4.6%。金代统治嵩山地区的时间虽然不长，碑刻数量也占到了 3.8%。至元代，碑刻数量更多，几乎是前代碑刻数量的总和，占了碑刻总数的 12.3%。明清两代的碑刻最多，分别占到了碑刻总数的 25.4% 和 30%。民国时期的碑刻数量也留存不少，占了碑刻总数的 18.5%。

中岳庙碑刻形制各异，有石阙、碑碣、石幢、匾额等。石阙即是著名的东汉太室阙，西阙上保留有 2 品东汉石刻。石幢仅有 1 通，就是北宋真宗在"澶渊之盟"后大兴祥瑞、封禅拜土之际，加封中岳神为中天崇圣帝之后，遣使至中岳设醮祭祀的醮告文。同时期的醮告文石幢，北岳庙和西岳庙也各现存有 1 通，不同的是，当时北岳神和西岳神还未加封帝号。按照《宋史》记载，当时真宗"自制五岳醮告文，遣使醮告，即建坛之地构亭立石柱，刻文其上。"东岳和南岳当也有此醮告文石幢。匾额现存 10 块，其中 1 块是清代的"中岳庙"石额，其余都是民国时期的门额。剩下的均是碑碣（表一）。

表一　中岳庙碑刻的年代分布简表

类别 ＼ 年代	汉	北魏	唐	宋	金	元	明	清	民国
现存碑刻	1	1	1	4	2	4	27	38	18
遗失碑刻			3	2	3	12	6	1	6
总计	1	1	4	6	5	16	33	39	24
占比（%）	4.6			4.6	3.8	12.3	25.4	30	18.5

二、中岳庙碑刻的体量与年代

中岳庙现存的 89 通碑刻，大小不同。除了东汉太室阙铭及题记是刻在太室阙西阙上，其余 88 通都是刻在碑碣上。88 通碑刻按照高低分为通高超过 5 米、碑高在 3 米至 5 米、碑高在 2 米至 3 米、碑高在 1 米至 2 米、碑高在 1 米以下等五类。

通高超过 5 米的碑共有 4 通，十分高大壮观。1 通金代碑刻，碑额遗失，其余 3 通都是宋代碑刻，均是盘龙碑首。最高大的一通是宋大中祥符七年（1014 年）的"大宋中岳中天崇圣帝碑"，通高 7.32 米、碑高 5.75 米、宽 1.63 米、厚 0.52 米。其余 3 通分别是：宋开宝六年（973 年）"大宋新修嵩岳中天王庙碑"，通高 5.05 米、碑高 4.75 米、宽 1.39 米、厚 0.58 米；宋乾兴元年（1022 年）"大宋增修中天崇圣帝庙碑"，通高 5.77 米、碑高 4.87 米、宽 1.52 米、厚 0.5 米；金大定二十二年（1182 年）"大金重修中岳庙碑"，通高 5.3 米、碑高 3.6 米、宽 1.85 米、厚 0.6 米。

碑高在 3 米至 5 米的碑共有 7 通，高在 3.08 米至 3.85 米之间，宽在 0.88 米至 1.25 米之间，厚在 0.16 米至 0.32 米之间，体量也相当壮观。其中，元代碑刻 1 通，是元后至元元年（1335 年）的"圣旨碑"，高 3.08 米、宽 0.93 米、厚 0.32 米。明代碑刻 2 通，分别是明万历年间的"岳立天中碑"，高 3.6 米、宽 0.88 米、厚 0.22 米，明万历三十二年（1604 年）的"五岳真形之图碑"，高

3.75 米、宽 1.25 米、厚 0.32 米。清代碑刻 4 通，时代均是乾隆年间，分别是乾隆十五年（1750年）"重修中岳庙碑"，高 3.5 米、宽 0.96 米、厚 0.23 米；同年的御书"岳庙秩祀礼成作诗碑"，高 3.8 米、宽 0.88 米、厚 0.16 米；乾隆二十五年（1760年）"重修中岳庙记碑"，3.85 米、宽 1.13 米、厚 0.25 米；乾隆四十八年（1783年）御制"诗碑"，高 3.76 米、宽 0.88 米、厚 0.18 米。

碑高在 2 米至 3 米的碑共有 12 通，高在 2 米至 2.84 米之间，宽在 0.76 至 1.3 米之间，厚在 0.14 米至 0.38 米之间。其中，北魏碑刻 1 通，即著名的"中岳嵩高灵庙之碑"，高 2.84 米、宽 0.99 米、厚 0.23 米，也是仅有的 1 通高超过 2.5 米的碑刻。其余的 11 通碑刻最高是 2.45 米。其中，宋代碑刻 1 通，即宋天禧三年（1019年）的"御制中岳醮告文"八角石幢，高 2.27 米、围 1.1 米。明代碑刻 3 通，2 通是诗碑，一通是明万历三十八年（1610年）"谒中岳诗碑"，高 2.12 米、宽 0.86 米、厚 0.19 米；一通是万历四十年（1612年）"嵩高行诗碑"，高 2 米、宽 0.9 米、厚 0.14 米。另一通是现置于嵩阳书院的崇祯三年（1630年）"中岳告文碑"，高 2.1 米、厚 0.38 米。还有一通疑似明代、清初之前已存在的"无字碑"，高 2.24 米、宽 0.9 米、厚 0.2 米。清代碑刻 6 通。一通是清顺治十年（1653年）的"䷀图碑"，高 2.45 米、宽 0.9 米、厚 0.17 米。2 通康熙的御祭文碑，一通是顺治十八年（1661年）康熙撰的"御祭文碑"，高 2.3 米、宽 0.93 米；一通是康熙六年（1667年）的"御祭文碑"，高 2.3 米、宽 0.93 米。第 4 通是康熙五十四年（1715年）"重修黄盖峰中岳行宫碑"，高 2 米、宽 0.76 米、厚 0.19 米。另 2 通是乾隆十五年（1750年）乾隆皇帝的御书诗碑，一通是"登华盖峰歌碑"，高 2.3 米、宽 1.05 米；一通是分刻在两块石上的"谒岳庙诗"，一石高 2.3 米、宽 1.3 米，一石高 2.45 米、宽 1.17 米。

碑高在 1 米至 2 米的碑共有 48 通，高在 1 米至 1.92 米之间，宽在 0.42 至 0.8 米之间。其中，金代碑刻 1 通，即金承安五年（1200年）的"大金承安重修中岳庙图碑"，高 1.33 米、宽 0.75 米、厚 0.14 米。元代碑刻 1 通，即元皇庆二年（1313年）的"中岳投龙简诗碑"，高 1.35 米、宽 0.7 米、厚 0.25 米。明代碑刻 6 通，2 通图碑、3 通诗碑、1 通题字碑。图碑一通是万历二年（1574年）的"五岳真形之图碑"，高 1.7 米、宽 0.78 米、厚 0.18 米；一通是疑似明代的"鲤鱼跳龙门图碑"，高 1.55 米、宽 0.75 米、厚 0.16 米。诗碑中有 2 通是万历年间登封知县傅梅撰书，一通是"登嵩山诗碑"，高 1.75 米、宽 0.8 米、厚 0.16 米；一通是"登太室诗碑"，高 1.5 米、宽 0.8 米。另一通诗碑是明万历年间河南提学副使叶秉敬撰书的"卢崖诗碑"，高 1.5 米、宽 0.75 米。题字碑是万历年间的"岳灵碑"，高 1.72 米、宽 0.75 米。清代共 25 通，其中 80% 是历朝的御祭文碑，计 20 通。其他 5 通碑分别是雍正二年（1724年）的诗碑（高 1.64 米、宽 0.78 米）、雍正八年的"创修会善寺后殿记碑"（高 1.46 米、宽 0.65 米）、嘉庆十七年（1812年）的"邑侯捐奉重修碑"（高 0.7 米、横长 1.85 米）、同年的布施碑（高 1.92 米、宽 0.73 米），以及具体时间不明的清代"中岳庙"石额（高 0.65 米、横长 1.7 米）。清代御祭文碑的年代，自早至晚依次是顺治八年（1651年），康熙三十六年（1697年），雍正元年（1723年），乾隆十三年（1748年）、十四年、二十年、二十五年、二十七年、四十一年，嘉庆五年（1800年）、九年、十四年、二十五年，道光元年（1821年）、九年、十六年、三十年，咸丰十年（1860年），同治四年（1865年），光绪元年（1875年）。光绪元年的御祭文碑是中岳庙现存年代最晚的帝王御祭文碑。这 20 通御祭文碑，体量最大的是同治四年御祭文碑，高 1.9 米、宽 0.8 米；体量最小的是乾隆二十五年"御祭文碑"，高 1 米、宽 0.6 米，第二小的是乾隆十四年"御祭文碑",高 1.18 米、宽 0.7 米。其余高在 1.48 米至 1.8 米之间,宽在 0.57 米至 0.7 米之间。碑高在 1 米至 2 米的民国碑刻有 15 通。1 通是民国五年（1916 年）的捐资碑,2 通民国十六年的吴佩孚诗碑,1 通是民国二十三年登封县长"毛公德政碑",2 通是民国三十一年白崇禧题的"日星河岳"碑。余下的是 9 块匾额。

碑高在 1 米以下的碑共有 17 通,高在 0.25 米至 0.87 米之间,宽或横长在 0.4 至 0.96 米之间。其中,唐代碑刻 1 通,即唐太和三年（829 年）的"状嵩高灵胜诗碑",高 0.68 米、宽 0.96 米。明代碑刻 11 通,其中 80% 以上是修醮碑,计 9 通。2 通是诗碑,一通是弘治十一年（1498 年）的"望嵩岳诗碑"（高 0.87 米、宽 0.46 米）；一通是隆庆六年（1572 年）的"嵩岳诗碑"（高 0.44 米、宽 0.58 米）。9 通修醮碑的年代自早至晚依次是明万历十一年二月（1583 年）、十一年四月、十二年、十四年、十七年、十九年二月、十九年三月、二十一年、四十四年。这 9 通修醮碑,体量都比较小,高在 0.37 米至 0.59 米之间,宽在 0.28 米至 0.55 米之间。清代碑刻 2 通,一通是嘉庆二十四年（1819 年）的"重修广生殿金桩神像记碑"（高 0.58 米、宽 0.46 米）,一通是宣统二年（1910 年）的"日柏亭成记碑",高 0.6 米、宽 0.5 米。民国碑刻有 3 通,分别是民国十一年（1922 年）的"重修峻极坊记碑"（高 0.55 米、横长 0.83 米）、十六年的吴佩孚诗碑（高 0.8 米、宽 0.58 米）、三十一年的"中岳风景区整建会告白碑"（高 0.25 米、宽 0.4 米）。

中岳庙现存碑刻中,高在 1 米至 2 米的碑刻数量最多,占到了碑刻总数的一半多,其中清代的碑刻最多,其次是民国的。高在 1 米以下的碑刻数量占据第二位,占碑刻总数的近五分之一,其中明代碑刻最多。这两类碑刻即高在 2 米以下的小型碑刻数量占据了碑刻总数的近四分之三。而通高超过 5 米的 4 通高大碑刻都属于宋金时期。元代那一通高大的圣旨碑,高 3.08 米、宽 0.93 米、厚 0.32 米。元代以后,体量最大的碑刻是乾隆二十五年（1760 年）的"重修中岳庙记碑",高 3.85 米、宽 1.13 米、厚 0.25 米（表二）。

表二 中岳庙碑刻的体量与年代简表

体量＼年代	汉	北魏	唐	宋	金	元	明	清	民国	总计	占比（%）
通高＞5 米				3	1					4	4.5
高 3~5 米						1	2	4		7	8.0
高 2~3 米		1		1			4	6		12	13.6
高 1~2 米				1	1		6	25	15	48	54.5
高＜1 米		1					11	2	3	17	19.3

三、中岳庙碑刻的内容与年代

中岳庙碑刻包括现存的碑刻和已遗失的碑刻共计 130 品,内容十分丰富,大致可以分为记事功德碑、祭告文碑、诗词碑、图形碑、圣旨碑、题字碑、无字碑、神道碑、门额等。其中,已经遗失的唐代断碑,碑文不详,无法断定内容。其余的 129 品碑刻均可归类。

汉代 2 品,即太室阙铭及题记。北魏 1 品即是著名的"中岳嵩高灵庙之碑"。唐代 3 品,现存的是"状嵩高灵胜诗碑",遗失的 2 品均是重修记。宋代 6 品,现存有醮告文幢 1 品、加封中岳中天崇圣帝碑 1 品、重修记碑 2 品,遗失的 2 品,一是重修记、一是题字。金代 5 品,现存重修记碑和重修岳庙图碑各 1 品,遗失的 3 品均是重修记碑。元代共 16 品,现存 1 品诗词碑、1 品圣旨碑、1 品重修记碑、1 品至中岳巡查祭祀的记事题记,遗失的 12 品中,有 1 品圣旨碑、1 品重修记碑,其他 10 品均是祭祀中岳庙的记事碑,因碑文不详,仍按记事碑统计。明代共 33 品,现存的 27 品中,祭告文碑 2 品,修醮碑 10 品,诗词碑 9 品,图形碑 3 品,即两通"五岳真形之图"碑和一通"鲤鱼跳龙门"图碑,题字碑 2 品,无字碑 1 品,这也是中岳庙仅有的一通无字碑。遗失的 6 品中,"厘正神号碑"是明太祖诏令去除五岳帝号改封岳神的诏书,1 品诗碑,1 品岳庙神道碑,余 3 品均是重修记碑。清代共 39 品,遗失 1 品,是重修记碑。现存的 38 品中,22 品是御祭文碑,9 品是重修等记事,5 品诗碑,1 品图形碑即"☷"坎卦图碑,1 品"中岳庙"石额。民国时期共 24 品,现存的 18 品中,重修记碑等 4 品,诗词碑 4 品,图形碑 2 品即分别是关公画像和钟馗画像,题字碑 2 品和石额 6 品 9 块。遗失的 6 品均是题字碑。

中岳庙已知的历朝碑刻中,数量在 20 品以上的碑刻类别分别是记事功德碑、祭告文碑和诗词碑。记事功德碑最多,比祭告文碑和诗词碑的和还多,达 53 品,历朝都有,占碑刻总数的百分之四十强。数量第二多的是祭告文碑,达 25 品,占碑刻总数的近五分之一,其中宋代 1 品、明代 2 品,其余 22 品均是清代的御祭文碑。诗词碑的数量达 21 品,明代的诗词碑最多,有 10 品,其余唐代、元代各 1 品,清代 5 品,民国 4 品。碑刻数量由多至少依次是题字碑 11 品、图形碑 7 品、门额 7 品、圣旨碑 3 品、无字碑和神道碑各 1 品(表三)。

表三　中岳庙碑刻的内容与年代简表

年代 体量	汉	北魏	唐	宋	金	元	明	清	民国	总计	占比 (%)
记事功德碑	2	1	2	4	4	13	13	10	4	53	41.1
祭告文碑				1			2	22		25	19.4
诗词碑			1			1	10	5	4	21	16.3
图形碑				1		3		1	2	7	5.4
圣旨碑						2	1			3	2.3
题字碑				1			2		8	11	8.5
无字碑							1			1	0.8
神道碑							1			1	0.8
门额								1	6	7	5.4

四、中岳庙碑刻的价值

中岳庙是嵩山碑刻一个重要的荟萃之地,名碑甚多,知名的如汉"太室阙铭",北魏"中岳嵩高灵庙之碑",唐"状嵩高灵胜诗"碑,宋"中岳醮告文碑",宋金四状元碑,金"承安重修中岳庙图碑",元"圣旨碑",明"五岳真形图碑",清"御祭文碑""乾隆诗碑"等等。中岳庙碑刻不仅在雕刻、书法等艺术上有很高价值，而且蕴含着丰富信息，是研究中岳庙乃至中国古代祭祀、宗教、建筑等文化的重要史料。

（一）中岳庙碑刻对于研究雕刻、书法、绘画等艺术提供了珍贵的实物资料

雕刻艺术上的价值以太室阙为代表。太室阙与少室阙、启母阙一起被称为"中岳汉三阙"，因有长篇的铭文和内容丰富的画像，自宋代以来即受到金石学家的重视，各种著录不下数十种。汉三阙是嵩山现存最早的石雕建筑物，是 1961 年国务院公布的第一批全国重点文物保护单位，其价值无需赘言。

汉三阙在书法艺术上也有极高的价值，是书体由篆到隶演变过程中形成的字体篆隶的代表作。字体遒劲流畅，雍容婉丽，神韵飘逸，是研究我国文字演变和书法艺术的宝贵资料。中岳庙碑刻书法艺术价值的另一通代表性碑刻是北魏的"中岳嵩高灵庙之碑"，是书体由隶书向楷书过渡风格的代表作。魏字结体，点划方劲，气势质朴，上承汉隶余风，下开隋唐楷书先导，兼有隶楷两体的神韵。康有为著《广艺舟双楫》一书，把"嵩高灵庙碑"列为"神品"，为"高品上"。其撰书者据研究应是寇谦之弟子、以书法知名当时的北魏太武帝时司徒崔浩。侯镜昶《书学论集》评其篆体碑额"中岳嵩高灵庙之碑"说："碑额之篆书分意，锋如悬针，尤为神似。"杨震方《碑帖叙录》评其碑文："字体古拙雄健，介乎隶、楷之间，虽放纵，但风格极高浑雄大，笔力沉静，具有一种森严之妙趣"。

中岳庙仅存的 1 通唐代碑刻"状嵩高灵胜诗"碑，尽管书者不详（推测可能是当时的河南府尹王潘所书），仍有很高的书法价值。《潜擘堂金石文跋尾》评其书法："真书规模虞永兴，尤精彩"。乾隆五十二年（1787 年）《登封县志》评其书法："岳庙楷书，此为第一"。中岳庙宋代碑刻的书法价值也很高。宋真宗天禧三年（1019 年）的"御制中岳醮告文"石幢，翰林待诏刘太初行书并篆额，颇为俊秀。刘太初一生以书为职，《碑帖叙录》称其书"极似王羲之，可能即为王羲之之集字，亦恐为刘太初善学王羲之所为。"其他三通宋碑和一通金代碑刻，规制宏大，分立在峻极门下崇圣门和化三门的东西两侧，俗称"宋金四状元碑"，分别由卢多逊、王曾、陈知微、黄久约所撰。四位中三位任过宰相，至少有一位是状元，三通宋碑的书丹者均是翰林待诏。黄久约撰的"大金重修中岳庙碑"，撰额者党怀英，金史称其工篆、籀，当时为第一。惜碑额遗失。《说嵩》赞此碑曰："唯此书，结法遒劲，苍古可观"。

（二）中岳庙碑刻是研究中岳庙的重要史料

中岳庙已知的 50 余品记事功德碑，基本勾勒了历朝历代对中岳庙的营缮情况，且大规模的整修都是官府主持，中岳庙一直是祭祀中岳神国家祀典的举办地。中岳庙碑刻中，年代最早的是东汉时期的"太室阙铭"。北魏的"中岳嵩高灵庙之碑"碑文叙述了中岳形胜及历史、晖赞嵩山著名道士寇谦之，以及道士杨龙子整修中岳庙等。对研究中岳庙的营造具有很高价值。宋大中祥符七年（1014 年）的"大宋中岳中天崇圣帝碑铭"记载了宋真宗加封中岳神为中天崇圣帝情况，以及中岳形胜、历史，及对岳神的崇敬等。宋乾德二年（964 年）的"重修中岳庙记碑"、宋乾兴元年（1022 年）的"大宋增修中天崇圣帝庙碑"、金大定二十年（1182 年）的"大金重修中岳庙碑"、金

大安三年（1211年）的"重修中岳庙记碑"、清乾隆十五年（1750年）的"重修中岳庙碑"、乾隆二十五年的"重修中岳庙记碑"等为世人瞩目。碑文在记载中岳形胜、建庙历史，重修经过等内容之外，还记述了当年整修的具体规模。

宋金时期中岳庙的建筑布局，在金承安五年（1200年）"大金承安重修中岳庙图"碑中有形象的表现。该碑以写实的手法，用碑阳全版的篇幅层次清晰地刻绘出承安五年整修后的中岳庙大型建筑群的宏伟面貌。此图在全局的分布上、单体建筑的刻画上，都表现得相当精细和准确，各单体建筑大都示以题名。从图形中可以看到整体与个体建筑的分布位置、具体式样，各个不同规格殿、堂、楼阁的用途。甚至屋顶、门窗的式样，建筑物下部台明、散水的立石、平砖等细节，也都一一表现。把此图与清版庙图及今日中岳庙庙院现状加以对比，我们能看到中岳庙建筑群自宋金至明清直至今日许多一脉相承的特点。比如，一直保持着中国古建筑以木结构为主的特色，比较严格地保持了中轴线左右的建筑对称和四合院式的单元庭院，岳庙正殿都保持着与同期皇宫正殿仅次一等的高等规制。当然岳庙布局及单体建筑历经时代变迁也发生了许多变化，比如岳庙正殿与后殿的布局，由宋金时期的"工"字结构变成了清代及今日的两座单独院落；宋金时期中三门至上三门之间的十座神殿，至清代减少为"四岳"神殿；斜廊、乌头门、角楼等宋、金时期单体建筑的特征也已经看不见了；亭子由宋代的四角亭发展为清式的八角亭，等等。

中岳庙会历史悠久，中岳庙碑刻中多有提及。宋乾德二年（964年）的"重修中岳庙记碑"中说："国家祭享之外。留守祈祷之暇，每至清明届候，媚景方浓，千里非遥，万人斯集，歌乐震野，币帛盈庭，陆海之珍咸聚于此。"可知早在宋初，中岳庙会已是十分兴盛。金大安三年（1211年）的"重修中岳庙记碑"中也有"市人居之者，喜其易营而获于利。"清康熙二十七年（1688年）"重修黄盖峰中岳行宫碑"中记载当年重修黄盖峰中岳行宫资金的来源，有相当一部分是庙会的商贾："时三月庙会，四方商贾杂逻辐辏至，咸愿布金共勷不逮。"康熙五十四年的"重修中岳行宫碑记"记载了当时中岳庙春季三月庙会的盛况："岁值三月圣会之辰，四方宾旅商贾鳞集辐辏，南连吴越，北通秦晋，其熙熙攘攘往来不绝者，踵相接也。"《嵩岳庙史》中保留有一幅"庙会图"，形象表现了庙会时岳庙内外的情形。至民国二十三年（1934年）嵩会商人刻立的"毛公德政碑"，则说的更详细："庙前阛阓，向值春煦秋凉，萃群商而陈百货。……甲戌春……田功毕，环方商贾复云集辐辏于庙市，罗列中外奇珍……奖励保护，免除一切捐派……我商人于三旬中得以安心营业，无纤毫损失"。可知当时的中岳庙会已是春秋两季均有，会期长达一个月。如今的中岳庙会还是河南省非物质文化遗产。

（三）中岳庙碑刻也是研究中国古代祭祀、宗教、建筑等文化的重要史料

中岳庙的祭告文碑多达25品，占碑刻总数的近五分之一，其中宋代1品、明代2品，其余22品均是清代的御祭文碑。这还不包括元代的10品祀中岳记碑、代祀中岳记碑、投龙简记碑等记事碑。从这些与祭祀有关的碑刻中，我们能一窥中岳庙与宋以后国家祭祀礼制的关系。比如，宋大中祥符七年（1014年）的"大宋中岳中天崇圣帝碑"记载了宋真宗加封中岳神为崇圣帝的事；大中祥符八年（1015年）撰、天禧三年（1019年）刻立的"御制中岳醮告文"，说明了此时的国家祭祀岳神的制度中已经融入了道教的斋醮仪式。明清时期的祭文碑显示，非常规的祭祀中岳活动一

般都是因为新皇登基、祈雨、祈丰年、边境功成、贺皇太后寿诞及加徽号、先皇配享圜丘礼成等重要事件。

中岳庙众多的祭文碑文，秉承并体现了中国古代对于祭祀和神的主流看法，即福祸的根本原因在于人的主观作为，祭祀的目的是为了向神显示人的主观作为的成果，只有把国家治理好、物阜民丰，神才会降下福祉。这种观念早在春秋时期即已建立，《春秋·桓公六年》载："夫民，神之主也。是以圣王先成民而后致力于神。故奉牲以告曰'博硕肥腯'，谓民力之普存也，谓其畜之硕大蕃滋也，谓其不疾瘯蠡也，谓其备腯咸有也。奉盛以告曰'洁粢丰盛'，谓其三时不害而民和年丰也。奉酒醴以告曰'嘉栗旨酒'，谓其上下皆有嘉德而无违心也。所谓馨香，无谗慝也。故务其三时，修其五教，亲其九族，以致其禋祀。于是乎民和而神降之福，故动则有成。"

中岳庙碑刻中也包含了许多关于道教的信息。北魏太延年间的"中岳嵩高灵庙之碑"，是道教立碑之始。嵩山道士寇谦之在中岳庙筹划并组织实施了中国历史上著名的道教改革，此后的中岳庙不仅是祭祀中岳的场所，也成为道教活动的重要场所。中岳庙因此被称为寇谦之创立的北天师道的发源地和祖庭。之后北魏孝文帝亲祭嵩山，撰有《祭嵩高山文》，是现存最早的帝王祭中岳文。宋天禧三年（1019 年）的"御制中岳醮告文"，说明了此时的国家祭祀岳神的制度中已经融入了道教的斋醮仪式。至元代，道教在岳神祭祀中的地位更为突出。元后至元元年（1335 年）的"圣旨碑"，说明元代时中岳庙的管理者是全真道士。元代的 10 品祀中岳记碑、代祀中岳记碑、投龙简记碑等记事碑，则说明元代在因事祭祀或者代祀岳神的活动中，派遣的也常常是道士。明代的 10 品修醮碑均显示明代时负责中岳庙日常管理的仍是道士，民众祭祀岳神使用的是道教科仪。

中岳庙的金承安五年（1200 年）"大金承安重修中岳庙图"碑，对于研究中国古代建筑史有十分重要的作用。留存至今的宋金建筑及建筑图，尤其是大规模建筑群的图更为稀少。比此碑早半个世纪，山西万荣县汾阴后土祠保存的金天会五年（1137 年）"蒲州荣河县创立承天效法厚德光大后土皇地祇庙像图"描绘了后土祠庙建筑群。两幅图碑对照，能看出许多宋金时期岳渎庙院建筑群以及单体建筑的特点，比如岳渎庙院的整体规制，中轴三殿的"工"字形布局，琉璃的使用，门的制式，角楼制度等等。

综上，中岳庙碑刻从东汉以来，历北魏、唐、宋、金、元、明、清至民国均有留存，宋代以前的碑刻数量很少，明清两代的碑刻数量最多。碑刻的形制多样，以碑碣为主，还有石阙、石幢、匾额等形式。碑刻的体量大小差异也很大，太室阙之外，最高大壮观的碑刻通高达 7.32 米、碑高5.75 米、宽 1.63 米、厚 0.52 米，而通高超过 5 米的 4 通高大碑刻都属于宋金时期。碑高在 2 米以下的小型碑刻数量占据了碑刻总数的近四分之三，体量最小的碑刻仅高 0.25 米、宽 0.4 米。中岳庙碑刻的内容十分丰富，以记事功德碑为主，还有祭告文碑、诗词碑、图形碑、题字碑等。内容丰富的中岳庙碑刻不仅为雕刻、书法等艺术研究提供了珍贵的实物资料，而且为研究中岳庙乃至中国古代祭祀、宗教、建筑等文化提供了重要的史料。

Brief Review of the Inscriptions of the Zhongyue Temple

ZHANG Yuxia

(Institute of History and Archaeology, Henan Academy of Social Sciences, Zhengzhou, 450002)

Abstract: The Zhongyue Temple is a crucial place that preserves nearly 100 inscriptions in the Mount Song area. There are few inscriptions before the Song Dynasty and the most inscriptions in the Ming and Qing Dynasties. The inscriptions vary greatly in volume, all 4 inscriptions with a height of more than 5 meters are the Song and Jin Dynasties, and later, the inscriptions with the largest volume do not exceed 4 meters, almost 3/4 inscriptions are less than 2 meters. The content of inscriptions mainly based on the merits of memorization, as well as sacrifices, poems, graphics and autograph. The inscriptions of the Zhongyue Temple provide precious data for artistic studies such as carving and calligraphy, but also important historical materials for the study of the Zhongyue Temple and even the ancient Chinese sacrifice, religion, architecture and other cultures.

Key words: inscriptions, the Zhongyue Temple, national sacrifice

河南风水塔探析*

王学宾[1]　陈　芳[2]

（1. 黄河科技学院，郑州，450063；2. 郑州升达经贸管理学院，郑州，451191）

摘　要： 大约从 14 世纪开始，我国出现了一种新的塔的类型，它脱胎于佛塔，借鉴了佛塔的外形，与中国的风水学相结合，赋予了新的含义和内容，成为堪舆学中的镇物，称之为"风水塔"。风水塔出现以后，便在全国各地迅速流行开来，州、县、镇甚至村都兴起了兴建风水塔的热潮。直到今天，河南仍有 15 座风水塔矗立在中原大地。如今，随着文化旅游热的兴起，这些风水塔作为地方重要的文化遗存和标志性建筑，必将对地方文化旅游资源的开发利用起到重要的作用。

关键词： 河南古塔；风水塔；文峰塔；镇妖塔

河南是无论从古塔数量还是古塔质量，在全国都名列前茅。据不完全统计，目前河南仍保存独立凌空的砖石塔有 600 多座，加上 200 多座摩崖石塔，河南现存古塔达 800 多座[①]。但在河南古塔研究方面，关于风水塔的探讨相对还比较薄弱，而且一些零散的研究还多局限于建筑学角度，对于风水塔所包含的文化信息、历史信息、宗教信息及人们精神世界的追求等方面的研究，缺失严重，这不能不说是一个遗憾。本文尝试从河南现存的风水塔入手，对河南风水塔进行相对系统的研究，由于水平有限，抛砖引玉，希望能引起大家的关注和研究。

一、风水塔出现的背景与历史沿革

塔，原是佛教独有的一种建筑形式，主要用来供奉佛舍利、佛像、佛经等，通称之为佛塔。大约从 14 世纪以后，我国又出现了一种新的塔的类型，它借鉴了佛塔的外在形式，与中国的风水学相结合，赋予了新的含义和内容，成为堪舆学中的镇物，称之为"风水塔"。

风水塔大概可以分为两类：一是为振兴文运、显示教化，希望当地多中科举、人才辈出。此类塔占风水塔的 80% 以上，各地名称叫法各不相同，大致有文峰塔、文笔塔、奎光塔、文奎塔、文笔峰塔、文明塔等，如清道光《直隶汝州全志》载：汝州自康熙戊子（1708 年）后科名不振已十五年，"州守章世魁重修东南城垣皆完固，并建东门楼，额曰宾阳，以迓生气。又即迎风楼旧址扩而大之，易其名曰来青阁，仍祀文昌于上。建文峰塔于钟楼基上，祀魁星以培风（作者注：此塔已不存）"[③]。

二是为弥补风水不足，补地势、引瑞气，具有镇山镇水、镇邪禳灾作用，祈望通过建塔，来达到平波安澜、水患不兴，或者镇邪禳灾、家业兴旺。比如镇妖塔、镇河塔、镇风塔等。《水浒

---

* 河南省民办教育协会 2019 年度课题"全域旅游视域下的河南风水塔研究"的研究成果（课题编号：HMXL-20190753）。

① 杨焕成：《古建筑文集》，文物出版社，2009 年。

③ 清道光《直隶汝州全志》。

传》里，有这样一段话："郓城县管下东门外有两个村坊，一个东溪村，一个西溪村，只隔着一条大溪。当初这西溪村常常有鬼，白日迷人下溪里，无可奈何。忽一日，有个僧人经过，村中人备说知此事，僧人指个去处，教用青石凿个宝塔，放于所在，镇住溪边。其时西溪的鬼，都赶过东溪村来。那时晁盖得知了，大怒从这里走将过去，把青石宝塔独自夺了过来东溪村放下，因此人皆称他做托塔天王。"①《水浒传》成书于明代，里面反映的，是明代人的风水意识以及风水塔的作用。如南阳龙角塔，建于清咸丰四年（1854年），南阳知府顾嘉衡为防备太平天国军和捻军袭扰，对南阳城墙进行大修的同时，为镇邪禳灾，确保卧龙岗上的风水，并培植士习民风，专门修建了龙角塔。

风水塔最初在唐宋时期已经初露端倪。如位于西湖之南、钱塘江畔月轮山上的六和塔，建于吴越国时期，当时吴越国国王为镇住钱塘江潮水，派僧人建造了六和塔。《咸淳临安志》记载："钱氏有吴越时，曾以万弩射潮头，终不能却其势。后有僧智觉禅师延寿，同僧统赞宁创建斯塔，用以为镇。相传，自尔潮习故道，边江右岸无冲垫之失，缘堤万民无惊溺之虞。"后来塔被盗寇烧毁，则"自是潮复为患"，决定重建六和塔，并找到了智昙，由他来主持重修工作，"自癸酉（1153年）仲春鸠工，至癸未（1163年）之春五层告成。……塔兴之初，土石未及百簣，而潮势虽仍汹涌，浪犹暴怒，已不复向来之害，编氓得袖手坐视，略无隐忧矣。噫！塔之利益果可以除害！如此之验耶！"②又有"且言罗刹江滨，旧有三浮屠，唐末神僧创以镇潮脉，名六和塔"的记载。不过，这个时期用以"镇"潮的塔，其本质上仍是佛塔性质，属于修建在寺院内、塔内供奉有佛教圣物的佛塔，只是借助于佛塔的作用，来"镇"江潮而已。

14世纪之后出现的风水塔，与唐宋时期的风水塔有根本的不同，它虽然仍与佛教有内在的联系，比如许多塔的修建仍有僧人参与，有的塔仍建在寺院内，个别塔上还有佛教的相关元素等，但它是在风水学理论的指导下所建的塔，塔本身已经脱离了佛塔的各种要素，从而成为古塔中的一个新的类型。相对来说，江南的风水塔多于北方。由于文化、历史、战争、灾害及人为破坏等原因，河南现存的风水塔相对较少，但即使如此，现在仍保存下来的风水塔，也基本可以反映出明清时期风水塔的基本特征和概况。

关于风水塔的出现，有以下三个历史背景。

（一）风水塔的出现与风水的兴起有关

风水也称堪舆，其要旨是通过对人的居住环境进行选择和处理，追求生理上和心理上都能得到满足的外部条件。在当时来说，塔则是弥补风水不足的最佳选择。

明代是风水的鼎盛时期，这与皇室的崇信推动有直接关系。明太祖朱元璋建都金陵时，就对风水极为重视。明成祖朱棣更是笃信风水，这也导致民间全都讲究风水，风水成为明朝人一生中很重要的准则。一时间民间风水实践和风水理论都有很大发展，各种风水书籍纷纷问世，还出现了以江西、福建两派为主干的众多的风水派别。以至于形成民间修建住宅要看风水，修建墓葬要看风水，出现自然灾害要看风水等。

① 施耐庵、罗贯中：《水浒传》，中州古籍出版社，1996年。
② 闫孟祥：《宋代佛教史》（上册），人民出版社，2013年。

（二）风水塔的出现与科举制度有关

我国的科举制度萌发于南北朝时期，隋唐时期正式确立，从此，平民借助科举制度，通过读书考试，也可以获取入仕机会。明朝建立后，科举制度开始实行大范围扩招，达到了真正意义上的全国科举的规模，科举制进入了它的鼎盛时期。

通过科举进入仕途，成为读书人的最高追求，也成为各地极其重视的一件大事，在合适的地方修建文峰塔，以兴文运，期望来年科举成功。然而总会有些地方考中的多，有些地方考中的少，于是各地纷纷都兴建起风水塔来改变风水，有的县甚至会建多座风水塔，这就是明清时期风水塔流行的另一个重要原因。

（三）风水塔的出现与儒、释、道三教融合有关

明初之际，明太祖、成祖倡导三教合一，想借佛、道的威慑作用，暗助王纲："若绝弃之而杳然，则世无神鬼，人无畏矣。王纲力用焉。于斯三教，除仲尼之道，祖尧舜，率三王，删诗制典，万世永赖。其佛仙之幽灵，暗助王纲，益世无穷。"[①]此举与当时的民间信仰也刚好契合，儒释道三教合流成为一种思潮渐行于世。随着儒释道融合的加深，"以儒为表，以道为里，以释为归"的观念深入人心，士大夫与佛僧、道士相交成风，三教互相借鉴互相融合。孔子、释迦、老子并祀于一堂之类的三教堂随之也在各地出现，三教之间的界限变得混淆不清，儒家的祠庙，由僧、道管理；道教的神祠，有僧人住持；儒家的祭祀人物附设于道观中等现象随处可见。最终导致佛、道的世俗化以及儒学的通俗化。在这样的背景下，本来为佛教独有的佛塔建筑，也被儒道所接纳，以兴文运、培文风的文峰塔为代表的风水塔出现后，便迅速流行开来。

二、河南风水塔概况

由于年代已久，加上风水塔被自然、人为等因素的破坏，许多已经被拆被毁。经查阅资料、实地探访，河南如今仍矗立的风水塔共有 15 座（表一）。

表一　河南风水塔一栏表

塔名	造型	年代	高度	位置
安阳文峰塔	八角形五级楼阁式砖塔	后周广顺二年（952 年），清乾隆三十七年（1772 年）改为文峰塔	38.65 米	安阳市老城西北天宁寺内
宝丰文笔峰塔	六角形实心砖塔	明万历四十七年（1619 年）	15 米	宝丰县南 2.5 公里石洼村文笔峰上
光山紫水塔	八角形七级楼阁式砖塔	清康熙三年（1664 年）	20 米	光山县城东门外
林州文峰塔	方形七级密檐砖石塔	清乾隆十二年（1747 年）	20 米	林州市城东龙头山

---

① 朱元璋：《明太祖御制文集·卷 11·三教论》。

续表

塔名	造型	年代	高度	位置
洛阳文峰塔	方形九层楼阁式砖石塔	清初重修	30米	洛阳市老城东和巷
南阳龙角塔	六角形七级砖塔	清咸丰四年（1854年）	11.5米	南阳市西南卧龙岗上
汝州奎光塔	六角形三级砖塔	清雍正癸丑（1733年）	约5米	汝州市风穴寺桂香庵东南
汝州培风塔	六角形七级砖塔	清嘉庆二十三年（1818年）	20米	汝州市东南三山顶
汤阴文笔塔	圆锥形七级砖石塔	清乾隆九年（1744年）	25米	汤阴县城东南角
唐河文笔峰塔	八角形九级楼阁式砖塔	清康熙乾隆年间重修（1671年）	30米	唐河县城东南望城岗上
卫辉灵应塔	六角形七级楼阁式砖塔	明万历十三年（1585年）	34.5米	卫辉市区东南隅镇国寺旧址
新密屏峰塔	六角形密檐砖石塔	清顺治十年（1653年）	19米	新密市北青屏山顶
新密杨岭塔	方形六级砖塔	清嘉庆十四年（1809年）	15米	新密市西南杨岭村北
许昌文峰塔	八角形十三级楼阁式砖塔	明万历四十二年（1614年）	50.03米	许昌市区东南隅文明寺旧址
禹州柏山文峰塔	八角形五级楼阁式砖塔	清乾隆十四年（1749年）	16米	禹州市城南6公里小吕乡柏山顶

（1）安阳文峰塔，原名天宁寺塔，位于安阳市老城西北隅天宁寺内，始建于后周广顺二年（952年），后代屡有重修。现存为八角形五级楼阁式砖塔，通高38.65米。塔身底层南辟拱券门，东西北三面为假门，门上部及四隅雕有佛、菩萨、佛传故事及其他装饰。塔身整体结构自下而上逐层增大，增至塔顶为一大平台，台中间有一须弥座，座上砌10米高的喇嘛塔为刹。塔内有梯道直通塔顶。

此塔原为佛塔，清乾隆三十七年（1772年），彰德知府黄邦宁主持修缮此塔时，认为塔与南边的孔庙相呼应，二者可以代表古城的文化高峰，便在塔门楣额上题了"文峰耸秀"四个大字，将其改为文峰塔。

（2）宝丰文笔峰塔，位于宝丰县南2.5公里石洼村文笔峰上，该塔兴建于明万历四十七年（1619年），为六面棱形实心砖塔，下面有六角石基塔座，上部六棱尖顶，无层，无门窗，高约15米。

据清嘉庆《宝丰县志》记载，县令范廷弼在文庙前笔山之巅，捐资兴建文笔峰塔，并立碑于塔下，题词曰："文峰冲天，世出魁元"，在塔体南面所嵌的建塔捐款题名碑上，铭刻着许许多多捐款者姓名。

（3）光山紫水塔，位于光山县城东门外，因濒临紫水河而得名。紫水塔为八角形七级楼阁式砖塔，通高27米。第一层辟塔门，内有塔心室和塔道，可逐层登临。二至六层均有四个对称的半圆拱形门，二真二假。每层有叠涩塔檐。塔顶为八角攒尖，上置塔刹。

光山县城东部地势低洼，河塘众多，每逢下雨，县城积水皆汇集于此，形成洪灾，于是，便有修塔压海眼，以镇住洪水的传说。据清康熙三十五年《光山县志》、民国二十五年《光山县志约稿》记载：康熙三年（1664年），光山知县王起岱，将紫水塔建成竣工。清乾隆二十一年（1756年），紫水塔被毁坏，仅保留下一、二层。光绪二十二年（1896年），知县王玉山主持修复，但因财力所限，仅修复至五、六层，残高约20米。1981年复原七层和塔刹。

（4）林州文峰塔，又名登龙塔，位于林州市龙头山顶，始建于清乾隆十二年（1747 年），为平面六边形七层楼阁式砖石塔，通高约 20 米。塔建在六边形石砌基础之上，上部为七层塔身。塔身一、三、五、七层向南、北设券门，其余各层则其他方向设门。由一层北侧塔门可进入塔室，原有木梯以登高远望，现已封闭。

据民国重修的《林县志》载，清乾隆十一年（1746 年），巩敬绪调任林县知县后，拟定在龙头山顶建座石塔，次年建成了一座三层高的石塔。至道光十七年（1837 年），时任知县袁铭泰将三层改建为七层，并将此塔命名为"文峰塔"。

（5）洛阳文峰塔，位于洛阳老城，始建年代不详，现存为清初重修，为方形九级实心砖塔，高约 30 米。第一层至第八层在塔北开有一拱门，第九层四面开门。始建时，塔内分别在第一层供奉有文昌帝君，第二层供有魁星。拱门皆有题额，如"高瞻远瞩""二曜平临"等。一层拱门两侧对联，上联："楼九尽云通天尺"；下联："楹苑桃李接东壁"。

（6）南阳龙角塔，位于南阳城西南卧龙岗上，建于清咸丰四年（1854 年）秋，为南阳知府顾嘉蘅、南阳县知县钮□倡建。该塔为六角七级密檐式砖塔，塔的第二层东北面塔门上方镶嵌一青石塔名题额，中镌刻"龙角塔"三字，上款题"咸丰四年秋月吉日"，落款"知南阳府顾嘉蘅、知南阳县钮□建造，堪舆临晋杨豫怀选吉勘定"。邻塔名题额，自左而右，每一塔面镶嵌一汉白玉石，每方一个大字，分别为"奎、娄、联、斗、牛"，"奎"字的右上方款书"咸丰四年"，"牛"字的左下方署款"钮□书"。除一、七层外，其余各层每面正中凹嵌浮雕画像砖。图像分别是：麒麟、白虎，苍龙、凤凰、羽人、魁星（奎星），东王公、西王母、猴、蟾蜍、象宝瓶、鹿、凤等。塔刹由宝瓶和 6 个龙头组成，中竖宝瓶，下为船形的十字架托一半圆球珠，在船形十字架下向塔的六角辐射 6 个龙头，嘴里各衔一凤铎，随风摆动叮当作响。

（7）汝州奎光塔，位于汝州风穴寺桂香庵东南的状元峰上，建于清雍正癸丑（1733 年）仲春，为六角形三级密檐式砖塔。此塔由当地文人共同出资，委托当时的风穴寺方丈脱颖海月所建。据塔铭记载，雍正癸丑（1733 年）仲春，汝州一些文人在风穴寺桂香庵祭祀文昌君，之后倡议建一文峰塔，于是大伙共同集资，托付风穴寺方丈建塔，一个月后塔成，取名奎光塔。塔所在土峰，命之为"状元峰"。塔二层开有券门，一层背后有塔铭，三层正面有塔额。根据塔铭中有"状元峰之建奎光塔也，始于雍正癸丑春""遥应桂香庵，培文风也"等语。

（8）汝州培风塔，位于汝州东南虎头村东南的三山中峰顶，建于清嘉庆二十三年（1818 年），由虎头村马冠群督工创修，后被雷火损坏，其孙监生马冬鸣独立重修[1]。该塔为六边形七级砖塔，塔身为空筒状，通高 20 米。塔筑于青石铺就的六边形塔基之上，上为砖砌塔身，每层砖砌檐口，结构简单。塔北面开门，朝向虎头村。一层至六层塔身朝北建有券门，塔七层六面砌有圆窗。塔顶为攒尖顶，塔刹已不复存在。

（9）汤阴文笔塔，位于汤阴县城东南城墙旧址上，建于清乾隆九年（1744 年），高约 25 米。此塔造型奇特，耸立在高 5 米的白石底座上，塔身底层为仰钵，仰钵之上为平面八角形砖砌塔座，每一面都按照方位分别用篆书镌刻着八卦符号，塔座上为覆钵，覆钵之上为七层圆锥体造型

---

① 清道光《直隶汝州全志》。

塔身，每层之间有两行砖砌界檐加以分割。第五层西北方向开壶门，楣题："俯视天中"，联文："甲子运回奎宿婺，文笔影入壁波澄"。上款为："乾隆甲子初夏"，下款字迹风雨剥蚀严重，无法辨认。上部塔刹形式与塔身协调，整体为毛笔笔头造型。塔身整体呈圆锥形，远远看去像是一支倒立的毛笔。

（10）唐河文笔峰塔，位于唐河县城东南的高岗之上，为八角九级楼阁式砖塔，高约 30 米，始建年代不详。文笔塔在二、四、五、六层均有拱形小门，但不能攀登，塔顶为 1 米多高的铜质塔刹，有宝珠和基座，四周以铁链固定于塔顶。外壁有题记和壁画，与城内文庙遥遥相望。塔第二层有"光联""太乙""秀甲""天中"八字，三层有"丹凤朝阳"图和康熙、乾隆年间两块重建塔铭。清康熙辛亥年（1671 年）《重修文笔峰记》载："以笔利文，以峰众笔，故曰文笔峰。"清乾隆三年重修题记载："重建文笔峰序：唐城东南隅，学宫之巽方也。""学宫他日科甲联绵，未必非文峰之一功也"。

（11）卫辉灵应塔，又名镇国塔，位于卫辉府城东关外，为七层六角形楼阁式砖塔，高约34.5 米，由卫辉知府周思宸主持修建。塔身每层檐下有砖雕仿木结构的额枋、斗栱等装饰，并砌出线条柔和的腰檐。每层有望窗、塔心室，塔心室内设有佛龛共 21 个，佛龛与望窗相交，构成塔道。每层南北各辟一券门，正南面券门上石碣书"灵应塔"三字，上款为"卫辉知府周思宸"，下款为"大明万历十三年"，正北面券门上石碣书"护国保民"。从第一层塔门入室，登台阶踏道盘旋而上，可到达第七层。在塔顶内部砌有 8 卦图，中部有柏木刹杆，顶部用孔雀蓝色琉璃瓦覆盖。

（12）新密屏峰塔，位于新密北青屏山顶，为六角九级砖石塔，塔身为圆柱体，高约 19 米，清顺治十年（1653 年）由知县李鹏鸣创建，后倒塌，清咸丰元年（1851 年）知县张迁玺、王绥林重建。塔基为青石建造，正方形，塔身为青砖垒砌，塔身为圆柱体，而每层塔檐则为六角形，塔刹为铁铸宝葫芦形。塔身二层西南方有塔铭，书"屏峰塔"和建造年月。

（13）新密杨岭塔，位于新密老县城西南的杨岭村，建于清嘉庆十四年（1809 年），由密县县令杨泰起发起修建。此塔从北面南，为方形六级密檐式砖塔，高 15 米。基座为青石垒砌，塔刹为青石凿造。塔身第二层嵌有塔铭，塔铭刻《嵩阴》一诗："山峰鼎峙透，青霄水带山。环佳气绕维，岳嵩高垂阴。"塔身第六层中空，四面各设一券门，内部相通，券门之上各设一额，上题"天开文运"，四面相同。

（14）许昌文峰塔，又称文明寺塔，位于许昌市东南文明寺旧址，为八角十三级楼阁式砖塔，塔高 50.03 米。此塔于明万历四十二年（1614 年）由许州知州郑振光倡导创建，塔基石质八角形束腰须弥座，表面浮雕为连续性的仰覆莲和卷草花纹。塔峰由外壁、回廊、塔心柱和塔门室等部分组成，塔檐用仿木结构砖质斗栱挑出，塔刹为宝瓶状。塔身和一层南面辟半圆拱券门，门上嵌石质塔铭，刻"文峰耸秀"四字，塔内筑盘旋的环形梯道，可登塔顶。

（15）禹州柏山文峰塔，位于禹州市城南 6 千米的柏山顶。此塔为八角形五级楼阁式砖塔，高16 米。始建年代不详，现存为清乾隆十四年（1749 年）重建。塔基为石质墩土式圆台，高三米左右，塔一层北面开一券门，门楣上题"凌云耸翠"四字，进入券门，有梯道直通塔顶。第二层门洞上题"云汉昭回"，第三门门洞上题"光照钧台"，第四层门洞上题"秀耸钧天"，第五层穹室相通，登至此可以放目四望，门洞上分别题"文峰蔚起""钧台毓秀""汉霄腾辉""天阁文运"。塔顶为攒尖顶，塔刹为葫芦形。

三、河南风水塔的特点

（一）河南风水塔的位置

风水塔的建造，一般由风水家依据风水理论，结合当地的地势条件来勘定，如南阳龙角塔上，即记载有堪舆家的姓名："堪舆临晋杨豫怀选吉勘定"。据《阳宅三要》载："凡郡、省、府、厅、州、县、场、市文人不利，不发科甲者，宜于甲、巽、丙、丁四字上立文笔峰，只要高过别山，即发科甲。或山上立文笔、或平地修高塔，皆为文峰。"[①]《山海经图赞》说："地亏巽维，天缺乾角"。堪舆学认为东南洼而地轻，地气外溢而难出人才，须建塔以镇之。按儒学家说法，巽为文章之府，塔有卓笔之形，故称"文峰塔"。正是在这样的理论指导下，风水塔一般都修建在学宫东南方向（巽方）比较高的地方，如山顶、城墙上等位置较高的地方。

河南现存的 15 座风水塔，建在城镇、乡村（文峰塔是以学宫所在位置为基准）东南方向的，有 10 座，分别为宝丰文笔峰塔、林州文峰塔、洛阳文峰塔、汝州奎光塔、汝州培风塔、汤阴文笔塔、唐河文笔峰塔、卫辉灵应塔、许昌文峰塔、禹州柏山塔；建在东方的 1 座，为光山紫水塔；建在北方的 1 座，为新密屏峰塔；西北方的一座，为安阳文峰塔；西南方的 2 座，为南阳龙角塔和新密杨岭塔。其中，宝丰文笔峰塔、林州文峰塔、南阳龙角塔、汝州奎光塔、汝州培风塔、唐河文笔峰塔、新密屏峰塔、新密杨岭塔、禹州柏山塔等 9 座都建在山丘或者山顶之上，汤阴文笔塔则建在城墙之上，建在寺院内的 3 座，分别是许昌文峰塔建在文明寺内，安阳文峰塔建在天宁寺内，卫辉灵应塔建在镇国寺内。光山紫水塔和洛阳文峰塔，则属平地起塔。

（二）河南各地风水塔的倡建

风水塔的兴建有下面两种情况：

一是为当地的知府、知州、知县等所倡导。如卫辉的灵应塔，当时正值天子下诏为潞王营建藩第："天子诏建潞藩第。卫郡卜基郡东隅，其前当城狭隘，于是卫遂奉诏拓城。南面拓之，工自万历十三年二月始，十四年七月告成事。其广视旧，袤加于旧若干丈；门楼视旧，壮丽亦加焉。陶砖市灰以属，属邑有力者而平其直，夫役佣属邑食力之民，里胥籍上其名而无阑入者，费金共若干，得并给诸县官。"[②]郡守周思宸将开拓东城门，修建镇国寺和灵应塔纳入大工程的建规划中，修建了灵应塔。又如南阳修建龙角塔，是南阳知府顾嘉衡与知县纽□，在修建南阳城墙城池的同时，把龙角塔也作为总体规划的一部分，修建了龙角塔。汝州修建文峰塔，是州守章世魁在重修汝州城垣的同时，又建了来青阁、文峰塔等："雍正元年，州守章世魁重修东南城垣皆完固，并建东门楼，额曰宾阳，以迓生气。又即迎风楼旧址扩而大之易其名曰来青阁，仍祀文昌于上建文峰塔于钟楼基

---

① 赵九峰：《阳宅三要》，中州古籍出版社，2009 年。
② 明万历《卫辉府志》。

上，祀魁星以培风。"①

二是为民间所建，一般由当地重视教育的官员士绅、文人墨客、乡村富户出资兴建。如汝州的培风塔，由虎头村的马冠群所建，马冠群的父亲马云翼，是位县丞，特别重视教育，专门在村子里设立了家塾，来学习的还给一定的补助，毫不吝惜。马冠群受其父影响，专门修建了培风塔以培文风。又如汝州的奎光塔，是汝州文人在汝州风穴寺桂香庵祭祀文昌君时，倡议兴建的，由汝州的文人自发集资捐款兴建而成。

（三）河南风水塔的修建时间

河南历史上修建的风水塔很多，但大多都被毁不存了。只有从现存这 15 座风水塔来了解修建年代。除洛阳文峰塔和唐河文笔峰塔始建年代不明确外，其他各塔都在塔铭或碑记中保存有准确的修建时间。

最早的为卫辉灵应塔，建于明万历十三年（1585 年），紧随其后的是许昌文峰塔，建于明万历二十四年（1596 年），然后是宝丰文笔峰塔，建于明万历四十七年（1619 年）。如果加上疑为始建于明代的唐河文笔峰塔和洛阳文峰塔，建于明代的风水塔共存 5 座。其他 10 座全部为清代所建，相对在清中期以前的最多，为 7 座，嘉庆年间 2 座，最晚的为南阳龙角塔，建于清咸丰四年（1854 年）。也就是说，河南现存的风水塔，大概集中在明万历十三年（1585 年）到清咸丰四年（1854 年）的约 270 年之间。已经被毁不存的风水塔，也许还有早于明万历十三年的，或者有晚于清咸丰十四年的。因此可以推定，河南的风水塔始于明万历年间，终于清末。

有趣的是，我们从塔铭中可以看到，一些文峰塔的修建时间，多在农历的三月三日。在古代，三月三日为"上巳节"，这一天，人们要到水边洗澡、冠沐，洗濯袚除，祈求在新的一年里有个好的兆头。《周礼·媒氏》记载："仲春之月，令会男女，于是时也，奔者不禁。"《史记·仲尼弟子列传》载："暮春者，春服既成，冠者五六人，童子六七人，浴乎沂，风乎舞雩，咏而归。"说的就是上巳节的情景。后来，文人雅士也在每年的这一天到郊外聚会，饮酒赏景，唱和赋诗，言志抒怀。

（四）河南风水塔的类型

河南现存这 15 座风水塔，根据其性质，分为两类。

第一类是以培文风、兴文运的文峰塔，此类塔数量最多，有 12 座，分别为安阳文峰塔、宝丰文笔峰塔、林州文峰塔、洛阳文峰塔、汝州奎光塔、汝州培风塔、汤阴文笔塔、唐河文笔峰塔、许昌文峰塔、新密屏峰塔、新密杨岭塔、禹州柏山塔。文峰塔内，一般供奉有文昌帝君和魁星，也有在塔上放置文房四宝的。文昌帝君也称文昌星、文星，古时认为是主持文运功名的星宿，因此多为读书人所崇祀。魁星，也称"奎星"，原是中国古代天文学中"二十八宿"之一，有"魁星点状元"之说。在科举制度鼎盛的明清时期，社会各界都非常重视，修建文峰塔，既是对教育的重视，也是对科举考试的祈盼。

第二类是补地势，引瑞气，镇邪禳灾的风水塔，光山紫水塔、卫辉的灵应塔和南阳龙角塔属于

_____

① 清道光《直隶汝州全志》。

这一类。光山紫塔是因为光山县城东部低洼，每遇雨季洪水成灾，建塔为镇"海眼"。明代在卫郡为潞王建藩邸、拓城池时，由于开了东门，造成府城钟灵毓秀之气外泄，知府周思宸专门在东门外修建了镇国寺及灵应塔，并在塔上嵌了"护国保民"的石碣，目的是通过此举，保住卫郡府城的钟灵毓秀之气。南阳龙角塔的修建，是祈望通过建塔，来达到国泰民安，平息匪患的目的。

（五）河南风水塔的建筑特点

风水塔是借鉴了佛塔的基本外部特征，如佛塔中的楼阁式或密檐式。河南风水塔由塔基、塔身与塔刹三部分组成。在建筑形式上，既有与佛塔基本相同的，也有创新。

风水塔有以下几类建筑特点：

一是空筒式。汝州培风塔、林州文峰塔、洛阳文峰塔属于这种情况。它的结构方式是外壁砖砌，各层采用木楼板相隔，有木楼梯可以逐层往上登。由于楼板、楼梯都采用木构，因此容易损坏或被人为破坏。如培风塔即完全变成了一个空筒状塔，里面的楼板、楼梯早已空空如也。只是近年重修，才又加上楼板、楼梯。这三座塔，汝州培风塔和林州文峰塔为六角形空筒式，洛阳文峰塔为方形空筒式。

二是壁内折上式。安阳文峰塔、光山紫水塔、许昌文峰塔、禹州柏山文峰塔、卫辉灵应塔等属于这类。"壁内折上式结构塔是以塔的壁体、楼层、塔梯三部分结合为一体，塔梯藏于外壁之中，既增加了塔室空间，又多了塔的横向拉力，增强了塔的稳固性。"[①] 这四座塔，安阳文峰塔属于由佛塔改建而来，整体还是原来佛塔的基本结构，后三座则是仿宋代楼阁式塔的造型。

三是实心式。新密杨岭塔、汝州奎光塔、南阳龙角塔、唐河文笔峰塔属于此类。这类塔外观看上去像是楼阁式，但塔为实心，无法登临。新密杨岭塔，外形极像楼阁式塔，最高层还四面开门，给人一种可以登临远望的感觉。

四是创新式。新密屏峰塔、宝丰文笔峰塔和汤阴文笔塔属于此类。新密文峰塔塔体为圆柱体，中间有六角形塔檐分隔，实心。因此又可以将之称之为六角形密檐式砖石塔。宝丰文笔峰塔则为六棱实心砖塔，下有六角青石塔座，上部六棱尖顶，无层、无门窗，造型别致，风格独特。汤阴文笔塔造型奇特，塔身底层为仰钵，仰钵之上为平面八角形砖砌塔座，塔座上为覆钵，覆钵之上为七层圆锥体造型塔身，每层之间有两行砖砌界檐加以分割，塔刹为毛笔笔头造型。塔身整体呈圆锥形，远远看去像是一支倒立的毛笔。

（六）河南风水塔的文化特征

相对来说，与佛塔相比，风水塔的装饰相对简单、素面较为常见，但也有例外，如南阳龙角塔，各面都嵌有砖雕图案，有白虎、麒麟、苍龙、凤凰、羽人等，画面生动，活泼有趣。而安阳文峰塔由佛塔改变而成，基本保持了原有佛塔的整体特征。其余 13 座风水塔，则基本为素面。

前文说过，风水塔多由州府、知县等倡导创建，并由各地文人广泛参与其中。在修建风水塔时，都会融入较多的传统文化的元素。这些文化元素，往往会通过吉祥图案、匾额题词、楹联、诗文等展现，因此形成了各地风水塔丰富多彩的文化特征。如唐河文笔峰塔上，有"丹凤朝阳"石刻

---

① 张驭寰：《中国风水塔》，学苑出版社，2011 年。

图案，并有"光联太乙""秀甲天中"的匾额，还将重修塔记镶嵌在塔上，让后人通过这些感受唐河文化。禹州柏山文峰塔上，每个门洞之上都有匾额"凌云耸翠""云汉昭回""光照钧台""秀耸钧天""文峰蔚起""钧台毓秀""汉霄腾辉""天阁文运"等，彰显了地方文化特色。洛阳文峰塔上，有"楼九尽云通天尺，楹苑桃李接东壁"楹联。汤阴文笔塔上，有"甲子运回奎宿婺，文笔影入壁波澄"楹联。新密杨岭塔上，则有《嵩阴》一诗："山峰鼎峙透，青霄水带山。环佳气绕维，岳嵩高垂阴。"通过这些匾额、楹联、诗词，也反映了明清时期人们的普遍向往和追求。

四、河南风水塔的保护与旅游开发

河南保存下来风水塔，大多经历了数百年的风雨，已经成为当地的标志性建筑或人文景观。如今，这些仍然矗立于中原大地的风水塔，凝结了几千年来劳动人民的智慧，大多仍然是地方的文化符号和标志性建筑，起着点缀山河、壮观风景的作用。

近年来，随着人们文物保护意识的提高，风水塔也得到的应有的保护，许多地方都对风水塔进行的修缮，有的地方还围绕着风水塔修建了游园、公园或文化广场，使风水塔周围成为人们休闲娱乐的场所。如宝丰文笔峰塔、洛阳文峰塔、林州文峰塔、唐河文笔峰塔、新密青屏塔、卫辉灵应塔等，都围绕着古塔修建了公园或游园，美化了古塔周边环境，使古塔也成为当地重要的景观。

如今，文化旅游正成为一种潮流，人们的旅游观已经不仅仅满足于简单的游山玩水，而是上升到对文化的汲取与享受，文化内涵已经成为人们旅游过程中的首选因素。因此各地应充分认识到风水塔在文化旅游中的价值所在，对风水塔的文化价值、旅游价值进行充分的挖掘利用，使之成为当地文化标志和著名景观，从而达到古建筑保护与城市旅游业的协调发展，真正发挥出古建筑对经济发展的促进作用。

Analysis of Fengshui Pagodas in Henan

WANG Xuebin[1], CHEN Fang[2]

(1. Traditional Culture Research Institute, Huanghe S&T College, Zhengzhou, 450063; 2. Zhengzhou Shengda University, Zhengzhou, 451191)

Abstract: A new type of tower, which its design came from the stupa and has the similar shape to the stupa, came into being in China since the 14th century. It was combined with Chinese Fengshui, giving new meanings and contents and becoming the landmark of Fengshui, so it was called Fengshui pagoda. After the emergence of the Fengshui pagoda, it quickly became popular throughout the states, counties, towns and even villages. There are still 15 Fengshui towers in Henan. Nowadays, with the development of cultural tourism, these Fengshui Towers as important cultural heritage and landmarks will play an important role in the development and utilization of local cultural tourism resources.

Key words: ancient towers in Henan, Fengshui pagoda, Wenfeng pagoda, Demon-burying pagoda

圆明园遗址与"样式雷"图档关系考*

姚 庆

（河北师范大学历史文化学院，石家庄，050024）

摘 要： 圆明园集中国古代园林技术之大成，是古代建筑设计师智慧结晶的体现。"样式雷"图档存有清代圆明园建造、改建、重修一手材料，图样种类丰富，为研究圆明园盛时原貌及历史变迁提供重要材料；当前圆明园遗址则是近代以来遭受损毁后的历史现状，是对遗迹原真性和完整性的体现。运用二重证据法理论，从古、今两个时空维度入手，探讨图档与遗址之间的互证关系，主要体现为遗址图档与雷氏家族关系、遗址图档与复原之间的关系、图档所反映的遗址变迁三个层面，对于探究圆明园不同历史时期面貌、兴衰更迭具有重要意义。

关键词： 圆明园遗址；"样式雷"图档；建筑思想；造园技术；保护利用

圆明园遗址是清代著名的皇家园林，不仅包含有中国古代建筑各类型式样，而且吸收了西方建筑技巧，在中国乃至世界园林建筑史上均占有重要的地位。在圆明园遗址遭受近代两次洗劫后，其建筑原貌已荡然无存，故当前仅以"遗址"形式呈现在世人眼前。若复原圆明园遗址旧貌，以考古遗存为切入点，运用历史文献进行考证[①]。当前"样式雷"图档所载圆明园档案资料达三千多张[②]，真实记录了圆明园的历史变迁，对于研究圆明园遗址建筑风貌和造园思想提供佐证。通过对圆明园遗址的实地探查，结合现存"样式雷"图档，并运用"二重证据法"理论，图文结合，从理论和实践层面相互印证，对于了解圆明园的发展、变化具有重要研究价值。

一、圆明园遗址与"样式雷"图档保存现状

（一）"样式雷"图档

"样式房"是清代掌管皇家园林建筑设计的专门机构，其工作内容"样式房之差，五行八作之首，案（按）规矩、例制之法绘图、烫样，上奉旨议（意），下遵堂司谕，其拟活计，自案（按）法办以成，更改由上意……"[③]而"样式雷"则是对长期执掌该机构雷氏家族的美称，据《雷氏族谱》载："百余年来，在圆明园承当楠木作、样式房差已传六世子孙，咸丰八年遭乱被焚，是以此差停

---

* 河北省教科所规划课题"河北考古资源在高中历史教学的实践研究"（1903117）的阶段性成果。

① 史料文献分为历史史料和今人著述，历史史料主要包括《圆明园遗物与文献》《同知重修圆明园史料》《圆明园四十景图咏》《日下旧闻考》《清六朝御制诗文集》《圆明园资料集》《圆明园档案文献目录》《清实录》《清史稿》《大清会典》《东华录》《吉养斋丛录》以及清代内廷营造档案等。今人论著主要有《圆明园》（王威）、《圆明园兴亡史》（刘文翰）、《圆明长春绮春三园总平面图》及《圆明园园林艺术》（何重义、曾昭奋）、《圆明园变迁史探微》（张恩荫）等。

② 另现存有圆明园图像资料，为乾隆初年所制《圆明园四十景》图，对于补正圆明园建筑布局具有重要史料价值。

③ 藏于国家图书馆善本部。

止。"① 由上知雷氏家族在圆明园建造中发挥过重要作用，见证了圆明园发展变迁史。雷金玉受过良好的儒家教育，具有较高的文化素养②，造园活动主要集中于康熙时期，早先建造有"牡丹台、竹子院、梧桐院、涧阁、南所、菜圃、金鱼池、西南所、桃花坞、壶中天、深柳读书堂"，此后又参与修建"正大光明、勤政殿、引见楼、佛楼、仙香苑、蓬莱洲、西峰秀色、同乐园"③，具有"领楠木作"或"大木作"身份；雷家玺生活在乾隆至道光年间，承担圆明园方壶胜境、含经堂、如园等工程的改建和修缮，并委任样式房掌案，可见雷氏家族对于圆明园的建造做出重要贡献，朱启钤赞道："样式雷之声名，至思起、廷昌父子两代而益彰，亦最为朝官所侧目。"④ "样式雷"图档⑤ 收集有大量圆明园的建造图录和实体烫样，并还包括记录当时宫室建造的意旨和日记等，是当前研究圆明园建筑设计和构造的稀有材料。现存"样式雷"图档主要存于国家图书馆、国家博物馆、东京大学东洋文化研究所等，以道咸同年间所绘图纸最多，而康雍乾图纸较为稀缺。"样式雷"图档中包括"新建、修缮、改建、内檐装修、园内河道疏浚、山体切削、绿化植被、室内室外陈设等工程"⑥，图样种类丰富，有总平面图、局部图、立体图、构造图等（表一），全面反映了各个时期圆明园建造情况。

表一　"样式雷"图档所存主要图样释例

分区	景点	图档名称	样图
圆明园区	正大光明	《正大光明大宫门》，样式雷排架 001-2 号	

---

① 《雷氏族谱》。

② 王其亨、项惠泉：《"样式雷"世家新证》，《故宫博物院院刊》1987 年第 2 期。

③ 郭黛姮：《圆明园与样式雷》，《紫禁城》2001 年第 4 期。

④ 朱启钤：《样式雷考》，《中国营造学社汇刊》1933 年第 4 卷第 1 期，第 86～89 页。

⑤ 需要说明的是"样式雷"图档内容并非单包括圆明园部分，其中还包括宫殿、府衙、陵寝等，而针对圆明园则主要是指"样式雷"工程档案。

⑥ 白鸿叶：《国家图书馆藏圆明园样式雷图档述略》，《北京科技大学学报（社会科学版）》2016 年第 5 期。

分区	景点	图档名称	样图
圆明园区	勤政亲贤	《勤政殿平面图》，样式雷排架 002-5 号	
	玉玲珑馆	《玉玲珑馆》，样式雷排架 070-1 号	
长春园区	宝相寺	《宝相寺大塔》，样式雷排架 069-3-2 号	

续表

分区	景点	图档名称	样图
绮春园区	展诗应律	《展诗应律》，样式雷排架 088-9-1 号	
	清夏斋	《清夏斋流杯亭》，样式雷排架 101-8-1 号	

注：上述"样式雷"档案均藏于中国国家图书馆善本部。

（二）圆明园遗址

圆明园遗址建于康熙年间，并经历朝改建、修复而成，其营建史主要包括创建期（康熙）、持续扩建期（雍正）、建造高峰期（乾隆）、局部改造期（嘉道咸）、局部修缮期（同光）、破坏衰败期（民国）、全面保护期（1949 年以后），每一时期均见证圆明园发展历史，从期别层面考证"样式雷"图档脉络具有重要意义。赐园期以自然景观为主，突显闲情雅致，修建南所、梧桐院、金鱼池等；扩建期是伴随胤禛从皇子亲王到国君的角色转变①，圆明园规模较之赐园期扩大约 5 倍之多，体现皇家园林气息，建成南部朝仪区、后湖景区、中部景区、福海景区、西部景区、北部景区等，汇聚满、汉、西方多种建筑文化因素；高峰期形成圆明、长春、熙春、绮春、春熙五园，"圆明园四十景"即绘于此期；改造期对局部景区进行改建，从布局上并未产生较大变化，如改建别有洞天、四宜书屋、清夏斋等；修缮期是对前一期的继续，区别在于后者修缮主要源于两次战争对圆明园所造成的毁灭（第二次鸦片战争和八国联军侵华）；衰败期主要指北洋军阀时期和国民政府统治时期，官僚、地主等对圆明园遗址的无休止破坏；直至新中国成立后，圆明园遗址的保护得到政府和社会各界人士的关注和支持，确定为全国重点文物保护单位，为研究圆明园的整体布局和建造技

---

① 中国第一历史档案馆：《康熙朝满文朱批奏折全译》，中国社会科学出版社，1996 年，第 486～1521 页。

术提供实证依据。当前，圆明园作为大型考古遗址公园，多以建筑基址、墙体、船坞、残桥、遗物展现在世人面前，通过对圆明园遗址考古发掘，可揭露出建筑原生信息，如 2014 年如园芝兰室遗址发掘中所发现的地砖，其构造为中间空心，有蜂窝状小孔，起到调节温度的功效。

二、圆明园遗址与"样式雷"图档关系

圆明园遗址与"样式雷"图档之间为相辅相成关系，但也存在若干异同问题，为深入研究圆明园建造史提供可靠性依据，其关系主要表现在三个方面：遗址、图档与雷氏家族关系；遗址、图档与复原之间的关系；图档所反映的遗址变迁。

（一）遗址、图档与雷氏家族关系

圆明园建于康熙四十六年，毁于咸丰十年，前后共计 153 年，雷氏家族在圆明园建造时期发挥重要作用，担任样式房掌案等职，但也应看到圆内建筑并非所有都出自雷氏家族。由《雷氏族谱》分析知，其成员担任掌案一职不超过四十年，故"样式雷"图档中所见内容并非全部囊括圆明园遗址中的建筑，或可估认为部分图档并非出自雷氏成员之手，如雍正八年至十三年、乾隆元年至十年、道光六年至二十九年，并无雷氏家族在样式房任职，所涉及建筑如"九州清晏中路失火后的重建，同乐园戏台和看戏殿改建，洞天深处福园四所改建成二所，上下天光改建成'涵月楼'"[1] 等，均发生在非雷氏成员之手。同时由"样式雷"图档信息分析，基本可搞清雷氏家族供职样式房的基本脉络，如雷金玉为家族中对圆明园布局、建造所做贡献最大等信息，由此反证圆明园布局、变迁史，对于研究雷氏家族与图档关系具有重要价值。

（二）遗址、图档与复原之间的关系

遗址、图档与复原之间关系代表了实物、文献与设计之间的依存关系，由考古遗存现状比照"样式雷"图档中的建造结构进行实体模型复原，以探究圆明园建筑技术与园林风貌，如从当前所存遗迹尺寸与清代《工部则例》石作规格比对，可窥见一斑，图一中所残存栏杆尺寸与实测图数据基本保持一致。由"样式雷"图档所见，不乏改建图、修缮图、重修图等，图中记载施工过程的真实情况，其详尽程度远高于其他史料档案，但也存有一定局限性，如同一遗址图在不同时期各有其年代特点，且对于绘制时间略有模糊；而通过考古发掘对其遗址真实性、完整性、原生性又有补充性认识，两者互相比对，对全面了解圆明园实际概况提供了准确依据。复原图即是建立在前两者基础上的科学认识，由表二中比较可知，三者之间实际代表研究圆明园建筑的三个维度，"将已知准确绘制时间的图纸和重大改建事件作为参照点，建立较全面的样式房存图时间序列，进而将相关样式雷存图进行综合对比和前后排序，梳理出园内建筑的建造年代和前后演变关系"[2]。

---

① 郭黛姮：《样式房、样式雷与圆明园》，《中国紫禁城学会论文集（第七辑）》，故宫出版社，2010 年，第 37～49 页。

② 郭黛姮、贺艳：《深藏记忆遗产中的圆明园——样式雷图档研究》，上海远东出版社，2016 年，第 24 页。

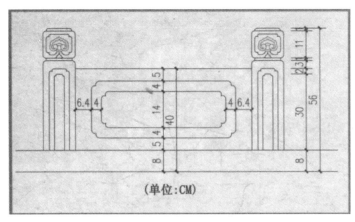

图一　栏杆遗存与实测图比较

（资料来源：郭黛姮，贺艳：《深藏记忆遗产中的圆明园——样式雷图档研究》，上海远东出版社，2016年）

表二　遗址、复原、"样式雷"图档比对图

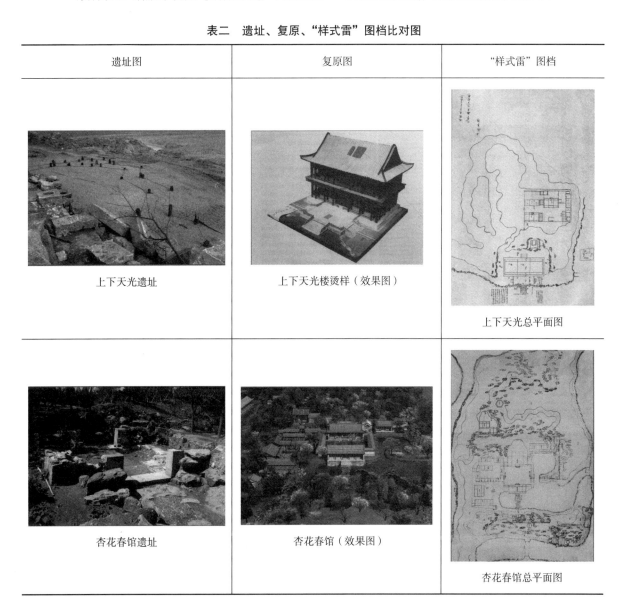

遗址图	复原图	"样式雷"图档
上下天光遗址	上下天光楼烫样（效果图）	上下天光总平面图
杏花春馆遗址	杏花春馆（效果图）	杏花春馆总平面图

续表

遗址图	复原图	"样式雷"图档
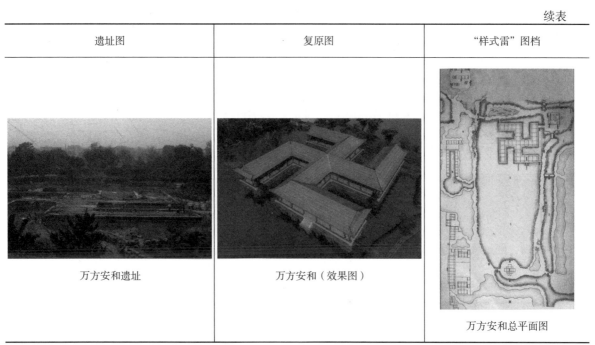		
万方安和遗址	万方安和（效果图）	万方安和总平面图

注：以上插图选自郭黛姮、贺艳：《深藏记忆遗产中的圆明园——样式雷图档研究》，上海远东出版社，2016 年。

（三）图档所反映的遗址变迁

由"样式雷"图档分析知，圆明园建造发展史上，曾多次改建，其建筑变化特点受时间、政策、技术影响也各不相同，如乾隆九年所绘涵虚朗鉴、武陵春色四宜书屋等景观，在嘉庆、道光年间均有改建，其中变化最大的当属九州清晏，分为四个时期：雍正至道光十年，九州清晏殿面阔七间并有后抱厦；道光朝重修，抱厦消失；咸丰年间补修后抱厦；同治年重修为两卷。根据建造规模不同大致分为大规模改建、局部改建和基本无变化三类。第一类使得建筑原有面貌发生整体性变化，如九洲清晏、杏花春馆、上下天光、别有洞天、含经堂、狮子林等；第二类建筑仅在局部发生变化，其整体面貌较之前未发生较大变化，如勤政亲贤、坦坦荡荡、泽兰堂、洞天深处、茹古涵今等；第三类建筑变化不大，仅为构件上的修缮、装修，整体面貌不变，如汇芳书院、西洋楼、宝相寺、法慧寺等。而当前圆明园遗址所存建筑基址应大多为改建后的面貌，主要适用于第一类情况，同时也应清楚认识到建筑物的改建大多发生在其中部及上部，即屋身和屋顶，其台基部分变动较小，故而由所存建筑基址对考证"样式雷"图档中改建前及改建后图纸均具有重要意义。

三、余 论

"样式雷"图档作为研究圆明园造园史重要档案，真实记载百余年来园内建造、添建、改建、重修等信息的重要图绘，如图档所载嘉庆年间绮春园布局，对于研究该期造园思想提供佐证；同时由当前遗址现状分析，所残留台基、残壁、断桥、假山等遗迹对于研究圆明园建造史提供可靠性依据，如楼阁、亭台、船坞、道路等遗迹在图档中相互印证，将图档与遗址结合研究圆明园变迁史，利用前后两个时空维度，探讨两者之间的异同，对于发掘遗址、复原设计、保护展示均具有重要意义，也是对遗址原生性、完整性研究的真实诠释。但我们也应清楚认识到图档与遗址也存在研究上的"不足"：圆明园除经两次外国侵略者毁坏外，在民国时期附近农民挖山建房、填湖造田，对其遗址原貌、水系面积均造成重大破坏；而图档中所绘景观位置也存在同一建筑物在不同时期的多种造型、重复改绘、名称错标等，故而在分析遗址和图档两者关系时，不仅要考虑当前遗址原真性问题，同样也要关注年代的同一性及图档的复合性。

Research on the Relationship of Old Summer Palace and Manuscripts of Yangshi Lei

YAO Qing

(College of History and Culture, Hebei Normal University, Shijiazhuang, 050024)

Abstract: The Old Summer Palace is the comprehensive expression of ancient Chinese garden technology and represents the wisdom of ancient architectural designers. The manuscripts of Yangshi Lei reveal the primary materials of construction, reconstruction and reestablishment of the Old Summer Palace of the Qing Dynasty, and the patterns in variety provide important materials for studying the original appearance and historical changes of the Old Summer Palace. The ruins of Old Summer Palace are the historical status after being damaged in modern times, and it is integrity of the original nature and its ruins. Based on the theory of double evidence, this paper discusses the mutual attestation relationship between the ancient manuscripts and the modern ruins, especially the relationship between the ruins and the Lei family, connection of manuscripts and restoration, changes of the ruins reflected by the manuscripts, which are of great significance for exploring the appearance of the Old Summer Palace in different historical periods and its rise and fall.

Key words: the Old Summer Palace, manuscripts of Yangshi Lei, architectural thought, gardening technology, protection and utilization

探北顶娘娘庙营建修缮历史

鲁苡君

（北京民俗博物馆，北京，100020）

摘　要：北顶娘娘庙是北京市第七批市级文物保护单位，也是著名的"五顶八庙"之一，位于北京中轴线的北延长线上，具有重要的文物保护价值。北顶娘娘庙历史悠久，规模较大，从古至今历经多次修缮，至今尚存，是北京城市发展的重要实物史证。本文在现场勘察的基础上，结合相关文献史料，希望对北顶娘娘庙的营建历史作较为全面的梳理、考证。

关键词：北顶娘娘庙；营建修缮；历史沿革；民俗文化

一、引　　言

北顶娘娘庙今作为北京民俗博物馆分馆，是北京最著名的五顶泰山神庙之一，位于朝阳区亚运村西，北京中轴线北延长线的北端，是北京北端的标志性建筑，有着重要的文物保护价值，因在历史上经过多次修缮重建，对北京城市规划发展也是重要的实物史证。北顶娘娘庙目前占地面积10000平方米左右，为四进院形式。一进院为山门、天王殿及东西钟鼓楼；二进院为娘娘殿及东西配殿；三进院为东岳殿及东西配殿遗址、四进院为玉皇殿、药王殿、关帝殿台基遗址及东西配殿。2003年，北顶娘娘庙被列为北京市第七批文物保护单位[①]。庙内曾供奉东岳大帝、天仙圣母、玉皇上帝等神祇，2006~2007年对娘娘殿内塑像按照传统工艺进行重修。北顶娘娘庙历史上是香会等民俗活动的重要场所，是北京民俗事象的实物见证，体现了民间礼制的文化内涵。

二、文 物 价 值

北顶娘娘庙是北京五顶之中规模最大的，也是唯一保存下来的供奉泰山天仙圣母的明清古建筑群，是北京地区娘娘庙明清建筑风格的典型代表。该庙创建年代悠久，庙内一二进院建筑完整，三四进院建筑遗址台明格局保存完整，具有一定的历史延续性；该庙临近水立方和鸟巢馆等现代标志性奥运建筑，与周围现代建筑将交相辉映。北顶娘娘庙独存的历史文化体现了高度的独特性、典型性和丰富性，具有较高的历史、艺术、文物和社会价值，是不可替代的珍贵文化遗产，具有一定的现实意义和历史意义。庙宇重修，反映了当时的社会经济、社会文化状况。因此研究北顶娘娘庙的重修历史，对研究北京地区娘娘庙历史、文化、经济、建筑工艺发展史、宗教史、民俗史均有重要的实证性，提供了难得的实物证据。

---

① 《北京市人民政府关于公布北京市第七批文物保护单位名单的通知》2003年12月11日（京政发［2003］29号）。

三、历 史 沿 革

本文在现场调查的基础上，结合相关文献史料，注重对庙宇修复前后进行考察，结合清代碑文和近现代研究论文，对北顶娘娘庙的营建修缮历史作梳理和考证。

（一）始建年代

1. 现存碑文

在《重修北顶娘娘庙碑记》《重修北顶娘娘庙记》二通碑文中对北顶娘娘庙始创及清光绪时期复建历史有所记载。

根据其一《重修北顶娘娘庙碑记》（光绪二十九年十月）记载："……圣谟介兹景福稽三辅之名区以五顶为尤……其在北郊者有北顶娘娘庙所奉为碧霞元君之神，惟神坤德，含章离期，佐治人天攸格，接崑阆于大都煦护所加展今庭之瑞气……""……昔有明宣德之年始有净城缁流之迹，拂树开林，崇基表观，规制略具，志录未详，经岁月之邈悬，遂轩题之零落……葺于光绪二十八年之秋……"；记叙了在五顶之中，在北郊有北顶娘娘庙，供奉神祇碧霞元君，其神具有女性的美好品德，辅佐治理人天之界，为大都加展祥瑞之气。叙其曾在明宣德年间开始有僧徒的迹象，道观的规模略具形成，历经久远的岁月逐渐衰颓，爱新觉罗·奕劻于光绪二十八年秋开始重修北顶娘娘庙，并亲自撰文立碑于庙。

其二《重修北顶娘娘庙记》（光绪三十一年四月）为奕劻光绪二十八年对北顶娘娘庙修葺三年后立碑记载："恭颂和硕亲王善补倦意，秉虔心恩施钜欸，重修北顶娘娘庙谨此为序，以彰大德，刘府孔修经三载而告绝，成功塑神像，耳光垂灿，整殿宇而焕然一新……"，说明了北顶娘娘庙重修历经三载而完工，成功塑神像，改变陈貌殿宇陈貌，焕然一新。北顶娘娘庙住持可镌刻石碑极为奕劻歌颂重修北顶之德："……荷深恩无可为报，勒碑述文，聊表寸心。鞠躬稽首，敬献其词，曰其功巍巍，无可为名，其德多多，无由而称……业同于百官之首，位出三才之中"。

由碑文记载可知北顶庙于明宣德年间，规制略具，所奉为女神碧霞元君。四百余年后的晚清，光绪二十八年和硕庆亲王奕劻出资对北顶庙开始进行重修，至光绪三十一年告绝再立《重修北顶娘娘庙记》记录重修事项。至此，可能由于殿内神像已破败并对神像进行重整。惜此二块碑刻今不知所终，现有拓片存于国家图书馆内。

其二说法是文爱群《北顶娘娘庙探析》[①]中记载，有历史传说北顶庙始建于明嘉靖年间，初为土地庙，后修为娘娘庙，是为嘉靖皇帝生母所建。

2. 文献记载

（1）明刘侗、于奕正著《帝京景物略》[②]卷之三记录了北京有关碧霞元君庙地理位置，文中写道："麦庄桥北，曰西顶；草桥，曰中顶；东直门外，曰东顶；安定门外，曰北顶。盛则莫弘任桥

①　文爱群：《北顶娘娘庙探析》，"东岳论坛"国际学术研讨会，2008 年。
②　刘侗、于奕正：《帝京景物略》，上海古籍出版社，2001 年。

若，岂其地气耶！"① 可知当时安定门外有一北顶。

（2）清周家楣缪荃人孙等编纂帑《光绪顺天府志》②（一）京师志十七寺观二记载：

"碧霞元君庙，在北顶。北顶即北极寺之东，其庙乾隆年间敕修。庙内炉一，明万历年造。钟一，宣德年造。又北顶东南有慈救寺，旧名五圣庵，在曹八里屯，康熙六十年重修，殿内炉一，万历年造，铜钟一，嘉靖年造。"文中阐述北顶为乾隆年间敕建、内有明万历炉一、宣德年间钟一。

（3）《北京寺庙历史资料》③ 载："北顶娘娘庙坐落北郊二区北顶村一号，建于明宣德年间，属私建。本庙面积二十二亩一分，房殿四十三间；附属茔地十亩，香火地五亩，附属房屋西院土房三间、瓦房二间，东院瓦房十五间。管理及使用状况为烧香供佛。庙内法物有大小泥像一百十二尊，铜钟一个，铁磬十四个，黄磁大方五供三份，大铁花瓶一对，金刚经一部，另有石碑四座，水井一眼，树十五株，杨槐四株，庙外柳树七株，榆树三株，井两口。"文中记载了北顶娘娘庙坐落北郊二区北顶村一号，建于明宣德年间。

（4）据《日下旧闻考》记载，庙内曾有明万历年间的香炉，宣德年间钟一。清朝乾隆年间有过一次比较大的整修，原有四进五层殿，庙前还有大戏台，每逢庙会必唱几日大戏，庙市一直到解放初期才中断。民国时调查，北顶占地20亩，附茔地10亩，香火地5亩，有殿房40余间，塑像120尊，石碑四座，门五进④。

（5）《北平郊区的满族》金启马宗先生在书中说："娘娘在营房中人的心目中的地位，仅次于关老爷。中顶以社火、走会为主；南顶跑车、赛马闻名；西顶为皇太后祝厘之所；北顶、东顶为庙市，是民间物资交流的场所。如今，北京的五座娘娘庙（五顶）能够得以修复的只有北顶娘娘庙了。"

（6）《京都胜迹》（燕山出版社）书中记载：京城"五顶"。

（7）《京华古迹寻踪》（燕山出版社）书中记载碧霞元君和北京的"五顶"。

（8）《燕都说故》（燕山出版社，423页）书中记载：北京五顶。

依据现存历史资料的介绍和分析可知，记录北顶最早的历史资料为明代刘侗、于奕正所著，北顶娘娘庙最早可追溯至明宣德年间，清乾隆年间有过敕建重修。庙内存明万历年造香炉一个，宣德年造钟一座。

（二）近现代修缮

1. 第一阶段：初期——遗存殿宇的修缮

北顶娘娘庙在清末民初年间逐渐衰败，古建损毁严重，只遗存了破败不堪的山门殿、天王殿和钟楼。1986年朝阳区接管北顶娘娘庙；1986年4月，列为北京市朝阳区文物保护单位。从北京市朝阳区文物科保存的历史照片看，1997年遗留的山门殿和大殿皆为三开间歇山顶式古建筑。山门殿有三个随墙门，中间券门上为"敕建北顶娘娘庙"石匾额，屋顶已经坍塌残损。大殿檐下木构件装饰有古建筑彩画，前廊外沿有一排保存完整的走马板，上绘制新中国成立后的标语（图一）。

① 章晓烁：《承天载物，爱国护民——碧霞元君信仰与北顶娘娘庙》，《文化月刊》2014年第23期，第36～49页。
② 万青黎：《光绪顺天府志》（第4～6卷），1941年。
③ 北京市档案馆编：《北京寺庙历史资料》，中国档案出版社，1997年。
④ 《毗邻鸟巢：北顶娘娘庙的天仙玉女》，http://www.china.com.cn/travel/txt/2008-08/19/content_16268129.htm,2020-3-11.

1997年山门殿

1997年钟楼

1997年大殿

1997年大殿区级文物保护单位标识

图一　北顶娘娘庙
（资料来源：北京市朝阳区文物科）

1998 年多方筹集资金对北顶遗存殿宇（山门、钟楼等）进行抢险修缮①。

2002 年北顶村作为奥运储备地被征用，进行大面积拆迁，搬迁了当时占用北顶娘娘庙的铸造厂和北顶小学两家单位，以及占用庙产的附近居民。

2003 年，北顶娘娘庙被公布为北京市第七批市级文物保护单位，划定了保护范围及建控地带②。

2. 第二阶段：北顶娘娘庙一、二进院的修复重建

因奥运会在北京举办，为了对奥运场馆建设中的地上、地下文物进行保护，2004～2007 年北京市文物局组织开展了 18 个北京奥运场馆或配套工程的文物保护、抢救工作。③北京市文物研究所考古工作对于 2004 年 9 月 13 日～11 月 6 日对北顶娘娘庙遗址进行了全面的考古发掘（山门、一重殿、钟楼除外）。先后发掘出鼓楼、二重殿、三重殿、四重殿、三个东配殿、三个西配殿、关公殿、药王殿及四周围墙。发掘面积为 2150 平方米④。经过考古勘探发掘，至此完整揭示了娘娘庙的完整院落布局及各殿的基础结构、面积大小、基础保存状况等信息，考古勘探发现庙宇的原址比当时知道的要大。在考古发掘之后，原本设计的"水立方"正好建于遗址之上，最后还是经多方协商决定

①　《北顶娘娘庙》，https://baike.sogou.com/v10516664.htm?fromTitle= 北顶娘娘庙，2020-3-11.

②　傅凤英：《北京奥林匹克公园内的北顶娘娘庙》，《北京社会科学》2008 年第 4 期，第 97～100 页。

③　郑珺：《北京奥运场馆建设中的文物保护工作——以中轴线为例》，《科学发展：社会管理与社会和谐——2011 学术前沿论丛（上）》，2011 年。

④　北京市文物局：《北京奥运场馆考古发掘报告（上、下）》，科学出版社，2007 年。

将"水立方"在原选址上往北平移 100 米，并在遗址基础上对北顶庙进行抢救性修复，形成今奥体中心内鸟巢、水立方、北顶娘娘庙现在的格局。

2006 年经过北京市朝阳区文化委、北京市规划委员会、北京市文物局多方努力，北京市文物局（京文物〔2005〕1492 号）批准，拟对北顶娘娘庙进行局部复建。即恢复第一二进院落及鼓楼和东西配殿，对后院的各殿基座以及围墙基址实施遗址保护。

2007 年按照遗址发掘报告对二进院东西配殿建筑整体复建完成，对东岳庙东、西配殿（三进院东、西配殿），将建筑台明以下恢复完毕，对玉皇殿东、西配殿（四进院东、西配殿）建筑台明以下恢复完毕。对山门殿、大殿、配殿的修缮，对后院台明遗址进行了初步规整维修，至此使得院内建筑平面格局清晰明确，通过局部保留的旧柱顶石和墀头墙根遗迹，可确定柱径、墀头、墙厚等尺寸及做法。现场三四进院配殿土衬石、燕窝石保存完整，面阔三开间，进深一间前后带廊，建筑柱顶石、台明石、垂带踏跺、埋头石 2007 年修缮时已添配完整。山门东西值房遗址上铺墁城砖地面。

在殿外彩画方面，对内、外檐及廊内掏空均为墨线小点金旋子彩画，飞椽头墨万字，檐椽头虎眼宝珠。斜方格槛窗隔扇。廊心墙上身包金土字砂绿边。在殿内壁画、彩塑方面，2007 年北京民俗博物馆，按照传统工艺，使用木材作为骨架，草拌泥制作胎体，最后装饰色彩，对北顶娘娘庙山门、娘娘店内塑制了四大天王、眼光娘娘、碧霞元君、子孙娘娘彩塑，背屏为娘娘巡游图悬塑壁画；在东山墙绘制了娘娘修炼图、正殿绘制娘娘出宫图、娘娘巡视图的壁画，大殿内外装饰一新，至今仍较为完好的保存于院内。

3. 第三阶段：北顶娘娘庙三四进院落的原址复建

由于冬奥会的申办成功，北京作为 2022 年冬奥会的举办城市之一，以此为契机，北京民俗博物馆重新开启了北顶娘娘庙的修缮历程，于 2017 年开始向北京市文物局申报北顶娘娘庙三四进院及山门值房的修缮工程项目。在多方的努力之下，于 2019 年开启了三四进院落及山门值房的复建，即对东岳殿东配殿、东岳殿西配殿、玉皇殿东西配殿及山门值房六栋建筑进行原址复建，一二进院大殿按照歇山顶建筑进行复建，配殿及东西值房按照硬山顶建筑进行复建。对三四进院落内水泥砖地面，恢复古建方砖、城砖地面，并做院落排水（图二）。

图二　现代北顶娘娘庙

（资料来源：作者本人拍摄于 2020 年 3 月）

（三）民俗活动

现存于北顶娘娘庙内和奥林匹克森林公园贞石园内的《永安老会碑记》《攒香老会碑记》两块碑刻，也是研究北顶娘娘庙历史极有价值的两块碑刻，碑文记录了有关北顶庙的民俗文化活动。

1.《永安老会碑记》记载

"尝闻善为至宝，今喜众善之同归，盛事相传，永垂千年而不朽。永安圣会每年于四月十七日在观音寺安壓设驾十八日前往北顶洪慈宫恭旨东岳大帝圣天仙圣母懿玉皇上帝御前进献袍带履金银供器文房四宝表文疏词玲珑蜜供香珠宝蚂蚁应焚化钱两等仪此会历年既多相传已就溯其源流详考其耆老而知此会起于康熙三年迄今百有余载公仝拟议共助资财建立斯碑以誌其盛庶乎流芳于百世云爾诗曰永世清宁千载固安民乐善众争先德施三界神而应恩福八方圣且贤景运洪开歌舜日和风初起颂尧天群黎诚献多年会立碣微酬表至虔 盛世相因历有年而今众善个心□诚衷共秉勤无怠功果同修后继先蔼光吉祥多感应重□福禄日达□勒碑万事流芳久岁岁丰□祈□天

本庙住持僧寂□

大清嘉庆元年癸巳月丙子日毂旦"

碑文记叙了永安圣会给天仙聖母和东岳大帝供奉祭祀之礼，可知当时北顶庙内供奉东岳大帝、天仙圣母、玉皇上帝。碑文中对永安庙会溯其源流起于康熙三年，此碑现存于北顶娘娘庙内。

2.《攒香老会碑记》（民国三十一年四月）记载

"尝闻善为至宝，本喜众善之同归，盛事相传，永垂千年而不朽。

兹因北京市北郊安定门、德胜门两关厢及各村商民人等，历年于古历四月十五日在北顶娘娘庙前搭舍茶棚一座，安壇设驾接待来往香客于十五、六、七、八日，施舍清茶四昼夜，□结善缘。并于十七日夜间本庙诚立吉祥道场，十八日恭谒眼光、天仙圣母、子孙懿，虔诚献攒香、雲马钱粮、香烛供品、吉祥表文一应焚化等仪。

此会历年既多相传已久，朔其源流详考耆老而知，此会起于前清道光初年，迄今百有余年。公仝拟议共助财，建立斯碑，以志其盛。庶乎！流芳于百世云而。

诗曰：碑立千年传万古，恩遍八方圣且贤。子孙万代把香焚，重重福禄自东绵。永世清宁众争先，为敬神灵来进香，德施三界神而应，市民乐业泰安然。

中华民国三十一年古历四月十八日吉时建立"

北顶娘娘庙内供奉眼光圣母、天仙圣母、子孙圣母。此会开始于清朝道光初年。另有《攒香老会进香碑》一通镌立于清乾隆三十八年，现存于奥森公园朝阳贞石园中，未置于娘娘庙内。

清代古籍《帝京岁时纪胜》[①]中记载了北顶娘娘庙盛况"京师香会之胜,惟碧霞元君为最。庙祀极多，而著名者七：……一在安定门外，曰北顶……。每岁之四月朔至十八日，为元君诞辰。男女奔趋，香会络绎，素称最胜。……都人献戏进供，悬灯赛愿，朝拜恐后。"[②]

---

① 潘荣陛：《帝京岁时纪胜》，北京古籍出版社，2001年。

② 王晓莉：《明清时期北京碧霞元君信仰与庙会》，《中央民族大学学报（哲学社会科学版）》2006年第5期，第108～114页。

通过对历史碑文记载分析我们可以获得如下信息：北顶娘娘庙始建于明代宣德年间，清代和硕亲王曾投资重修北顶娘娘庙。庙内供奉有东岳大帝、天仙圣母、玉皇上帝、碧霞元君、眼光圣母。永安圣会开始于康熙三年，攒香老会开始于清朝道光初年。

四、结　语

北顶娘娘庙的始建年代，对有关北顶娘娘庙的碑刻、文献、前人研究进行总结和梳理，有明确记载的始建年代为明代，更早的一些传说是由人们口口相传，至今尚未发现实物证据。随着历史的变迁，北顶庙历经几度兴衰，多次募资重修、复建得以保存形成现在的面貌。由山门殿石匾额"敕建北顶娘娘庙"中"敕建"二字推测，娘娘庙的营建修缮应与皇家有一定关联，可能为皇家敕建庙宇。北顶娘娘庙的历代修缮体现了几代人对传统文化的重视，是对我国传统文化中人文精神的尊重和继承。历史上北顶娘娘庙有明确记载曾作为重要的民俗事务的活动场所，为北京地区民俗文化的传承和发展起到重要作用。在奥运会期间，寺庙遗址得以保留，并对庙宇进行复建重修，形成与鸟巢、水立方等现代场馆和谐共融交相辉映的文化景观，对于现代文化遗产的保护利用工作有借鉴意义。

近年来对庙区一二进院的复建和对三四进院及山门值房保护复建，为北顶娘娘庙带来了较为完善的保护修缮计划。项目中地质勘探、精确测绘等工作都是对北顶娘娘庙保护工作的有力提升。在对古迹进行修复的时候，遵循了修复必要性和紧迫性的原则，同时遵循了国际与国内关于文物保护"不改变文物原状"、可逆性、可再处理、尊重传统、保持地方风格、"最小干预"的文物保护基本原则[1]。

北顶庙位于北京中轴线上的北部地区，北京作为辽、金、元、明、清五朝古都文物古迹和庙宇繁多，但是由于北京北部地区现代化程度较高，遗留下来的庙宇较少，北顶庙又位于北京的中轴线上，因此对民族文化的传承就显得尤为重要和突出。

Brief History of Construction and Renovation of the Goddess Beiding Temple

LU Yijun

(Beijing Folk Customs Museum, Beijing,100020)

Abstract: The Goddess Beiding Temple, one of the eight famous temples on five peaks of Beijing, is located on the northern extension of Beijing's central axis and had been protected by Beijing Municipality as the seventh batch of cultural relics protection units. It has a relatively large scale and has been repaired many times in its long history, therefore, this temple is an important historical material evidence of urban development of Beijing. On the basis of on-site investigation combined with relevant historical documents, this paper reviews the construction history of this comprehensively.

Key words: the Goddess Beiding Temple, construction and renovation, historical evolution, folk culture

---

[1] 国务院：《中华人民共和国文物保护法实施条例》，海南省人民政府公报，2003 年 11 月。

中国与瑞典古代钟楼的艺术研究

刘芳超

（德国班贝格大学，班贝格，96047）

摘　要：本文尝试以钟楼、钟椅、钟亭的古代建筑艺术与美学为核心概念，对其深入解读，剖析其朴素而简约的创造力和想象力，希祈冲击现代庸浅的格式化审美，也能启迪着我们的思维逻辑、生活方式，在平淡中发现新奇。我们学习前人的意匠精神，在朴实的钟楼中感受到浓郁的诗意，对传统艺术的传承，文化遗产的保护都会有益。

关键词：钟楼；技术之美；材料之美；岁月价值；艺术与美学

一、钟楼的溯源与功能

（一）中国古钟

中国古钟，从商、周到秦、汉，由甬钟、钮钟、镈钟等组成的青铜编钟，采用合瓦形或扁圆形结构，主要用途是奏乐，称为乐钟。

据史料记载，我国的"钟鼓"制度可以追溯到汉代，汉代蔡邕所撰《独断》记载了当时的钟鼓报时制：鼓以动众，钟以止众。夜漏尽，鼓鸣则起；昼漏尽，钟鸣则息也。目前所知，时代较早的钟、鼓楼，见于三国时期的曹魏邺城。

佛钟随佛教传入我国，保留了印度佛教中金刚铃的特性，融合中国传统乐钟的元素，在南北朝时期（420～589 年）甚至更早，我国出现了正圆形大铜钟，这种本土化的佛钟，俗称梵钟。在唐代就已大量出现，传承至今，凡有寺庙必有钟鼓。

在中国古代，用于城市钟楼里报时的大钟，称之为更钟。在传统营造制式中，通常以城市的中轴线为依据，在城市的中心地段建造，东面修钟楼，西面修鼓楼，称为钟、鼓楼。钟楼上悬大钟，晨昏各撞一百零八杵，就连城门早启、晚闭也是以钟鸣为准，声闻十余里。

现存中国各地的古代千斤大钟，最少有 251 口，分布在各地的宗教场所、钟楼钟亭及博物馆内。其中铜钟 137 口、铁钟 114 口，其中 5 吨以上的超级巨钟有 47 口（图一）。

（二）瑞典古钟

在瑞典，钟的使用随着基督教一起传入，可以追溯到 12 世纪初。最具信息性的图像来源是来自瑞典北部 Skogs 教堂的挂毯（图二），这是目前瑞典所知最古老钟楼的图像。挂毯展示了三种不同的挂钟模式：画面左侧大一些的钟被绳子系在屋脊塔楼上，旁边是一个小型壁挂式祭坛钟；在同一场景中，画面右侧还有一个独立的钟楼，有两个相邻的大钟。

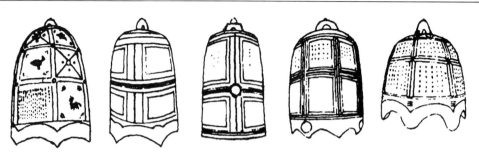

图一 中国古代钟型

（资料来源：王福谆：《中国古代的千斤大钟》,《铸造设备研究》2006 年第 5 期）

图二 瑞典 Skog 教堂挂毯

（资料来源：Petra Pousard. Ragnarök och den nya tiden. Högskolan i Gävle. 2003.）

早期祭坛钟安置在教堂内部，容易产生巨大的回音；随着钟体变得越来越大，在敲钟时钟体摇摆产生的压力，会导致教堂建筑的拱顶承重不够，出现大钟坠落的事故。出于声学与安全方面的原因，人们逐渐在教堂附近建造专门安置祭钟的建筑，这就是瑞典钟楼的前身——钟椅。

1351 年欧洲黑死病传到瑞典，为了祈求神的佑护，瘟疫时期民众在各地建造了大量钟楼，通过钟声传达信号，统一宗教活动，钟楼承载了神圣的通讯任务。

到了 18 世纪，瑞典各地几乎所有祭钟都从教堂转移到钟楼，无论是古老的还是新建的。瑞典现存大约有450 个独立钟楼和约 6000 个钟，其中中南部的钟楼最多，它们大多数还在原处，有些被移动到附近，以使可以让声音传的更远。

（三）古代钟楼的功能美

"功能美"在美学概念中，被理解为对直观功能形态的审美，源于器物的实用功能，在人类开始生产活动时就已产生。

"大人不华，君子务实"（汉·王符《潜夫论·叙录》），阐述了古人贯穿于现实生活的实践理性，实用性也是古今美学、创造精神的重要特色。从中、瑞钟楼的发展和不同类型悬钟的使用中充分彰显出古钟在人们生活中的价值功能。

在中国，钟在佛寺中具有断烦恼、长智慧、增福寿、脱轮回、成正觉，脱离轮回，成等正觉等功用，在《禅门日诵·钟偈》和《鸣钟偈》中都有说明，后渐渐演变成人们对美好、生活愿景的祈福。直到现在，人们在除夕夜和大年初一还会到寺庙敲钟辞旧迎新。

《尚书·尧典》谓帝尧"乃命羲和，钦若昊天，历象日月星辰，敬授人时"，在中国古代社会，在节令时日通知民众是非常重要的。

更钟虽然和佛教没有关联，但是和城市居民日常生活息息相关；钟楼是古代城市司辰、报时的重要场所，在钟楼里敲钟普遍成为城市管理的一种模式。

史料中记载的朝钟——"晨钟暮鼓"，指的是古代迎王迎妃、接诏、报时的仪式，为王朝国都威权之象征。城门和里门的启闭、皇室和官府的重大活动，都由钟、鼓报时进行安排，因此建筑的规模非常宏伟。

无独有偶，瑞典教堂钟楼的祭坛钟和我国寺庙、道馆的佛钟、道钟在进行宗教活动里的仪式、功能也是异曲同工。

二、钟楼造型之美

造型之美指的是基本形态，包括外形和结构等形式上的艺术审美因素。俗话说"小造型，大世界"，造型之美是人类社会实践发展到一定阶段提出来的必然要求，而在建筑的发展过程中，人们将建筑与美学交织在一起，其产物就是造型美。

在中国，无论钟楼、钟亭皆位居城市中心，无论在寺庙之中，还是宫殿之内，其造型形制与当时建筑都能如影随形，融为一体。

钟楼屋顶的硬山、悬山、歇山、做成卷棚，庑殿、攒尖、组成"重檐"。明代皇宫钟楼，多见上下两层营造制式，下层为拱形无梁城阙状，上层为重檐四坡顶。

程式化的钟楼屋顶体现了在木构架体系条件下的实用功能；建筑工艺和审美形象达到和谐统一。

（一）中国永乐大钟

永乐大钟是明朝永乐年间（1420年左右）御制的皇家大钟，钟体高6.75米，口径3.3米，重46.5吨。现存北京觉生寺（大钟寺）钟楼内，为北京古钟博物馆所存藏。永乐大钟既是佛钟又是朝钟（图三）。

青铜大钟采用陶范法铸造，通过雨淋式浇注法浇注而成，同时在蒲牢钟纽中加入钢芯，钟体铸造工艺令人惊叹，铜质精良，合金坚固。

钟楼木架结构上悬挂着的永乐大钟，几经波折，尤其是经历了波及北京的1976年唐山大地震后，仍然毫无影响、不倒不损，是我国古代建造学与力学的奇迹之一。

中国钟楼建筑正是在功能导向理念下对工艺技术的考究，创造了极富表现力的形象，沉淀了既庄严、隆重又飞动、飘逸的独特韵味。

图三 永乐大钟
（资料来源：https://baike.baidu.com/item/%E6%B0%B8%E4%B9%90%E5%A4%A7%E9%92%9F/2245465?fromtitle=%E9%92%9F%E7%8E%8B&fromid=7686762）

（二）瑞典钟楼

瑞典钟楼造型大体分为开放式钟椅和封闭式钟楼两大类。

钟椅是瑞典最简单也是最常见的类型。钟椅基本上由三段组成，钟室平面是四边形，中间有三根主支柱，旁边由斜支柱支撑的。主支柱和斜支柱在顶部相交，钟室在支柱上方。结构会根据实际情况简化或复杂化（图四）。

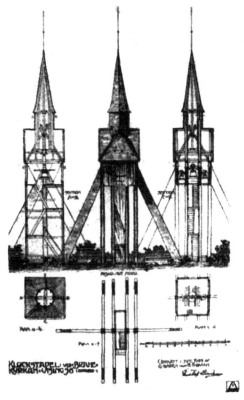

图四　瑞典钟椅图纸
（资料来源：Brita Stockhaus. Klockstaplar,
Fornvännen, 1940.）

瑞典钟椅这种单一的轮廓、硬性构成的支柱，显得十分简洁，具有质朴憨厚的美，为建筑增添了亲切感。

在瑞典北部地域的钟椅，屋顶覆盖形式有交叉的马鞍形屋顶和高尖顶，还有旋转扭曲的屋顶，并带有塔尖。在主支柱之间，楼梯作为方柱建成。

瑞典南部的钟楼，外部多由斜支柱支撑，钟室平面是四边形。瑞典中部和北部最常见的类型是塔状的，底部有四边形或八边形的基座。立面完全由木瓦覆盖的。

在这些区域，灯笼形圆顶尖非常普遍。受芬兰西南部的影响，那里钟楼几乎都有一个洋葱形的圆顶。虽然被认为是一种巴洛克风格的元素，但是与俄罗斯洋葱屋顶略为不同，如 Tierp 钟楼（图五）。

在瑞典的中部地区的钟楼不同于其他区域，大多数情况下是建在正方形地基上，方形屋顶。根据 Peringsköld 在 1671 年绘制的瑞典南部 Västergötland 的教堂建筑图，在这个区域中绝大多数的钟楼都是金字塔形的。例如，瑞典南部临海岛屿 Bredvik 钟楼（图六），墙壁和钟罩顶形成几乎均匀的倾斜角度。这个建筑的构造是中间一根主支柱，旁边有一些斜支柱支撑，外部所有面的交叉地方都有支撑。

图五　Tierp 钟楼
（资料来源：Brita Stockhaus. Klockstaplar,
Fornvännen, 1940.）

图六　Bredvik 钟楼
（资料来源：Brita Stockhaus. Klockstaplar,
Fornvännen, 1940.）

（三）瑞典典型钟椅案例

瑞典南部 Söderköping 的教堂钟椅（图七），是一个成熟的钟椅形式，也是瑞典钟椅的代表。钟椅位于教堂北侧，如平面图所示（图八）。底座南北方向三条平行的长条基座和东西方向上的中间一条基座组成。这些基座原是石头，后来被水泥取代了。底座交叉的地方有三根非常粗壮的主支柱，每个基座上也有三根斜支柱，结构形制与中国、日本钟楼建筑立柱下的地串结构殊途同归。

钟椅各支柱交汇于钟室，高度略有不同。在东侧和西侧，有斜支柱从地面通向钟室，主支柱和斜支柱之间有横向连接。

钟室由两个相交的马鞍形屋顶组成，在屋顶交叉部分的上方有一个高尖顶。屋顶，山墙和高尖顶都由涂有焦油的木瓦覆盖，高尖顶是锥形（图九）。

图七　Söderköping 钟椅
（资料来源：https://commons.wikimedia.org/wiki/
File:S%C3%B6derk%C3%B6ping_Sankt_Laurentii_
kyrka_klockstapel.JPG）

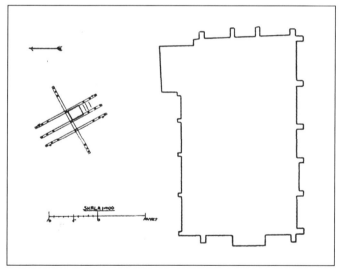

图八　Söderköping 教堂钟椅总平面
（资料来源：Sigurd Erixon. Söderköpings stadskyrkas klockstapel,
Fataburen, Nordiska Museet, 1915.）

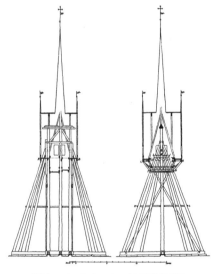

图九　Söderköping 钟椅剖面图
（资料来源：Sigurd Erixon. Söderköpings stadskyrkas
klockstapel, Fataburen, Nordiska Museet, 1915.）

（四）瑞典典型钟楼案例

瑞典北部最著名的 Häverö 钟楼声名远扬，是当地钟楼的主要类型。钟楼始建于 16 世纪初，施工周期长，建造了许多年。钟楼位于教堂围墙内的西北角（图一〇，B）。其承重部分由 16 根松木制主支柱组成，底部由短杆交叉支撑，内部有石头填充，约 3 米高（图一一）。它们之间有 8 根斜支柱来增加强度，楼梯从外部通向钟楼约 3.5 米高的楼层。

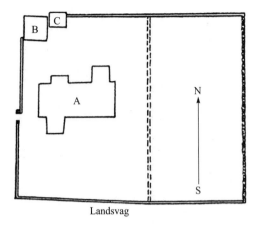

图一〇　Häverö 总平面图

（资料来源：Karl Asplund o.Martin Olsson. Kyrkor i Väddöoch Häverö Skeppslag. P.A.Norstedt & Söners Förlag, 1918.）

　　起初是一种开放式的钟椅与底部封闭式小仓组合的钟楼，钟室、柱子等地方上保留有木瓦，底部有个小仓。木瓦都是橡木的，并涂有焦油，钟室以前完全被木瓦覆盖，钟室支柱之间通过四个凹圆角正方形的木板，形成圆形声窗（图一二）。钟室现在是封闭的。顶部尖端是一个金属片，上面有 1731 年刻的 O O S 的字母。

　　1944 年被重新修建成全封闭式钟楼（图一三），全部被覆上木板。钟楼里有两个 17 世纪的大钟。

　　在瑞典钟楼、钟椅的建造中，就地取材有效地节省了工程费用，为建筑揉入了乡土特色，既有正统的宗教形态，也有多姿多彩的地方风貌。

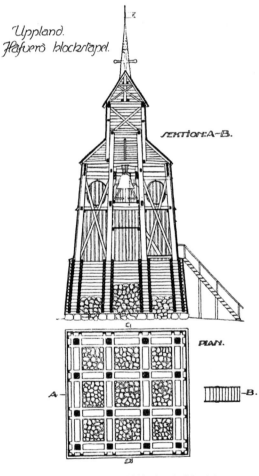

图一一　Häverö 钟楼平面与剖面图

（资料来源：Karl Asplund o.Martin Olsson. Kyrkor i Väddöoch Häverö Skeppslag. P.A.Norstedt & Söners Förlag, 1918.）

图一二　Häverö 钟楼改造时照片
（资料来源：Iwar Anderson. Häveröstapel. Fornvännen, 1944.）

图一三　Häverö 钟楼改造后照片
（资料来源：https://commons.wikimedia.org/wiki/File:H%
C3%A4ver%C3%B6_kyka_klockstapel.jpg）

三、钟楼的工艺之美

"建筑"（architecture）就源自于希腊语 apxtrektuw，原意为"巨大的工艺"。古代钟楼建造者在建筑钟楼的整个过程中，对每一部分的任务都精心物化工艺，除了满足基本实用功能以外，还尽其所能，苦心经营技艺，并努力把每个单体有机地组合成一个完美的整体。虽然不同国家、地域采用不同的制作工艺，但都能产生同样的审美效果。

（一）中国钟楼的"收分"结构

在我国古代钟楼钟亭中，为增加结构的稳定性，木架结构的立柱通常上端向内倾斜，匠人们称为"收分"。

永乐大钟楼的大钟架立柱也有上端向内倾斜的收分，它在对抗钟架的晃动和防止滑脱增大结构稳定性起着重要作用。立柱侧角是八根巨大的贴金盘龙立柱，向外倾斜，稳定性好。八根斜柱的形态宏大豪迈，吊架的轮廓丰美，整体大方，平和沉稳。

古代工匠智慧的利用"收分"结构形式增加结构稳定性，在中国古代建筑木架结构中具有代表性，研究其力学性能对文物保护的意义不可忽视。

瑞典钟楼的建造者们也在这个问题上表现了同样的创造。我们从上文提到的瑞典 Skogs 教堂挂毯中，可以从钟楼的剖面图像中看到，柱子上部总是略微向内倾斜。在早期钟椅建筑中通常都是以几根斜木柱悬吊祭钟。

（二）中国钟楼大钟的吊挂

钟楼里硕大体量的金属钟安装更能展现出古人的智慧。

图一四 永乐大钟模型示意图

（资料来源：徐永君等：《永乐大钟及悬挂支撑系统的撞钟过程瞬态分析》，《振动与冲击》2007年第5期）

中国永乐大钟悬挂木架采用的八根斜柱支撑，合力向心，受力均匀。在发挥承托、悬挑的作用中，有效地减少了构件的弯矩应力和剪应力。可以增加梁身在同一净跨下的荷载力（图一四）。

大钟悬挂在主梁上，全靠一根长100厘米、高14厘米、宽6.5厘米的铜穿钉，穿钉虽承受几十吨的剪应力而安然无恙。

吊挂系统由上U形吊挂和下U形吊挂及销钉几部分组成，通过木质大梁上两个正反相互衔接的U形挂钩，来承载46.5吨的重量。

钟纽结构俗称蒲牢，意指龙爪。它像龙爪一样，紧紧抓住大钟。钢芯巧妙地注入其中，作为承重的钟钮，与现代力学原理不谋而合。它通过熔模工艺预先浇铸，置于内外模具之间的预留处，同时经高温预热，后铸入钟体，两体无缝结合，浑然天成，胜过焊接。

在浩瀚的古文献中对古代钟楼中巨大的金属钟吊装多是一笔带过，鲜少提及。也许是认为这种技术过于简陋，不值一提，就像万里长城只是一根根肩担挑筑而成，能扯出什么科技含金量。

的确从坊间传说中可知，中国古代钟楼是用极简单的工艺，堆土的方式吊钟的，在钟楼两侧用土堆成和钟楼一样高的斜坡，然后靠人力把大钟拉上去，等大钟安装完成后再把下面的土堆移走。为了便于施工，古人多利用冬天泼水结冰的方法进行施工。古代匠工注重对自然资源与能量的运用，创造出神奇的效果。

而且民间传说中大钟的吊挂更是巧思，在定好钟亭的地址上，先堆垒一小山，筑地坑，铸巨钟，采用泥范法一次性浇铸而成。铸成大钟后把土山刨平，在大钟周边依图样施工，立柱支梁。吊装固定无须脚手架、吊杠机械，只靠扁担、铁锹出力而已。

从古代匠工"因物施巧"的设计意匠和设计手法里，可看出先辈们追求功能、技术与审美统一的努力。通过代代质朴的实践经验积累，匠心和智慧取得了造型与构筑之美。

（三）瑞典钟楼的建造流程

瑞典南部著名钟楼Grevbäck属于中世纪类型（图一五）。墙柱的框架和斜梁采用标准化设计，这在中世纪早期的钟楼、教堂阁楼和木建筑中也经常出现，越来越多

图一五 Grevbäck钟楼

（资料来源：Mattias Hallgren, Gunnar Almevik. The Craftsmanship in Construction and Transformation of Historic Tower Campaniles, Building Histories, The Proceedings of the Fourth Conference of the Construction History Society, Queens' College Cambridge, 2017.）

的材料是预制的，设计中的方法变得标准化，模板化的切割接头。Grevbäck 钟楼的建造就运用了预制化的流程。

施工时工匠们需要先制作小型脚手架，一般高度不低于 6 米。以脚手架作为支点，利用绳索将首先将中央主支柱竖立起来（图一六），中央主支柱带有扶手柄和攀爬台阶，是通往钟楼的楼梯。之后将支点移至中央主支柱的顶部，同样利用绳索，竖立起墙体框架，同时还需要另一种装置作为反向装置，以保持墙体框架的平衡。每个预制墙体框架右侧有一个角柱，角柱和墙柱用交叉斜梁和支架固定。他们从东面的开始，然后向南，向西，最后向北以顺时针方向竖起，最后墙体框架通过顶部的木条固定到位。整个墙体木框架结构由 12 根墙柱组成，长 10.5 米，横截面约 14 英寸 × 13 英寸。每面墙的框架由四根柱子连接着交叉的斜梁支撑。

传统的瑞典钟楼预制模板化的流程，科学合理，为后人留下了一份宝贵的文化遗产。

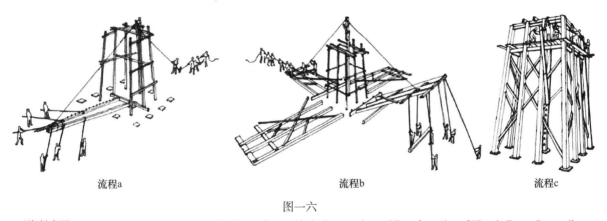

流程a　　　　　　　　　　流程b　　　　　　　　　　流程c

图一六

（资料来源：Mattias Hallgren, Gunnar Almevik. The Craftsmanship in Construction and Transformation of Historic Tower Campaniles, Building Histories, The Proceedings of the Fourth Conference of the Construction History Society, Queens' College Cambridge, 2017.）

四、钟楼的材料之美

艺术是美的，材料使艺术更加真实。材料是美的，艺术使材料更加透彻。物质材料是制造的基础，不同材料独有的物理属性传递着丰富的视觉与触觉感知。在情感维度上，纯粹的材料之美，来自于其本身在空间中恰到好处的发挥。

北京的钟鼓楼本来都是木构建筑，1745 年钟楼毁于一场大火，乾隆皇帝决定把木构建筑改建为砖石结构。鼓楼庞大而雄伟，钟楼则纤瘦而雅致。鼓楼象征着雄性之阳，钟楼则代表了雌性之阴。

明洪武七年（1374 年）行省参政知事汪广洋建造的禁钟楼，又称"岭南第一楼"，青铜大钟悬挂楼上，高 3.04 米、口径 2.1 米，此钟是作为遇火警非常事故时召救之用，无事禁止撞击，因名"禁钟"。

传说当年悬挂巨钟仅用一根葛藤绳，人称"仙藤"。到了清朝，有个外国商人用铁链换走葛藤，之后看到藤条上布满灰尘，便将藤条放进珠江用水清洗，谁料藤条化作一条飞龙。

木、砖、石在中国钟楼、钟亭建造中得以大量运用。古代建造者就地取材，利用廉材料的方式各得其所，相得益彰，提高了整体经济性和适应性。

图一七 瑞典经典圆形装饰的木瓦

（资料来源：Claus Ahrens. Die Frühen Holzkirchen Europas. Konrad Theiss Verlag, 2001.）

瑞典的钟楼结构取材于缓慢生长的松树和云杉。松木用于木框架结构，云杉用于桁架及屋顶。松树作为结构用材已经有200~300年的历史。主要材料通常从老教堂里回收重复使用。一般在钟楼竖立之后，安装较大的木销，以锁定不完美衔接的节点。木销多余部分没有被劈掉，接头处多出2~4英寸，梁、支架和上部的板由较大的原木劈开，并凿出锋利的边缘。谁也未曾料到，这些结构钉、木板上凿印，现在倒成了瑞典木瓦钟楼一个特色，显现出粗拙的美感。

如今瑞典这些历史悠久的木瓦钟楼都处于较好的状态，各地钟楼顶、墙壁流行不同形状或装饰的木瓦，有阶梯形、长V形，还有半圆形、椭圆形的木瓦（图一七）。

瑞典钟楼的木瓦外立面极具特色，对钟楼建筑物的特征外观和文化历史产生重大影响。瑞典建造者们以其独特的美感创造了大量的木瓦钟楼，这种木瓦钟楼是美和现实间的桥梁。

五、钟楼的匠心之美

南京明清大钟亭始建于明洪武二十一年（1388年），清康熙年间倒塌，鸣钟、立钟皆毁，仅有一口卧钟幸免于难。光绪十五年（1899年），江宁布政使在鼓楼东侧建造了一座亭子，悬挂着重达23吨的大钟。这就是今天的"大钟亭"（图一八、图一九）。

图一八 三十年代的南京大钟亭

（资料来源：杨新华、卢海鸣：《南京明清建筑》，南京大学出版社，2001年）

图一九 大钟亭内大钟

（资料来源：杨新华、卢海鸣：《南京明清建筑》，南京大学出版社，2001年）

从铸造巨钟到建楼筑亭、吊挂安装，这一过程决不轻松，常常伴随着历史的悲壮氛围。创造者由求生存进而到追求完美，让后人敬羡。艺术具有情感性特征，成为了人们的精神故乡。

从中国、瑞典各具特色的古钟楼里，看到创造者以高超的艺术技巧，用简单的生产工具，把泥土、木头、砖石、金属塑造成有实用价值的钟楼建筑，同时具有审美欣赏价值的精神存在，反映了社会生活、反映时代美。

留存于世的古代钟楼是建筑文化高度凝聚的体现，稀缺而不可替代，越来越珍贵。无论用粗糙木瓦、木柱搭建的瑞典早期钟椅，还是飞檐、斗梁精工细作的中国钟亭，都让我们看到中外钟楼工艺追求的是一种共生的造物审美观。造物不尽为人使用，更是美的寄托和精神归属，最终形成客体物象与视觉感受的和谐。对返璞归真的造物意境的追求，充分表现了两国钟楼显献出不约而同的美学观。

中外古钟楼的美学是通往生活的，审美超越了地域和时空。现代人之所以孜孜以求地寻找生活之美，也是对现代一种抗衡，或者平衡。

参 考 文 献

［1］ Erik Lundberg. Byggnadskonsten i Sverige under medeltiden 1000-1400. Nordisk Rotogravyr, 1940.

［2］ Hans Jürgen Hansen. Holzbaukunst. Stalling, 1969.

［3］ Karl Asplund o.Martin Olsson. Kyrkor i Väddöoch Häverö Skeppslag. P.A.Norstedt & Söners Förlag, 1918.

［4］ Claus Ahrens. Frühe Holzkirchen im Nördlichen Europas. Helms-Museum, 1981.

［5］ Claus Ahrens. Die Frühen Holzkirchen Europas. Konrad Theiss Verlag, 2001.

［6］ Riksantikvarieämbetet. Spån-Rekommendationer för tillverkning, läggning och skyddsbehandling. Riksantikvarieämbetets förlag, 1973.

［7］ Sigurd Erixon. Stenåldern i Blekinge. Fornvännen, 1913.

［8］ Sigurd Erixon. Söderköpings stadskyrkas klockstapel. Fataburen, Nordiska Museet, 1915.

［9］ Martin Olsson. Uppländska Klockstaplar. Svenska Turist Föreningens, 1915.

［10］ Ture J Arne. Ryska kyrkklockor. Fornvännen, 1936.

［11］ Ingeborg Wilcke-Lindqvist. Kapellet i Rådmansö:ett bidrag till frågan om de timrade korskyrkornas första uppträdande i vårt land. Fornvännen, 1942.

［12］ Iwar Anderson. Häveröstapel. Fornvännen, 1944.

［13］ Brita Stockhaus. Klockstaplar. Fornvännen, 1940.

［14］ Armin Tuulse. Tvåutgrävningar i Värmland sommaren. Fornvännen, 1947.

［15］ Mattias Hallgren, Gunnar Almevik. The Craftsmanship in Construction and Transformation of Historic Tower Campaniles. Building Histories, *The Proceedings of the Fourth Conference of the Construction History Society*, Queens' College Cambridge, 2017.

［16］ 杨新华、卢海鸣：《南京明清建筑》，南京大学出版社，2001 年。

［17］ 王福谆：《古代大铁钟》，《铸造设备研究》2007 年第 3 期。

［18］ 张十庆：《宋代技术背景下的日本东大寺钟楼技术特色探析》，《建筑史》第 27 辑。

［19］ 徐永君等：《永乐大钟及悬挂支撑系统的撞钟过程瞬态分析》，《振动与冲击》2007 年第 5 期。

［20］ 夏明明、冯长根、杜志根：《永乐大钟悬挂结构力学问题初探》，《文物》1990 年第 7 期。

［21］ 张双寅：《永乐大钟梯形木架稳定性初探》，《力学与实践》2008 年 12 月。

［22］ 侯幼斌：《中国建筑美学》，黑龙江科技出版社，1997 年。

［23］梁思成:《中国建筑史》，百花文艺出版社，2005 年。

［24］梁思成:《梁思成文集（二）》，中国建筑工业出版社，1984 年。

Art Research on Chinese and Swedish Ancient Clock Towers

LIU Fangchao

(Otto-Friedrich-Universität Bamberg, Germany, 96047)

Abstract: This paper attempts to discuss and interpret the core concept of ancient architectural art and aesthetics, such as the bell tower, bell chair and bell pavilion, furthermore, analyze its simple creativity and imagination. The Modern superficial formatting aesthetics is been shocked, the thinking logic and way of life are been enlighten. Nowadays what people need is to calm down, learn the spirit of the predecessors and feel the poetry in the simple bell tower. It will be beneficial for the protection of culture heritage and the inheritance of traditional art.

Key words: bell tower, technical aesthetics, material aesthetics, historical value, art and aesthetics

开封传统清真寺建筑研究

白天宜

（河南省文物建筑保护研究院，郑州，450002）

摘　要：开封的传统清真寺作为中国汉化清真寺的典型范例，具有独特的地方特点，数量多，影响大，艺术成就高，在河南的伊斯兰教建筑中占有重要地位。通过对开封地区传统清真寺的系统调查，基于建筑学思想分析开封清真寺的建筑特点与地方建造手法，加深对地方古建筑的多样性的了解，提高人们对清真寺建筑的保护意识。

关键词：开封；清真寺；建筑特点

清真寺建筑是我国传统宗教建筑的重要组成部分，是中西文化碰撞的产物，体现了中国传统建筑的适应性、包容性与创新性。开封作为八朝古城，历史悠久，是伊斯兰教传入较早的城市，现在依然是河南地区回族主要聚居地之一。在开封回族人口占少数民族人口的 90% 以上，设有全国 5 个少数民族城区之一的顺河回族区[①]，清真寺作为回民的重要活动场所，数量众多，以清真寺为中心的回坊街区，是老城区的重要组成部分，对古城文化、城市肌理的形成，都有着重大影响作用。

开封历史上长期作为河南的首府，是河南经济文化的中心，吸引了大量的穆斯林在此定居。开封的清真寺始建年代早，数量多，影响大，艺术成就高，在河南的伊斯兰教建筑中占有重要地位，主要包括两种风格，一种是中国传统宫殿风格，另一种为阿拉伯圆形拱顶风格，其中阿拉伯式风格的清真寺皆为近 30 年间新建或改建的，可见在开封本地，汉化的中国传统宫殿风格是历史上普遍采用的建筑形式。

一、开封回族概况

（一）开封回族的历史来源

最早在唐代，已有记载来自阿拉伯、波斯的"蕃客"来开封经商并暂居于此，北宋年间，开封作为国家的首都，吸引了不少阿拉伯、波斯的穆斯林来此经商，有一部分留居于此，是开封回族的先民。

元朝，随着蒙古军队南下的回回军人，在开封定居屯田，《元史·兵志》记载：至元十八年诏令"括回回炮手散居他郡者，悉令赴南京（今开封）屯田"。开封周边的一些回族村就是这些回族军人屯田的地方，这使得开封的回族人口大增。

到了明代初期，政府要求回族与其他民族通婚，汉族及其他民族的融入，也使得回族人口增加。同时，明初的大移民政策，也影响到了回族，从燕京、济宁、曹州、洪洞县等地，都有迁入的

---

① 马晓军、代高峰：《城市化背景下散杂居地区回族居住格局的变迁——基于对开封市顺河回族区的调查》，《昌吉学院学报》2011 年第 2 期。

回族，还有因经商从浙江等地迁入的回族。这一时期，开封大量的清真寺得以兴建，显示了此时回族的人丁兴旺。至明末，由于黄河泛滥及战乱，回族人锐减，逃往他地。

随着清初社会逐渐稳定，开封经济也得到了恢复，不少回族陆续返回故土，重建家园，开封东大寺重建清真寺碑记载："披荆棘，寻遗址，于寺基建草屋数椽，因庐于侧"。其后至民国年间，都有外地回民来汴经商定居，如鹁鸽市回民于清末自陕西迁至于此，宋门关回民于清末民初从封丘迁入，南关回民于民初自朱仙镇迁入等等。至民国年间，回族人口增长较快，民初开封回民约 5 万人，占全市人口的 20%，之后随着日军占领开封，大量回族西迁。1953 年，回族人口 10855 人，占全市总人口 6.2%，1990 年，回族人口增至 62973 人，占总人口的 1.5018%。[①]

（二）开封回族的分布

开封回族的分布特点是典型的大杂居、小聚居，以清真寺为中心，围绕其形成回坊的居住模式，所以回族的分布情况与清真寺的位置呈对应关系。

根据开封市志记载，到民国年间，开封形成了围绕 10 座清真寺居住的回坊，这十坊分别是：东大寺、文书寺、北大寺、善义堂、草三亭寺（三民胡同寺）、家庙街寺、西北城寺（西皮渠寺）、洪河沿寺、宋门关寺、南门外清真寺。今天开封回族的分布也是基于此发展而成的，其中以东大寺辐射范围最广，教众最多，民国初年就达到 17000 人，其次为文书寺、北大寺、家庙街寺、西北隅寺人数较多，约有 300 余户，其余几寺教众较少。由于教众较多，以及新老教的冲突（在开封伊赫瓦尼学被称作新教，传统教派被称作老教），后期又增加了几个清真寺，如东大寺不远处，兴建的王家胡同清真寺，北大寺旁边兴建的北门大街清真寺等。

1953 年，开封成立顺河回族区，是全国 5 个少数民族城区之一。教众最多的东大寺、文书寺等几个清真寺都在顺河回族区，顺河区的回族人口占到 10.7%。但是随着城市的发展，经济、文化、教育及政策的改变，如今回族传统的聚居格局发生了改变，原本围寺而居的回族渐渐扩散到了其他区域居住，更多地融入了汉族社区，清真寺周边居住的多是老年人或是经营回族传统小吃的回族，青年人礼拜次数的减少、回族经济条件的提升以及城市拆迁的影响，使得回族的分布越来越趋于分散，开封市内，除了东大寺周边的回坊依然聚集了较多的回族教众外，其他寺坊都呈现出了较为明显的衰退。

二、开封清真寺概况

（一）开封清真寺的分布情况

经统计，开封市内现有清真寺 13 处，清真女学（女寺）7 处，分别为：东大寺（含女寺一）、北大寺（含女寺一）、善义堂清真寺（含女寺一）、文书寺、三民胡同清真寺（含女寺一）、家庙街清真寺（含女寺一）、北门大街清真寺、王家胡同清真寺、王家胡同清真女学（隶属东大寺）、南教经胡同清真寺、宋门关清真寺、洪河沿清真寺（含女寺一）、西皮渠清真寺、南关天地台清真寺（图一）。

---

① 开封市地方史志编纂委员会：《开封市志（第六册）》，燕山出版社，2001 年，第 606 页。

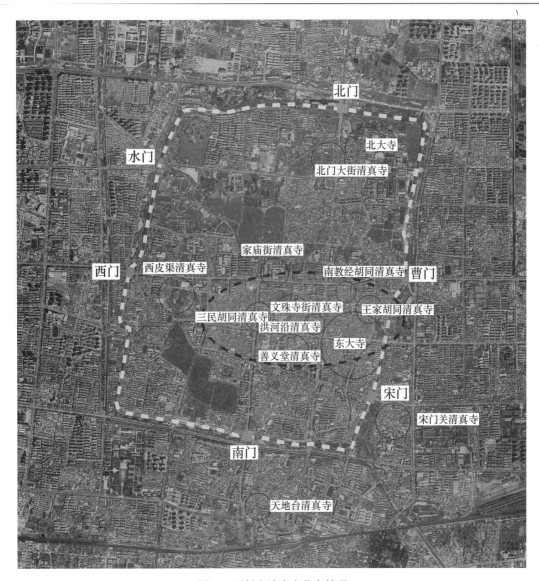

图一　开封市清真寺分布情况

（二）开封清真寺的风格分类

开封的清真寺主要包括两种风格，一种是中国传统宫殿风格，另一种为阿拉伯圆形拱顶风格，阿拉伯圆形拱顶风格的清真寺无一例外都属近30年修建，而传统宫殿风格建筑大多年代久远。

形成这两种风格的原因主要包括三个方面，一是民国年间马广庆阿訇在开封传播新教（伊赫瓦尼学说）[①]，受其影响信奉新教的清真寺，为了与老教（格迪目）以示区别，新建或改建的清真寺建筑都采用了阿拉伯式风格，其中如新建的王家胡同清真寺、北门大街清真寺，都采用阿拉伯式建筑；改建的如文书寺，虽然文书寺历史悠久，原寺中建筑为清代传统建筑，但随着寺众改信新教后，在20世纪90年代将原建筑拆除改建为阿拉伯式建筑。

第二个原因则是经济原因，清真寺是非营利性的机构，修建资金多是依靠教众的捐献，财力有

---

① 李兴华：《开封伊斯兰教研究》，《回族研究》2004年第3期。

限，阿拉伯式较为经济，中国传统风格相对昂贵，所以新建建筑时多考虑阿拉伯式。

最后一个原因则是受全球化影响，现代回族的视野更加开阔，对伊斯兰教来源处的文化有更多了解，希望新建的建筑能更多地体现本民族的信仰特色。

分析原因可知，在开封，汉化的中国传统宫殿风格才是历史上普遍采用的建筑形式，阿拉伯式风格是近年来才兴起的。

（三）开封清真寺文保单位概况

现开封的传统清真寺，属于文物保护单位的有以下 7 处：国保单位 1 处：开封东大寺，省保单位 2 处：善义堂清真寺、北大寺；市保单位 3 处：三民胡同清真寺、王家胡同清真女学堂、文书寺；未定级不可移动文物 1 处：家庙街清真寺。其中三民胡同清真寺、家庙街清真寺都于近代进行了大规模翻修，文物的保存现状不理想，另外文书寺仅余门前照壁，其余寺内传统建筑都已拆除，新建了阿拉伯式建筑，王家胡同清真女学近年来也进行了多次修葺，南北厢房改混凝土柱，大殿增加天花等，历史价值大于建筑价值。所以建筑原貌保存较好的，只有开封东大寺、善义堂清真寺、北大寺与文书寺前的照壁。

位于开封市区以南仅 20 公里的朱仙镇，也有一处保护较好的国保清真寺建筑——朱仙镇清真寺，与开封市区内的清真寺风格特征较为相近，规模更大，保存的更完整，也作为本次的重点研究对象。

（四）开封的清真女寺

开封清真寺的一个明显特点就是清真女寺较多，其中王家胡同清真女学堂，为河南省有记载始建最早的一座，属东大寺坊，建于清嘉庆年间（1796～1800 年），当时为方便回族妇女学习宗教知识而修建的，因当时不提倡建女寺，所以称为女学堂，这是中原地区伊斯兰教特有的一种文化现象，在国外及我国西北地区较少见。现在开封现存的女寺达 7 处，体现了开封穆斯林女性的地位较高。女寺与男寺也有明显的区别，规模较小，不设窑殿，不建邦克楼，朝向不刻意追求坐西朝东，也可坐北朝南，这些差别的主要原因也是由于女寺不做大型礼拜的场地，更多的是用于给女性讲经，以及辅助女性教众的丧葬事宜。

三、选址与布局

（一）开封清真寺的选址

开封清真寺的选址，具有明显的特点，就是与回族的生活紧密结合，寺周边即是回族聚居的生活区，甚至形成了具有民族特色的小吃街（图二）。这点与其他古城的回族区情况基本一致，开封的东大寺门、西安的鼓楼夜市、北京的牛街小吃一条街，都是这样的情况。究其原因，是由伊斯兰教教义决定，伊斯兰教有"两世吉庆"的追求，是世俗的宗教，教徒几乎所有生活都离不开清真寺，每日的礼拜活动、吃饭（肉类必须送至清真寺由阿訇屠宰）、婚丧嫁娶、人际交往，都离不开清真寺，所以清真寺一般都位于穆斯林集中的街区，且交通便利。

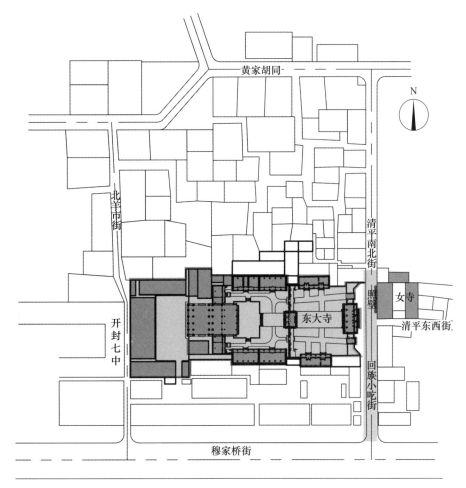

图二　开封东大寺与周边街巷关系

（二）开封清真寺的平面布局

由于清真寺处于回坊民居之中，本地民居由于气候决定了坐北朝南的布局方式，而穆斯林礼拜要求朝着麦加的方向，这就需要将礼拜殿布置为坐西朝东，这种布局上的矛盾，导致了清真寺整个院落进深受街坊尺度的限制，进深大多有限，至多2～3进院落，同时由于礼拜需要场地较大，尤其是要满足如主麻日、开斋节等特殊节庆，大量回族同时来寺里礼拜的需求，在条件许可的情况下，礼拜殿前的院落尽量大，这也限制了院落的数量。

开封传统清真寺，采用中国传统院落布局，以封闭的院落串联起整个建筑序列，中轴对称，以礼拜殿为中心，两边配合厢房，主次分明。在这些开封清真寺中，以开封东大寺和朱仙镇清真寺规模最大，平面布局形制保存的最完整（图三、图四）。

开封东大寺位于清平南北街，坐西朝东，五开间的大门对应的有一面照壁，照壁后为东大寺女学，东大寺分三进院落，大门常闭不开，一般从北侧偏门进入，第一进院相对较浅，有南北厢房与二门，二门两侧的垂花门精巧宜人，从垂花门进入第二进院，为主庭院，尺度较大，宽大的月台之上是由三个屋顶组合而成的礼拜大殿，由殿前歇山卷棚和两座硬山勾连搭大殿组成，大殿两侧有耳房，南北厢房为阿訇的住处、水房及寺内会客场所。从南侧顺大殿山墙进入第三进院落，此院落主

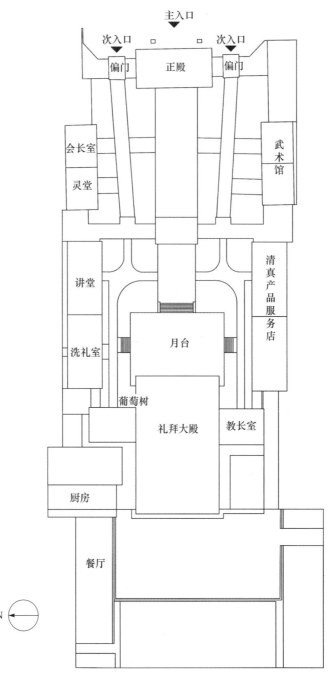

图三 开封东大寺平面布局

要用于后勤服务以及因丧葬需在清真寺内宴请亲朋的场地。

朱仙镇清真寺为两进院落，八字开的三开间山门为序列的起点，第一进院落为南北厢房及月台和礼拜大殿，院落开朗疏阔，殿前的两座阿文碑显示了清真寺的古老历史。礼拜大殿由卷棚、歇山大殿、两侧耳房及后窑殿组成，体量宏大，占主导地位，从礼拜大殿两侧可至第二进院，为后山门及南北厢房，是辅助功能房间，后院正中为一圆形花园及攒尖亭子一座，这种手法颇具伊斯兰园林的中央水池布局风格。

除这两处清真寺规模较大，其他开封清真寺皆为一进院落，院中布置礼拜殿。通过这对平面布局的分析，开封清真寺的平面布局区别于本地其他宗教建筑的特点在于，建筑群的总院落数量较少，空间层次不多，但中心特别突出，礼拜殿的体量远超其他建筑，究其原因，第一是教义上的差别，伊斯兰教遵循单一偶像——"万物非主，唯有安拉"，所以对象单一，就不会出现诸如佛、道教寺院，一寺内供奉多个偶像的情况，无须形成多个院落组合，另一方面，由于伊斯兰教的礼拜行为是聚集型的，是静止的礼拜过程，教众聚集在礼拜殿听阿訇讲经，对着麦加的方向朝拜，这样的宗教行为需要的是一个集中大空间；而如佛教，礼佛的过程是动态的，从最初的绕塔礼佛，到后来的逐个佛殿参拜，是动态前进的，佛寺的空间就需要一进进院落，层层递进。

虽然开封清真寺受汉化影响，平面布局是采用传统院落的形式，但其中的宗教内涵还是赋予了清真寺独特的一面。

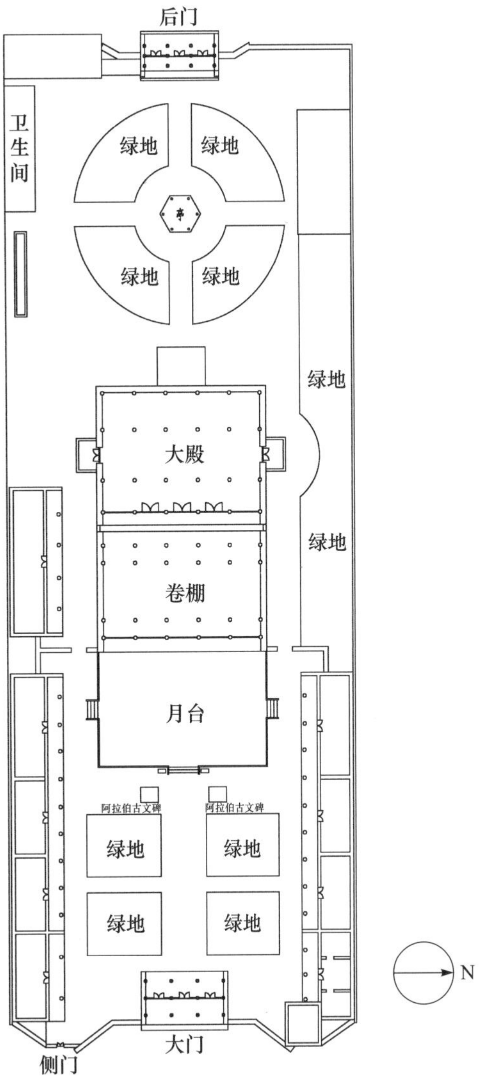

四、主要组成及其造型特征

开封清真寺的主要组成要素包括以下几个方面：照壁、大门、水房、礼拜殿、其他附属建筑。

图四　朱仙镇清真寺平面布局

（一）照壁

照壁作为中国传统建筑的一种组成要素，在开封清真寺中并不是每座都有的，只有规模较大的几个清真寺设有照壁，分两种，一种位于大门正对面，平面呈"一"字形，另一种位于大门左右两侧，平面为"八"字形。在开封，仅有开封东大寺、文书寺、朱仙镇清真寺设有照壁，其中开封东大寺大门处同时设有一字照壁与"八"字照壁，文书寺大门保存着一处明代"一"字照壁，朱仙镇清真寺则分别在前门、后门外设有"八"字照壁及后窑殿背面设有"一"字照壁。

其中以文书寺大门对面的照壁年代最早，为明代照壁，雕刻最为精美，只是年久失修，墙体酥碱严重，面砖多有脱落，亟待维修（图五）。照壁通长10.4米，高5.5米，厚0.82米，为砖砌而成，砌筑砖尺寸为340×210×100，照壁心面砖尺寸为340×340×60，壁身下部应为须弥座，但现状酥碱损毁严重，照壁上部为歇山殿顶，檐下砖雕精美，以花草雕刻为主，正面上部雀替雕刻为龙纹，生动形象，这体现了清真寺的汉化特点。照壁心面砖脱落严重，参照开封其他清真寺照壁现状，推测照壁心内无中心图案（图六）。

图五 文书寺照壁

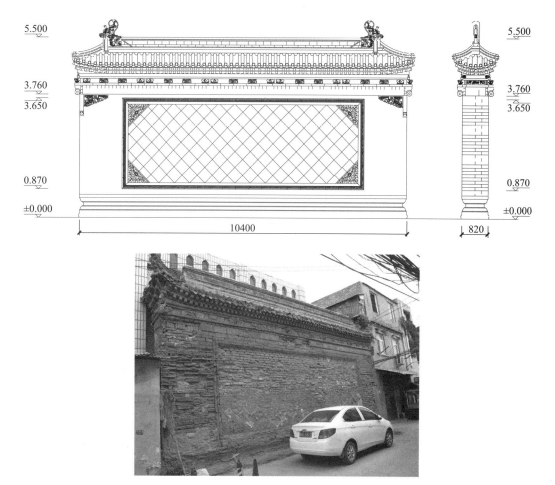

图六 文书寺照壁现状及复原图

（二）大门

开封的传统清真寺大门，除部分在近代经过改造重建，采用阿拉伯式样，其余历史上保留下的大门，多采用屋宇式大门，其中东大寺为敕建，所以规格最高，为五开间歇山顶建筑（图七），其他大型清真寺多为三开间歇山顶，而诸如王家胡同清真女寺这样的小型清真寺，则采用开封地区传统四合院的门屋形式。大门的形式显示出开封清真寺汉化程度较高。

图七　东大寺五开间大门

（三）水房

水房是清真寺的必要组成元素之一，因为穆斯林在进行礼拜之前，必须要清洁自身，先进行大净或小净，所以清真寺必须要设置水房，在开封清真寺中，水房一般位于院落内的南北厢房。

（四）礼拜大殿

礼拜殿是清真寺的中心建筑，是清真寺最重要的功能组成，可以说清真寺是围绕着礼拜大殿而建，其他建筑都是为礼拜殿服务的。开封传统清真寺中的礼拜殿是由殿前卷棚、大殿、后窑殿组合而成的大体量建筑，通过屋顶的组合，形成满足礼拜需求的连续大空间。开封的清真寺礼拜殿基本都是五开间，进深大于面阔的平面形式。

1. 卷棚

开封清真寺的礼拜殿前均设有卷棚，在寺中空间允许的情况下一般还会有月台，一方面，由于穆斯林进入礼拜殿内需脱鞋，所以殿前需要这样的空间进行室内外的缓冲，另一方面，礼拜殿内是幽深肃穆的氛围，不适合穆斯林之间交流，而殿前的卷棚为大家提供了一处明亮舒适的交流场所，此外，遇到重大的节庆如"开斋节""古尔邦节"，寺中会聚集大量的穆斯林前来礼拜，卷棚及月台可以作为大殿的延伸。

开封清真寺的殿前卷棚，有歇山、硬山两种，朱仙镇清真寺、善义堂清真寺、三民胡同清真寺都为硬山卷棚，东大寺、北大寺、家庙街清真寺为单檐歇山卷棚。相比较着大殿内部肃穆的宗教氛围，卷棚则显示出了世俗化的一面，是礼拜殿装饰的重点，设置大量的木雕砖雕、楹联、碑记，还有寺中比较重要的文物，如开封北大寺的包拯手书"龙马负图处"碑，便被镶在卷棚的山墙上。

此外，开封清真寺采用歇山卷棚时，有一个普遍的特点——均设有雕刻精美的墀头，墀头本是硬山屋顶建筑特有的构件，作为硬山山墙与屋檐挑出部分连接的构件，歇山屋顶设有转角斗栱，结构上本不必设墀头，这种特殊的造型为何会成为开封地区清真寺普遍采用的方式，笔者推测可能有以下原因：首先，开封的清真寺有记载曾使用其他建筑的遗留构件，如开封北大寺，历史上多次翻修，根据寺内流传的说法，清末寺内殿宇破败不堪，曾在杞县买了一座家庙，拆下建筑构件，用来重修大殿。今日考察寺内建筑构件，卷棚正面两边的墀头，造型精美古朴，且为龙纹雕刻，不符合伊斯兰的教义，而背面墀头明显为后期补配，雕刻不如正面精美，且有阿拉伯文字装饰（图八），所以歇山屋顶下仍使用墀头，最初可能是由于采用了其他建筑物的老构件，觉得墀头雕刻精美，不利用上实在可惜，所以形成了这种特殊的造型特点。另一方面，开封历史上经历了多次水患、战乱，清真寺多有兴废，重建重修较为频繁，如今现存建筑年代最早的朱仙镇清真寺，殿前卷棚既是硬山顶，而如北大寺的殿前卷棚，则有明显的改建痕迹，山墙上的屋架与柱不对应（图九），所以很可能原本就是硬山卷棚，之后挑顶重建为歇山顶，在重建后仍保留了雕刻精美的墀头作为装饰。歇山屋顶比硬山屋顶正面上更加气派，开封市内的清真寺之间交往频繁，一寺改动，难免多寺效仿，慢慢就形成了开封地区清真寺歇山卷棚的独特造型。

图八 开封北大寺卷棚墀头　　　　　　　　图九 开封北大寺卷棚山面结构

2. 大殿

开封的清真寺不设邦克楼,大殿是整个清真寺中的最高点,空间最大的建筑,由1座或2座勾连搭的硬山屋顶建筑组成,大殿连续的大空间,满足了伊斯兰教礼拜行为的需求。大殿与殿前卷棚不同,造型上并不追求华丽,而是通过大进深,开侧窗,不施装饰的大尺度梁架,形成庄严、肃穆的宗教气氛,空间及造型上的单纯,是为了让前来礼拜的穆斯林,将更多的注意力集中在圣龛之处,同时更加心无旁骛的听阿訇讲经。虽然幽深的氛围有助于宗教感,但殿前设置卷棚,殿内进深又特别大,过于影响大殿内部采光,所以进深过大的礼拜殿,还会在两边设置耳房,丰富大殿空间的同时,可以适当地增加两侧采光。

3. 后窑殿

开封的清真寺不是必须设后窑殿的,如开封东大寺就未设后窑殿,而朱仙镇清真寺、善义堂清真寺、北大寺均设后窑殿,高度均低于大殿,后窑殿主要用于放置圣龛,空间上的凹进可以增加神秘感,同时后窑殿一般设侧窗或高侧窗,光线的进入使得圣龛在幽深的大殿中显得明亮。

（五）其他

清真寺还包括其他附属建筑,如东大寺作为首坊,开封伊斯兰教协会在此设有办公室,并且历史上有练武的传统,曾被誉为"护国清真",设有武术馆。此外,教众较多的清真寺还承担了许多穆斯林丧葬宴请宾客的职责,设有专门对外的厨房餐厅。

五、结构特征

开封清真寺建筑均采用中国北方传统抬梁式结构。中国传统结构形式,以其灵活的适应性,形成了适合伊斯兰教教义且能满足其宗教需求的特定构造形式。这在礼拜大殿的结构设计上体现得淋漓尽致。

中国传统殿宇一般皆为面阔大于进深的长方形平面,一方面是采光的需求,另一方面是梁柱结构,用材尺寸受限,不能形成过大的进深,对于清真寺来说,礼拜需要大的空间,以便容纳大量的穆斯林教众,而在古代,面阔的间数受封建统治严格要求,对于清真寺来说,不能通过扩大面阔间数来形成大空间,那就只能在进深上想办法,于是,通过"勾连搭"的构造方式将若干单体建筑连接在一起,内部形成统一大空间,成了几乎所有汉化清真寺的选择。开封的清真寺也是如此,大殿与殿前卷棚,有屋顶分开的,设置"地沟"排水,如朱仙镇清真寺,也有大殿与卷棚屋顶搭接在一起,利用"天沟"排水的,如东大寺、北大寺（图一〇、图一一）。

大殿内部,地面一般架空做木地板,这样的构造手法有利于防潮防腐,因为穆斯林需要脱了鞋才能进礼拜殿,跪坐于地面进行礼拜,所以要保持地面的舒适度与洁净。

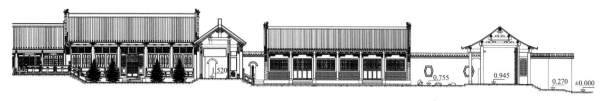

图一〇　东大寺整体剖面

六、装饰特点

开封清真寺在装饰上显示出独特的汉化伊斯兰装饰特色，从装饰手法上可分为：砖雕、木雕、彩画、楹联。

砖雕是中国传统建筑中普遍使用的装饰手法之一，开封清真寺同样擅于使用砖雕作为建筑物的装饰，主要使用于照壁、后墙拔檐、博缝头、墀头、廊心墙等部位，大多采用植物纹（草勾、荷花、牡丹、石榴）、几何纹（丁字锦），也有少量的龙凤纹。

开封清真寺中的木雕装饰十分普遍，大量使用于斗栱、梁头、额枋及雀替等处，纹饰以植物纹为主，也出现了如龙、凤、麒麟、鸳鸯等吉祥的动物纹饰，以及祥云、宝瓶一类的中国传统符号，同时作为伊斯兰教文化的体现，设置有雕刻阿拉伯文字装饰的小构件。

清真寺彩画以蓝绿色调为主，主题以山水、植物、几何纹为主，也出现了少量龙纹，还有一些在中心部位画有阿拉伯文。

楹联是开封清真寺装饰的重要组成，尤其在殿前卷棚的位置，设有大量的楹联，体现了清真寺的历史及文化内涵，通常既有汉字又有阿拉伯文，以黑底金字最为常见（图一二）。

传统意义上，伊斯兰教义提倡禁止偶像崇拜，即便在礼拜殿内部，也是以圣龛作为象征，不允许设置任何具象的偶像。对于受汉化影响较大的开封清真寺，装饰已经不再局限于花草几何纹饰，一些动物纹的使用比较常见，这些中国传统文化中代表祥瑞的动物纹，也被回族普遍接受。同时，清真寺的装饰也不忘体现伊斯兰教的特点，大量使用阿拉伯文字装饰，比如在代表中国传统文化的宝瓶上，雕刻阿拉伯文，在这里充分体现了中国传统文化与阿拉伯文化的融合。这些装饰基本使用于礼拜大殿之外的卷棚处，大殿内部通常只是简单的木构架，不做木雕装饰，简单、洁净，在礼拜的空间，圣龛必须是唯一关注的中心。

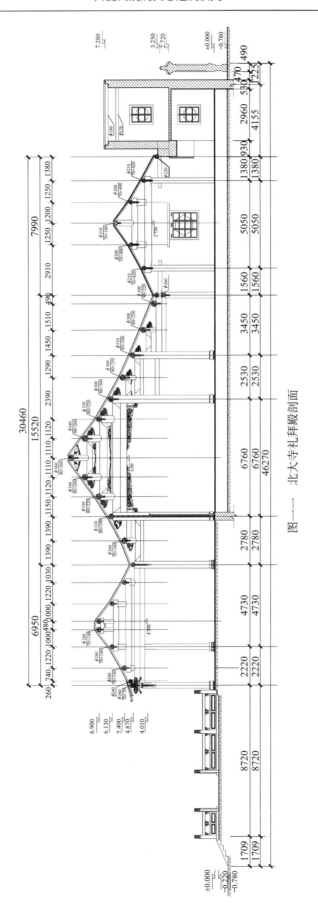

图一一 北大寺礼拜殿剖面

图一二 开封清真寺的装饰特色

七、结　语

　　开封地区的传统清真寺，是伊斯兰教汉化清真寺的典型范例，从汉化的规律来看，首先是营造技术上完全采用中国传统木构架的营造手法，以此"化零为整"，建造出适合穆斯林使用的集中大空间，其次从建筑布局上，以中国传统院落的形式，形成富有伊斯兰教宗教内涵的建筑群体布局，最后从审美角度上，也逐渐接受了中国传统文化中代表吉祥的纹饰，不再严格遵守不使用动物纹饰的要求，同时融合了本宗教文化的装饰特点。

　　开封清真寺充分体现了我国传统建筑的包容性与适应性，也是开封地方古建筑的重要组成之一。今天的清真寺，由于周边回坊的大量拆迁、瓦解，渐渐失去了滋润的土壤，需要我们更多的关注与保护。

参 考 文 献

［1］　开封市地方史志编纂委员会：《开封市志（第六册）》，燕山出版社，2001 年，第 606 页。

［2］　李兴华：《开封伊斯兰教研究》，《回族研究》2004 年第 3 期，第 74～82 页。

［3］　胡云生：《开封的回回民族》，《宁夏社会科学》1991 年第 3 期，第 23～28 页。

［4］　马晓军、代高峰：《城市化背景下散杂居地区回族居住格局的变迁——基于对开封市顺河回族区的调查》，《昌吉学院学报》2011 年第 2 期。

Study on Traditional Mosque Architecture in Kaifeng

BAI Tianyi

(Henan Provincial Architectural Heritage Protection and Research Institute, Zhengzhou, 450002)

Abstract: A large number of traditional mosques in Kaifeng have unique local characteristics and great influence and artistic achievements. As typical examples of the Chinese mosque, these mosques occupy an important position in the Islamic architecture of Henan province. Based on the systematic investigation, the architectural characteristics and local construction methods of these mosques are analyzed based on the architectural thoughts, which will deepen the understanding of the diversity of local ancient buildings and also raise people's awareness of the protection of the mosques.

Key words: Kaifeng, mosque, architectural features

河南周口关帝庙戏楼考略

贾 柯[1] 张奕恺[2] 朱 琳[1] 王丽亚[1]

（1. 周口市关帝庙民俗博物馆，周口，466000；2. 周口市师范学院，周口，466000）

摘 要： 河南省周口市关帝庙是当地的特色建筑之一，近些年有大量的游人慕名前来参观关帝庙建筑特色、见证历史文化的遗留产物。关帝庙戏楼的建设深受明清时期商业、戏曲文化等影响，并在历史发展的长河中成为了传播戏曲文化的重要载体之一。由于戏楼是周口市关帝庙的重要组成部分之一，所以，做好周口关帝庙戏楼建筑布局、建筑特点等研究，有助于人们更加深入地了解认识古代文化。

关键词： 关帝庙戏楼；地理位置；建筑；技法

一、引 言

关帝庙戏楼是自明朝以来形成的建筑典型之一，如河南省周口市关帝庙戏楼在建筑的过程中就充分的融入了戏曲文化、当时的戏楼特色，是对古代文化及建筑艺术的重要展示。通过积极的研究河南省周口市关帝庙戏楼建筑，有助于通过建筑窥探历史背后蕴藏的文化、科学、艺术等，对有效了解关帝庙文化及建筑的发展具有积极的影响作用。因此，本文将针对河南省周口市关帝庙戏楼进行考略分析。

二、河南省周口市关帝庙戏楼建筑研究

经考究得出"周口市关帝庙中的戏楼建筑的建设时间为清朝嘉庆帝五年，即 1800 年；时隔 12 年后的 1812 年，即嘉庆帝十七年时被重新维修，戏楼坐南朝北，背部靠在大殿之上，是一种传统的重檐歇山式砖木类型建筑。"该建筑居中位置是主楼，戏楼双侧分别配置了歇山式边楼，其成飞檐层叠之状，有条不紊。整个台基约 2.3 米高，木板是搭建台面的主要材料，外观呈正方形，有三面对外开放，面阔三间，约 9.69 米，进深三间，约 10.34 米，明间面阔约 4.36 米，前后台进深分别为 4 米、3.7 米，化妆室进深大约在 3.1 米左右。五踩重昂是檐下斗栱的样式，梁架为抬梁式结构，并配有垂柱。其明间的屋顶较高，在顶部铺设了绿琉璃瓦。在戏楼的平板枋、雀替等位置，还采用透雕工艺雕刻了大量的云龙、人物等造型，戏楼主楼位置的牌面被横置悬挂在上，并刻有"声震云霄"四个大字。从外观上看，关帝庙戏楼建筑比例完美、造型精湛、雕工出色。

相传周口市关帝庙内曾有两座戏楼，分别是 1735 年清朝雍正帝所建造，即当前保存的戏楼。但是，研究史料发现，现存史料都没有记载雍正帝在 1735 年建造的戏楼，所以彼戏楼非此戏楼。根据史料研究，清乾隆年间的《重修关圣庙诸神殿香亭钟鼓楼并照壁僧室戏房及油画诸殿铺砌庙院碑记》中记载的信息可知，在 1735 年的时候雍正帝确实下令建造了一座楼，但却是山门舞楼。随着时间的推移，在嘉庆五年，嘉庆帝下令修筑歌台，进行演剧表演，随着时间发展，歌台逐渐成为

了当前留存下来的关帝庙戏楼。但是，该戏楼由嘉庆帝1800年下令建造，和雍正时期的舞楼并不是相同的建筑。

河南省周口市兴建的关帝庙主要发挥祭祀作用，祭奠的人物是名震三国时期五虎上将之首的关羽关云长，即后世子孙俗称的关公。由于关公为人忠肝义胆、流芳百世，所以当晋商们客居在外经商、发展时，纷纷将精神寄托在了关公身上，并以此希望求得平安、顺利等。而关帝庙戏楼则成为祭祀期间，组织演剧活动的重要场所，是祭祀大典中不可分割的一部分，也是人类崇尚神明、祈求平安的一种表现。结合史料中的"日射歌台，风回舞榭……叠曲霓裳，舞散离愁"等信息来看，其有效的阐释了关帝庙戏楼存在的祭祀性特征[1]。

三、河南省周口市关帝庙戏楼详议

（一）戏楼发展历史分析

传统的戏楼又被唤作戏台、舞榭等，戏楼的产生和中国戏曲艺术的漫长发展历史存在着很大的关联。通过研究河南省周口市关帝庙戏楼等其他地区的戏楼遗址来看，戏楼发展的鼎盛、繁荣时期主要就是明朝与清朝这两个朝代。在明清两代的时候，最早的戏楼以台式形式为主，经过漫长的时间发展与人类的改建，戏楼种类逐渐多种多样，并出现了会馆式戏楼、宗祠式戏楼、庙宇式戏楼等类型的戏楼，同时戏楼的数量受听戏群体的增加也开始不断增多，并逐渐在全国各地蔓延、兴建。而河南省周口市作为明清两代当中商业交汇、运输的重要中转点，大量的商人也开始出资在此地兴建会馆文化建筑，即现代人所说的关帝庙戏楼。由于商业经济发展迅速，受商业经济繁荣昌盛等因素影响，戏楼的发展也获得了前所未有的良机，其发展趋势逐渐在明清时期走向巅峰。

在明朝初期，周口市地区建设的山陕会馆的主要作用是用于货物的储存，明朝中期后，受农业与手工业生产、贸易往来等因素影响，为了满足经商需求，诸多的商人开始出资在异域他乡将原有的储货式会馆修建成了可以中转休息、交流办事的重要场所。史书上更是记载了当时的发展盛况，如《帝京景物略·嵇山会馆唐大士像》一书中就曾记载到"尝考会馆之设于都中，古未有也，始嘉、隆间……用建会馆，士绅是主，凡人出都门者，籍有稽，游有业，困有归也。"[2]

明末清初，各地商人为了满足日常的集会、娱乐、议事等需求，便更加重视会馆的建设与作用的发挥。会馆很快就发展、变成了大家对诸神供奉的地方，其中最为出名的就是关公。故此又将会馆称作"关帝庙"。因此，从侧面分析，会馆的建成除了具有一定的商业组织性质外，还存在凝聚情感、寄托信仰等作用。

比如，每到逢年过节的时候，会馆里面就会组织丰富多彩的献戏酬神、舞狮舞龙、祭祀庆典等大型活动。因此，在活动开展、文化传播的过程中，关帝庙戏楼便发挥了承载活动、传递文化内涵的重要作用。因此，关帝庙建筑基础设施成为了推动戏楼发展的重要依托，而戏楼的产生正是因为关帝庙的存在而存在的；同时，关帝庙的规模及经济经营实力，直接对戏楼的风格、建筑的结构、

① 耿若彤：《初探河南"山陕会馆"标准建筑风格》，《中国标准化》2016年第15期，第236页。
② 赵刚：《建筑史视域下的周口关帝庙碑铭研究》，《文物建筑》，科学出版社，2017年，第56~62页。

建筑艺术的特色产生了影响。通常关帝庙的建筑特色、文化魅力会深深影响戏楼建筑，二者通常浑然一体、不分彼此。

（二）关帝庙戏楼内部详议

关帝庙最早在 1693 年的康熙年间兴建，然后分别在雍正至道光统治阶段得到了有效的修缮、扩建，时至 1852 年清朝咸丰年间得以彻底建成，整个建成过程耗时 159 年。通过研究《山陕会馆碑记》中的内容可知，在周口市很早就建成了关帝庙，而且是山陕商人主要的聚集场所。在关帝庙中供奉着关公等，同时，关帝庙建筑结构相对复杂，由钟鼓楼、戏楼、春秋阁、东西廊、客舍僧僚等诸多建筑组成①。

在周口市关帝庙中建设的戏楼（图一、图二），又被寻常百姓唤作"花戏楼"，进入关帝庙后，在关帝庙中轴线第二进院落的位置就是戏楼，它主要兴建于清朝 1837 年道光帝统治年间。在历史上被修缮过很多次。通过观察可以发现，现在留存的戏楼建筑结构、形式存在明显的清朝及明朝戏楼建筑特点，在历史文化研究中具有较大的研究运用价值。该戏楼坐北朝南，有两层，采用重檐歇山式建造手段建设，整体由砖木材料共同建成，采取抬梁式结构，其高度为 11.25 米。该建筑的雕刻手法精湛，建筑上的字迹更是苍劲有力，居中位置是主楼等，在本文本段之前已经被详细论述，此处便不再赘述。

图一 戏楼正面　　　　　　　　　　　图二 戏楼侧面

（三）同时期周口市关帝庙戏楼建筑布局与营造技术特征

1. 平面布局

周口关帝庙戏楼在平面布局设计中，仍然采用了由元朝时期留下的三面看戏、面朝主体建筑建设的基本布局模式。整个平面是一个长方形，面阔有三间、进深有四间，面阔总长 9.69 米，进深总深达到了 34 米。在戏台上面采用木隔扇、屏风将整个舞台彻底分离，使其出现了专有的舞台空间；同时，表演人员可以在屏风后完成更衣，所以这里又称作更衣间。他的左右两侧分别是乐队工作的地方。戏台表面和地面相距 2.3 米左右，采用木质结构制作戏台，在三面用低矮栏杆围住，其做工精细、精美透彻。此建筑除了在两山处建设了可以通往后台的砖台阶外，整个戏楼和拜殿的中间还有一处长乘宽为 25 米×22 米的独立空间，此处能供近万人同时在此地游玩、观赏。与此同时，整座戏楼的两侧在清朝嘉庆年间还建成了规模较大的东西看楼，东西看楼长度达到了 40 米，且由两层构成，建有灰瓦悬山顶，整个戏楼长廊有 2.55 米宽，采用雕花栏板、望柱搭建护栏，在看楼北角一侧建有直通二层建筑的砖台阶。其中，一层的作用是开展商贸交易，如售卖酒菜等；二层的作用是为观众看戏提供平台①。

2. 根据原制设计、制作的梁架结构

设计中，彻底暴露屋顶梁架结构，让室内的人仅需抬头便可将屋顶梁架结构映入眼帘，该做法即传统的"彻上明造，明栿做法"。其中的金柱相对较高、檐柱相对较低，构成了一种高低犬牙交错的架构建筑形式。在处理梁架上的节点时，惯用斗栱，且将隔架科用在了梁上；其没有角背，单单安装了两根叉手。反观清官式结构通常不会将叉手引入，其选择的替代物主要是角背，但是叉手做法依旧在地方建筑里面被广泛使用，不过用材方面明显减量，无法像早期一样发挥承载建筑载荷的作用。

3. 建筑通过采用举折曲面更加优美，排水、采光更好

戏楼脊步、檐步、金步分别为 1.27 米、0.8 米、1.27 米；而举折首举、次举、二举分别为 1.1 米、0.69 米、0.84 米。同时，举折：步架=0.85 举或 0.66 举或 0.55 举，和官式当中的五举、七举、久举十分相似②。

4. 收山

所谓收山，即"歇山顶两侧山花，从山面檐柱中间线处朝里面收进的一种做法"。清朝中的官式明确规定是"一檩径"。而各地方的实际操作方法各不相同，比如河南省周口市关帝庙戏楼收山采用了二檩径。

5. 翼角的特点

通常戏楼起翘的翼角都十分平缓，在操作中，应该平行放置老角梁，并将续角梁后置、仔角梁前置，且将翘角梁置于仔角梁之上；并在翘角梁、续角梁中间压入隐角梁。通过深入的研究发现，河南省周口市等周边地区在处理戏楼建筑翼角的过程中，处理方法多达 3 种左右，其主要做法为起翘陡峭、起翘平缓等，而周口市关帝庙戏楼翼角处理则采用典型的起翘平缓处理方法。

6. 斗栱结构十分明确

斗栱的布局则十分明朗，采用五踩绕周 17 攒结构，整体采用均匀分布形式布局。内置米字形状的斜栱，其前挑给人一种娇媚、小巧、繁缛的感觉。在处理角科后尾交接难题的时候，引入了垂花柱后置操作方法，提高了问题处理效果。在操作中，将柁墩抹角梁上立，把短柱立于柁墩上，通

---

① 贾柯、杨永伟：《浅谈周口关帝庙柱础上的雕刻艺术》，《文物建筑》，科学出版社，2018 年，第 215～222 页。
② 李海安：《豫西北修武关帝庙戏楼及民间演剧述论》，《中国戏剧》2017 年第 1 期，第 59～61 页。

过短柱在垂花柱处插入角科斗栱后尾且将木梢插入出头固定。同时，将云形花纹样式雕刻在木梢上，制造了一种结构科学、连接稳固的转角机构[1]。

7. 枋类构件的巧妙运用

河南省当地的戏楼建筑采用的枋类构件中的平板枋、额枋可以替换使用，断面是一种T字形。研究发现，周口市关帝庙戏楼建筑中使用了较大断面的平板枋，其高乘厚为35厘米×35厘米，它的四个角都有些许弧度，每个转角处都略微出头，彼此平行交叉在一起后，成为一体，并在柱子周围绕成一圈。戏楼采用的额枋方式为"叉入柱内没有出头，和雀替相连接变成装饰构件，还通过单面雕饰手法对上部进行了巧妙装饰，雕花样式奔放、豪迈，将原时代存在的结构及装饰构件特征有效的保存了下来，并形成了关帝庙戏楼建筑的主要特征。"[2]

（四）关帝庙戏楼雕刻主要技法

关帝庙戏楼采用了三种雕刻技法，即浮雕、镂空雕、透雕，雕刻中重视突出木雕的精雕细琢、石雕的鲜明美丽，如匾额中"声震灵霄"四字刚劲有力。在处理场景、人物时，重视构图虚实、主从手法的运用；比如门窗的造型设计存在明显的趣味性、装饰性，实现了统一融合功能、艺术、结构的目标。另外，还灵活的融合了亭台楼阁、人物造型、禽兽花卉等，人物的雕刻生动、逼真，构建了一种和四周环境繁杂不乱、多而不杂的良好效果。戏楼处理建筑构件装饰的时候，将翘以龙形结构雕刻，其中龙首、象首雕刻形式多用于耍头，云中游龙雕刻形式为脊部结构，牡丹花卉雕刻形式多为缠枝，且脊部装饰中伴有大量缠枝，精美好看。通常在额枋、斗栱、隔扇等上遍布的装饰构件，都将对华丽的追求理念保存了下来，实现了统一局部和整体、内容和形式的效果，使建筑韵味更加丰富。

结合关帝庙戏楼具备的建筑特征来看，周口关帝庙戏楼具有科学的结构、精美的雕饰，而且运用了独特的加工技艺、建筑形式、雕刻手法等，所以是当之无愧的河南标志性戏楼建筑。

四、结　语

综上所述，本文对由山陕会馆演化而来的关帝庙戏楼进行了详细地分析与论述，作为河南省周口市具有典型历史文化艺术建筑特征的戏楼之一，积极的研究周口关帝庙戏楼，有助于重现当年的建筑艺术特征，对发掘古代的历史文化艺术等也具有积极的帮助。同时，对改善现代建筑技艺、形式等具有一定的辅助作用。因此，积极考略周口关帝庙戏楼具有重要的现实意义。

---

① 杨飞：《河南周口山陕会馆及其戏楼考述》，《中华戏曲》2015年第1期，第133～147页。
② 杨浩烨，侯贤俊：《洛阳山陕会馆与关公文化》，《文物鉴定与鉴赏》2019年第9期，第78～79页。

Study on the Stage Platform of Guandi Temple in Zhoukou of Henan

JIA Ke[1], ZHANG Yikai[2], ZHU Lin[1], WANG Liya[1]

(1. Zhoukou Guandi Temple Folk Museum, Zhoukou, 466000; 2. Zhoukou Normal University, Zhoukou, 466000)

Abstract: The Zhoukou Guandi Temple is one of the local characteristic buildings. In recent years, numerous tourists visit this temple and witness the legacy of historical culture. The construction of the Stage Platform in this temple was deeply influenced by the commerce and opera culture in the Ming and Qing Dynasties, and it has become one of the important carriers of disseminating opera culture in the long historical development. As the Stage Platform is an important component of the Zhoukou Guandi Temple, its architectural layout and architectural characteristics study is helpful for people to have a deeper understanding of ancient culture.

Key words: Stage Platform of Guandi Temple, location, architecture, techniques

文物建筑保护

文物保护规划对环境保护与治理的控制要求
——以新密窑沟遗址保护规划为例

余晓川　李亚娟　刘　彬

（河南省文物建筑保护研究院，郑州，450002）

摘　要： 新密窑沟遗址为宋、元时期河南境内重要的民窑。其遗存较为丰富，自然环境除河道干涸外，其余保持较好。在窑沟遗址保护规划中，首先对所在环境状态进行了评估，根据评估对环境进行了保护与治理的规划，保持环境与文物本体的关联性，达到了遗址保护与环境和谐相处的目的。

关键词： 窑沟遗址；评估；治理；保护

古迹遗址是历史遗存的活化石，保护它是文物保护工作者的神圣职责。和古迹遗址共生的背景环境是最容易被忽略的部分，也是最容易被破坏的部分，如何保护和利用它则是摆在文物保护工作者面前最为棘手的问题。

国内对古迹遗址的背景环境的普遍讨论源自2005年在西安召开的国际古迹遗址理事会第15届大会暨科学研讨会的主旨："背景环境中的古迹遗址——城镇风貌和自然景观变化下的文化遗产保护"的讨论。《西安宣言》中对"历史建筑、古遗址或历史地区的环境，界定为直接的和扩展的环境，即作为或构成其重要性和独特性的组成部分。除实体和视觉方面含义外，环境还包括与自然环境之间的相互作用；过去的或现在的社会和精神活动、习俗、传统知识等非物质文化遗产方面的利用或活动，以及其他非物质文化遗产形式，它们创造并形成了环境空间以及当前的、动态的文化、社会和经济背景。"古迹遗址的背景环境通俗地讲也就是古迹遗址生存与展示所需的相关环境，它包含自然环境与人为环境。背景环境是为了使古迹遗址处于一个良好的环境之中，不仅更有利于古迹遗址的保存，而且有利于古迹遗址向公众展示其文化内涵、历史渊源、历史价值的特点。背景环境特征是结合了古迹遗址的价值特点，是古迹遗址的延续与反映，是人们正确全面认识古迹遗址的方面之一。新密窑沟遗址保护规划全面地阐述了历史环境的甄别与保护的内容，以此为例进行解读。

一、新密窑沟遗址的概况

窑沟遗址位于新密市大隗镇窑沟村和大路沟村。它北临洧水，南为起伏的丘陵，窑沟村南是一条宽阔的大沟，在大沟两侧的断崖上，遍布瓷片和窑具残片堆积层，均有遗存分布。经过考古勘探，确定了窑沟遗址分布在 A、B、C、D 四个区，总面积约 15.7 公顷。其中 A 区在陈家窝北侧，窑沟南岸，属于大路沟村，面积约为 7523.5 平方米；B 区在黄庄北部高地上，属于窑沟村，面积约为 58945.1 平方米；C 区在黄庄南侧，窑沟北侧梯田上，属于窑沟村，面积约为 10078.6 平方米；D 区在蒋家庄，窑沟南侧，属于窑沟村，面积约为 80999.4 平方米。

从采集到的瓷器标本看，窑沟窑以白釉为主，其次是黑釉、黑釉凸弦纹、白地黑花、珍珠地划花和宋三彩。器物施白釉的有碗、盘、瓜棱罐、注子、盆、瓶和壶；施黑釉的有碗、盘等，施黑釉凸弦纹的有罐、碗等；施白地黑花的有碗、盆、枕、注子、碟、盘、瓶等；施珍珠地划花的有枕、碗、罐、盆等，还有施白釉、黑釉和棕色釉的鸡、狗、猴、羊、马、驼、龙等造型精致的工艺品。262 件白地黑色瓷片上的纹饰特别丰富多彩，常用图案有菊花、牡丹、莲花、梅花、兰草、树木、山水、人物、鸟、兽、虫、鱼等纹饰，有的还绘弦纹、条纹、宽带纹，文字"吉语"和"酒令"等。还有一件出众的白地黑花瓷枕，器表施绘儿童扑蝶图，栩栩如生，光彩照人，经专家鉴定为瓷器珍品。1963 年 6 月 20 日由河南省人民政府公布为第一批河南省文物保护单位。

窑沟遗址山形格局仍保留存在，遗址分布在丘陵地带山谷两侧，现存黄庄和蒋家庄所在山形走向应与历史上一致，但其耕田和植被与历史上有所差别。两山之间的水道因筑路、20 世纪 70 年代大规模山区改造梯田和气候变化导致水域干涸消失。农田与村庄仍然存在，但与历史上形象发生了较大的变化。从现存的地势格局，便会联想到当年窑沟繁忙的生产与生活的景象。

二、新密窑沟遗址文物价值

（一）历史价值

窑沟瓷窑位于新密市，与唐宋名窑西关窑、五代月台柴窑及明清平陌香山窑并称为新密的四大窑区，其南有禹州宋钧台窑，西南有汝州宋汝官窑，西有登封窑，西北有巩义黄冶窑，东北有开封宋官窑，居于中原陶瓷烧造的核心区域。唐宋时期，密县西关窑、窑沟瓷窑等名窑，成为贡瓷产地。窑沟瓷以陶瓷为载体，反映了当时的历史文化和绘画艺术，弥补了纸质、绢质等文物不宜保存的缺陷，为今天人们研究当时的艺术、民俗等文化提供了实物资料。

从窑沟遗址出土瓷器的形制、釉色、花纹的特点看，和禹州市扒村、当阳峪等地的白地黑花瓷有许多近似之处，属于宋代磁州窑系统。从遗址中采集到的周壁带凸棱的盂形器和碗看，都和郑州一带北宋墓葬中出土的相似。所以，窑沟遗址，应是北宋的一处范围较大的民间窑址。从五代开始生产，到北宋时已达到繁荣阶段，对研究宋瓷的发展具有重要价值。

新密窑沟瓷窑是中国北方地区宋、金时代的一座十分重要的窑场，但窑沟窑出土的瓷器，在古代文献中向无记载。因其珍贵的历史价值，被国内及日本、欧美等不少博物馆所珍藏。

（二）科学价值

窑沟窑址瓷器经过一千多年的发展，以境内蕴藏丰富的瓷土为原料，经配料、成型、干燥、焙烧等工艺流程，制成窑沟瓷产品。窑沟遗址周边山地蕴含大量的瓷土和煤炭资源，而且临近水源，

文物建筑 第 13 辑

既方便原料取材，又有利于成品运输。窑沟瓷窑的选址充分考虑生产、生活、运输等的功能需要，具有较高的科学价值。窑沟瓷装饰技法齐全，唐宋时期出现的陶瓷装饰技艺在窑沟瓷中都有出现，装饰题材丰富。

（三）艺术价值

窑沟瓷烧制工艺精湛，造型规整干净。白釉、黑釉、黄釉、珍珠地划花、白地黑花和三彩等瓷器，制作精细，美观实用。在不同的造型和不同的部位，使用不同的花卉图案，造型秀丽，图案清新，形成了典雅风格。工匠们可以自由地在瓷器上绘画写字，他们生活根底扎实，视野宽阔，绘画题材广泛，作主题花纹的主要有牡丹、月季、菊花和禽鸟游鱼、嬉戏顽童等，从农家茅舍到市井小民，从神仙故事到严肃的历史题材，这些紧贴生活的通俗的艺术构图自由散淡，深受群众喜爱。除了主题花卉图案，再以各类带状图案加以烘托，极富生趣。

窑沟瓷的装饰题材多样、绘画内容丰富，反映了古代中原地区的民风民俗和民间文化。窑沟瓷造型多样，绘制精美，具有较高的艺术价值。

三、现存环境评估

窑沟遗址分布于乡村环境中，以农业种植和林地为主，村落植被和建筑景观为一般的乡土风格。建筑为现代化的红砖平顶建筑，道路以土路为主。地形为丘陵梯田形，两边高、中部低，遗址区中部有一条东西走向的大沟，宽约 60 米，沟内有一条东西走向的土路，地表植被为野草、红薯、玉米、白果树。

根据实际地理环境，环境评估分为三类：协调；不够协调；严重不协调。遗址分布的 A 区都是野草，C 区都是耕地，B 区北部是耕地或者草地，这些区域为整体环境的协调区，面积为 64217 平方米；B 区南部和 D 区南部有村庄，建筑色彩及形式与遗址环境发生的普遍改变，但从内容上分析为当地居民的生活区仍与遗址环境协调。B 区和 D 区有架空电线穿过，影响景观视线，B 区西南部和 D 区西部是近几年为美化环境种植的银杏树，这与当地丘陵植被有所不同，这些区域为不够协调区，面积为 84198 平方米；D 区东部自然地形由于村镇建设和土地平整被破坏，其上堆积大面积垃圾，属于严重不协调区，面积为 9130 平方米。现存环境的评估结论为遗址地貌环境大部分较好，少量被破坏。

四、环境的保护与治理

依据评估结论首先不能破坏窑沟遗址整体地形风貌，保持两山一沟的形态。对评估为环境的协调区的区域进行保护，对评估为不协调区域的进行治理。

（一）耕种限制措施

禁耕措施，地下遗存展示区域禁止一切耕种。包括：探区内发现的 14 座烧窑、9 处灰坑、4 处活土坑、一处沟和瓷片堆积区等距离本体 5 米之内的区域。禁耕区内以种植浅根杂草为主，并设置保护围栏，防止人、畜随意践踏破坏遗址。

限制耕种措施，保护范围内确认的文化遗存地下分布区域即 A 区、B 区、C 和 D 合并的一个区，除了距遗址本体 5 米范围内，其他区域耕作深度在耕土层和扰土层距地表在 20 厘米以内。耕种限制区内的植被和作物品种，近期保留原作物品种，中远期结合当地农业结构调整和遗址景观规划要求，进行作物、植被品种的专项设计。逐步减少深根系作物（如果树等）的种植。

（二）对地表径流调整和地下毛细水的治理措施

应对地质进行勘察，查明地下水水位和其成分后采取具体的保护措施；地表径流需分析地质和土体的成分和透水率后采取具体的保护措施。

（三）保护范围的环境治理

根据展示方便程度和遗址分布现状可对内涵丰富的烧窑遗址区进行考古发掘并进行原址展示，建设达到文物保护要求的保护展示大棚；对进行原址展示的烧窑经过考古发掘过后进行瓷窑病害特征及机理分析，并且制定瓷窑保护方案；对除了进行原址展示的烧窑之外的烧窑及 9 处灰坑进行遗址复制展示，并在距离本体 5 米之内的区域种植浅根杂草，并设置保护围栏；瓷片堆积密集区，进行标识展示并设保护围栏，防止人、畜随意践踏破坏遗址；设置景观平台三处。A 区西边高地设置一处，能俯览整个 A 区遗址景观；B 区设置一处；D 区西北高地设置一处。观景平台材质采用木质；对保护范围内的民居使用期限到期前进行立面整饰改造，使用期限到期后进行逐步拆除；保护范围区域内以草地和农田为主；B 区范围内有两处民国末期的窑洞，面积约为 80 平方米，年代比较老，予以保留，修缮后用作后期游客休息点；范围内各种工程管线分期分批进行迁埋；统一设计说明牌、指路牌、坐凳等，说明牌设立于遗址本体旁对其进行说明介绍，指路牌设于路口处，坐凳设立于遗址本体旁及瓷器园处；D 区北部一处土地庙进行修缮，面积约为 60 平方米；D 区东部对垃圾进行清理，保持现有被破坏的地形地貌，其上种植当地树种进行绿化。

（四）建设控制地带的环境治理

在 B 区和 C 区中间的台地上利用现有民居改建成大师创作园，包括 6 到 10 处院落，每处面积 200 平方米以内；对 B 区西边高地处结合窑沟瓷器文化与自然景观为一体改造成一个景观园林瓷文化园；环境景观绿化，庭院绿化以种植果树为主，如石榴树、柿子树等；沿道路绿化种植银杏树、枫叶树、柳树等景观用树；庭院和沿道路之外的地方保持现有绿化为主，适当可用景观用树做点缀，如银杏树、柳树等；建筑整治按照建设控制地带管理规定进行。

（五）其他相关的环境治理

在 A 区西南处新建遗址大门作为主入口，在入口处新建游客服务中心和展示馆，服务中心面积 300 平方米，展示馆面积 1000 平方米；入口处新建一生态停车场，停车场面积 5000 平方米；对 D 区东边的砖厂进行整饰改造后作为研究和展示窑沟瓷烧造工艺及制作过程的场所，包括烧造工艺流程展示、游客体验园和产品展示中心。

（六）环卫设施

规划保护范围（包括：保护范围与建设控制地带）内的生活垃圾管理和无害化系统参照旅游风景城市的标准执行。规划要求：在保护范围和建设控制地带内不得设置垃圾填埋场和垃圾转运站；保护区内设置垃圾收集容器（垃圾箱）每一集容器（垃圾箱）的服务半径宜为 50～80 米；垃圾、建筑垃圾的清运率要求达到 100%。沿旅游景区道路间距 50 米设垃圾箱；加强公厕等环境卫生的基础建设，游客粪便处理按照《城市公共厕所卫生标准 GB/T17217》和《城市公共厕所规划和设计标准 CJJ14》的有关规定执行。管理人员生活污水与游客服务污水排放量按照总用水的 80% 计。所有污水经由地下管网通至污水池，按照国家标准进行污水处理。区内厕所采用水冲式环保厕所，或可移动卫生间；规划范围内按照地表径流雨水为主要排放方式、雨水按照地表高差自然排放。

（七）景观保护

所有与文物本体相关的环境因素和环境景观，包含丘陵、沟壑、乡村等保持现状，均给以保护；清除保护范围与建设控制地带内不符文物价值的不和谐景观与因素；加强管理，禁止随意倾倒垃圾；遏制人为破坏环境，保护水资源，保持山形水系，保持地貌的完整性，维持当地植被；规划范围以外新建管理、服务、展示等设施的构筑物风格、体量、色彩等要与文物本体、自然环境相互协调；严禁各类广告牌。电线线路在不伤害地下遗存为前提下，必须采用埋地穿管的方式铺设。

五、结　语

古迹遗址历史环境包含一个历史时期与较长的一段历史时期，应当视为最能代表其文化特点的四周环境的环境。环境的变化另一方面也代表了人们的思想文化与行为意识的改变，也包含了自然环境的改变。这些改变是我们从事文物保护专业人员必须所洞察的。哪些环境符合古迹遗址的价值表现，哪些是破坏古迹遗址的价值表现，这都是保护规划中评估和治理的主要内容。研究历史环境和古迹遗址价值是非常重要的工作，也是往往容易忽略的部分，不能只满足对环境的"脏、乱、差"的治理，要把突出文化内涵作为主要的环境的治理内容，所以对古迹遗址的环境保护与治理的控制要点就是对历史环境的研究、现存历史环境要素的洞察与评估、古迹遗址与所在环境的文化关联性与安全性。

The Requirements of the Cultural Heritage Protection Plan for Environmental Protection and Governance
——Case Study of the Protection Planning of Yaogou Site in Xinmi

YU Xiaochuan, LI Yajuan, LIU Bin

(Henan Provincial Architectural Heritage Protection and Research Institute, Zhengzhou, 450002)

Abstract: The Yaogou site of Xinmi is an important folk kiln in Henan during the Song and Yuan

Dynasties. Its relics are relatively rich, and the natural environment remains good except for the dryness of the river. Based on environmental condition evaluation in the protection plan of Yaogou site, the environment was planned for protection and treatment to maintain the relevance of the environment and the cultural relics, so as to achieve the purpose of harmony between the site protection and the environment.

Key words: Yaogou site, assessment, governance, protection

鲁山李老庄村村落特征初探

杨东昱　　李丹丹

（河南省文物建筑保护研究院，郑州，450002）

摘　要： 李老庄村位于河南省鲁山县，是依山而建、傍水而筑的宜居之地。明末清初建村，为李氏人家营建并逐渐形成的宗族式聚落。本文通过对村落选址与布局、街巷空间、建筑形态等的分析，展现了古村落传统空间形态之间的内在关联；通过对非物质文化遗产描述和历史脉络的分析，展现了古村落文化遗产的地域特色和宝贵价值，以期为研究区域文化、为保护和传承优秀的乡村文化遗产给予启示。

关键词： 李老庄村；选址和布局；乡土建筑

一、李老庄村概况

李老庄村位于河南省平顶山市鲁山县瓦屋镇。鲁山县是千年古县，历史悠久，文化厚重，境内昭平湖邱公城有龙山文化、仰韶文化遗址，为华夏部族的重要活动地域。夏商，鲁山初称鲁地，汉置鲁阳县，因县东十八里有一山名为鲁山，唐始名鲁山县至今。据《读史方舆纪要》记载："山高耸，回生群山，为一邑巨镇，县以此名。"鲁山之山位于伏牛山东麓。北宋诗人梅尧臣所做《鲁山山行》道："适与野情惬，千山高复低。好峰随处改，幽径独行迷。霜落熊升树，林空鹿饮溪。人家在何许，云外一声鸡。"诗中文字不但表达了诗人漫游在崎岖山路间，沉醉于山间野趣中自由自在的心境，更为我们展现了山势连绵起伏，自然风光斑斓多姿的鲁山山景图。

明末清初，洛阳伊川县半坡村李氏兄弟四人迁往鲁山一带，排行老二者选择鲁山的阿婆山前这处有山有水之地定居下来。这支李姓人家吃苦耐劳，一边开采山石、夯筑土墙进行盖房筑屋，一边伐棘垦荒、养牛牧羊，过上自足、安乐的农耕生活，逐渐繁衍生息形成村庄，被命名为李老庄。李老庄村现有 500 多人，其中李氏占人口的 90%，其余的张家、刘家等几户外姓人家，过去都是李家长工的后代。村因位居山区，较为偏远，受现代社会发展影响较小。所以，目前村落历史格局仍保存完整，现传统乡土建筑存留较多、非物质文化遗产尚能够活态传承，这些共同展示了内涵丰富的古村落面貌。据此，2013 年李老庄村被列入第二批国家级传统村落名录。

二、村落选址和布局

从鲁山县瓦屋镇沿 242 省道一路向东，车行 3.5 千米，李老庄村就在道路的北侧。前有两座小山夹持，在公路上根本看到不到村庄的影子。进入村庄的道路蜿蜒曲折，绕过路旁一片茂盛的竹林，豁然开朗，村落的建筑就呈现在眼前。

（一）村落选址——依山傍水

李老庄村三面环山，西面临河，是依山而建、傍水而筑的宜居之地。

村北有阿婆山余脉向东延伸，山岳如慈母将古村抱入怀中。村南有两座小山，起伏绵延，两山之间地形凸出，似两山拱卫的明珠。村西头有一巨石，酷似龟形。这样的地形被当地人誉为"二龙戏珠龟把门"的风水宝地。

村落三面溪水环绕、水源充足。小西河自北向南在村落西侧悄然流过并注入荡泽河，再经沙河流归进入淮河。荡泽河为沙河最大的支流，在平顶山地区流域面积较广，河中鱼虾丰富、两岸植被茂盛，创造了良好的生态环境。除了这条小西河，在村落东北有山水集聚成潭（现为耐庄水库），潭中之水顺着村落东侧沟谷自北向南流淌下来在村庄东南角处转折向西汇入小西河。溪水清澈，宛如御带，缓慢流淌滋润着这方土地（图一）。

图一　荡泽河沿岸风光

阿婆山前的向阳坡地坡度平缓，延展面积较广，既适宜居住又适宜耕作。村落选址处于依山傍水、向阳避风的宜居环境之中，既可得到充足的阳光照射又可免于低洼的潮湿和水患的侵扰，选址可谓趋利避害。

（二）村落布局——随坡就势

李老庄村紧邻南侧溪流，民居自下而上随坡就势建造。

村落总体地形北高南低，东高西低。村落形态受地形的影响，各家合院建筑从主街向北随坡就势建造，随地形和功能需要布局，错落有致，分布自然。村内东西向主街宽4米左右，基本同南侧溪流平行，向东、向西都可以通往外围的交通道路。垂直于主街的南北巷道宽1.5～2米，碎石铺就，将成片的民居建筑分成纵向的几组（图二）。各家宅院前横向的巷道同纵向巷道连通，构成了村落便利的交通系统。沿主街向北坡的各家院落布置南北相对应，形成空间有序的院落分隔、巷道交错、院落毗邻。宅院之间巷道既能严格划分宅基地的界限又利于每户的出行，灵活中带有秩序感。几条纵向的巷道从集中的居住区向北延伸至山上的农田，这些道路大多顺应山势呈曲折之势。

村北山体坡度较缓，土地肥沃，多为麻片岩及黄土，是小麦、玉米、大豆、红薯等农作物的耕作区。村落周围溪水环绕，地下水丰富，历史上在不大的村落里竟然东西横排有 7 个泉眼，除了人畜饮用，还能满足坡地农作物的灌溉。现存的两口古井都位于村落东侧，井水充盈，仍然被村民使用（图三）。

图二　块石铺就的巷道
（图片取自村落保护规划）

图三　古井
（图片取自村落保护规划）

三、乡 土 建 筑

（一）李氏祠堂

李氏祠堂位于村口，周围环境幽静，祠堂大门开向主街，沿溪的小竹林生长茂盛，将大门遮掩了一半，为这处浅山丘陵的古村落增添了几分雅趣。祠堂为占地 200 多平方米的四合院，由大门和倒座、正堂和两厢组成。大门和倒座、两厢后期改动较多，基本失去了原构建的样子，唯有正堂保留着原状。

祠堂的正堂坐落在高 0.7 米月台之上，坐北向南，面阔五间，进深一间带前廊，为青砖砌墙、灰瓦覆顶的硬山建筑。正堂平面为明三暗五的形式，明间和次间前出廊，金柱位置设置隔扇门。隔扇门为六抹，素门板没有雕刻，上方是一马三箭的格栅。梢间在檐柱的地方砌为槛墙上开方窗，窗为双扇，仍然是一马三箭的格栅。因为梢间被墙体包裹，视线多集中在明、次间上，从整体外观看犹如面阔三间的建筑。正堂墙体的建筑材料为青砖，内设五架梁，明间正心檩下的枋子下皮墨字书写"大清同治十二年三月初十日榖旦卯时正二刻立"，可判断该建筑建于 1873 年，距今已 140 余年。（图四、图五）祠堂院内竖有"家庙规矩碑叙"碑。该碑在新中国成立后被用在村东一座小桥上，后在村中长者主持下，由村民们协力拉回并重新竖立在祠堂的正堂前空地上。现在碑上字迹模糊，碑文内容难以辨析，但是村民都知道此碑镌刻着李氏先祖所定的家训，大致有"勤俭、禁赌、忠孝"等的内容。过去，祠堂院落正中还有一个木制的祖楼，里边供奉着李氏先祖的牌位，惜在后来祠堂作为学校使用的时候被拆除。

（二）民居院落

各户民居院落多为三合院和"L"形合院，尺度较为宽敞。三合院由院墙和大门围合，合院内

图四　李氏宗祠正堂　　　　　　　　　　　　图五　李氏宗祠正堂脊檩下枋的墨书题记

有主房和东、西厢房组成；"L"形合院为主房和一座偏房组成（图六）。院落大门多为"骑马门楼"，这是该地区较有特点的大门形式。"骑马门楼"为双坡灰瓦屋面，门楼横跨围墙墙头，两边各一半，犹如骑坐在墙头，结构简单但较为实用（图七）。大门两侧的围墙多为干打垒的土坯墙，上面覆盖着青瓦。黄色的土墙和青色的瓦顶，风格淳朴，同周围环境自然和谐。

图六　合院布局　　　　　　　　　　　　　　图七　骑马门楼和院墙

（三）民居建筑

　　村内现存清末至民国年间的老房子5处，其余的大多是建于20世纪六七十年代。虽然大多数民居距今并不久远，但仍然沿袭着当地传统的营造形式，建筑形制和所使用的传统建筑材料与周边的自然环境相协调。

　　李老庄村传统民居多为灰瓦泥墙的硬山建筑，一般三间或五间，在满足建筑牢固、实用的基础上，就地取材地采用最经济的方法建造，保存了该区域民居典型的历史风貌。鲁山地区地处暖温带山区，为大陆性季风气候，四季分明且夏热冬寒。为适应气候特点，民居的墙体砌筑较厚，有70厘米有余。墙基多为块石垒砌，稳固并起到良好的隔潮作用；墙体上部多采用造价低廉并保温性能较好的土坯，也有使用青砖和土坯混砌方式。青砖多被使用在建筑的下碱墙、转角墙和门窗外框的部位，其余部分皆使用土坯。因青砖的造价相对较高，许多民居仅在门窗外框的部位用青砖垒砌，具有一定的装饰感但却不符合力学的要求。土坯防水性能较弱，经过多年的雨雪侵袭之后，被水浸湿后容易松散变形，而青砖的强度和硬度高于土坯，那些具有装饰感的砖砌窗框伴随下面土坯支撑体变化而出现外闪或倒塌。老民居内设木构梁架，梁、檩基本上都是栗木，椽子是黄栌柴，这些都是较坚硬的木材，所以即使建筑的檐墙坍塌，室内的木构架仍然较为坚固，为后期进行原状的修缮提供了更多条件。干槎瓦的屋面如鱼鳞一般，层层压制紧密，屋面泥灰背也较其他地区厚实，起着良好的隔热排水作用，使整个房子更加冬暖夏凉。垂脊的位置，从梢垄向内采用三垄盖瓦，像是为平铺的干槎瓦屋面收了一个波纹的边；正脊的形式带有平顶山地区的显著特点，为叠瓦脊。叠瓦的空隙能够使冬季山区较大的寒风顺利的穿透，从而减少风袭对建筑造成的损坏。镂空正脊的两端翘起，使整座建筑轻盈起来。正脊端头和中间位置常常置放具有装饰感的砖雕灰塑瓦件，既美观又牢固。李老庄村传统民居既是适应当地气候环境的宜居建筑，又体现了民居的装饰特色，这些共同构成了地域朴实的建筑营造风格（图八）。

图八 民居建筑脊饰

四、非物质文化遗产

李老庄村的非物质遗产主要包括宗祠祭仪、手工技艺和乡土技艺三项内容。

（一）李氏祠堂祭仪

李氏祠堂位居村口，紧邻主街而设。李氏祠堂的位置体现的宗族礼制文化与村落布局密切关系。祠堂的建筑相比村落中的一般民居，使用青砖较多，形制也较为规范。祠堂既不能单纯看作是村落中乡土建筑遗产，又不能被简单视为乡村社会中宗教礼制这类非物质文化遗产。从李姓建村开始，宗族血缘关系就作为维系这一区域内人群稳定的纽带。祠堂在村落中被重视程度体现了它在古村落的核心地位。

村落中的宗族祭祀不但是维系当地宗族血缘纽带的重要仪式，还是加强村落成员向心力和凝聚力的重要手段[①]。至20世纪50年代初期，李氏家族还保留着传统的祭祖活动。每逢春节和清明时节，离开李老庄村的李姓人士会回到村中，同村落的族人一起在祠堂中进行祭祖活动。祭拜仪式完毕还会在祠堂吃饭，显示着一个家族的融洽和凝聚力。倒座内所置放的几口直径一米左右的大锅记录了祭祖时这一重要活动内容。不仅在年节期间，平时村中有要事需要定夺的时候，祠堂还会成为村人们进行商议的重要场所。

（二）鲁山绸织作技艺

乾隆年间的《鲁山县志》载："鲁邑多山林，多有放蚕者"。鲁山山区地貌土薄石厚，柞树生长茂盛，适于养蚕，丝绸织造已有2000多年的历史。使用当地柞蚕作丝织造的织物，挺括坚韧优于桑蚕丝绸，因其色泽柔和、绸面密实、丝缕均匀，他地丝绸不能与之相比，在周代已为高贵衣料，货出地道，被贯于"鲁山绸"之名。"鲁山绸"在唐朝为皇室所青睐，被列为贡品，并经"丝绸之路"，远销中亚、西亚各国。鲁山绸制作要经过植桑养蚕、煮茧缫丝、络丝打纬、刷丝刷经、上机织绸，最后炼绸等几十道工序，工艺复杂，技术难度大，劳动强度高，现多以家族传承和师徒传承为主要方式。李老庄村村民岳石头家现仍然从事鲁山绸织作，这项技艺是从他父亲那里传授来的。鲁山绸质地优良，织作技艺仍以活态方式传承，现为河南省省级非物质文化遗产。

（三）乡土表演技艺

大铜器舞始于东汉晚期，源远流长，距今有1700多年的历史，平顶山地区的大铜器舞现为国家级非物质文化遗产。李老庄人热衷于大铜器舞，大人小孩与之结下了不解之缘。李老庄村铜器舞表演人数一般不少于30人，最少需要铙8面、钹8面、挑子锣8面、擂子鼓2面，另外还有鞭子鼓、肘子鼓、弓子锣、大钹、小钹等。每到节日，锣鼓喧天，铜器铿锵有力，伴随着各种民间乐器的节奏跳动着铜器舞，场面宏大，烘托出喜庆的节日气氛，深受乡民们喜爱（图九、图一〇）。另外，李老庄村还保留着龙灯舞、狮子舞、竹马、竹驴、踩高跷、秧歌、花棍、腰鼓等乡土表演技艺。

五、结　语

李老庄村建村已有300余年，现仍能够较完整和真实地呈现豫西南古村落古朴面貌。现存的传统乡土建筑和非物质文化遗产，是经过历史沉淀保存下来的，记载了李老庄村的生活和生产方式，保留着民间朴实的地域特色。对应现今较多的传统村落空间形态外扩内空，地域特色正逐渐消亡的情况，李老庄村所保留的这些乡村文化遗产更显得珍贵。

---

① 刘硕：《豫西北晋东南地区的古村落遗产保护研究》，河南大学硕士论文，2014年。

图九 老李庄村大铜器舞表演 　　　　　　　图一〇 老李庄村大铜器舞活动器具
（资料来源：村落保护规划）　　　　　　　（资料来源：村落保护规划）

　　保护并承袭优秀的乡村文化遗产，对于区域文化的研究、传承和发展具有重要的意义。乡村文化遗产反映了时代特点，反映了地区自然环境特征和地方文化特征，蕴含着丰富的历史、科学和艺术价值。当下，城乡经济快速发展，乡村怎样可持续发展是现今社会急需思考的问题。在保留村落传统肌理的前提下，解决传统建筑结构老化、提升建筑材料性能，将传统营建技术与现代建筑技术相结合，进行适宜的科学更新[①]。改善了村民生活，留住了人，控制乡村空心化的发展，为保护传统村落地域文化特色、保留传统建筑布局形式及优秀的非物质文化遗产筑好了根基。乡村振兴战略如火如荼，产业、文化与民生并进，衰微中的乡村正经历新一轮嬗变。

Preliminary Research on the Characteristics of Lilaozhuang Village in Lushan

YANG Dongyu, LI Dandan

(Henan Provincial Architectural Heritage Protection and Research Institute, Zhengzhou, 450002)

Abstract: The Lilaozhuang village is located in Lushan county, Henan province. In the late Ming and early Qing Dynasties, the village was built for the Li family and gradually formed a clan settlement. By analyzing the structural characteristics of village site selection and layout, street and lane space, architectural form and so on, this paper discusses the inner relationship among the traditional spatial form characteristics of ancient villages. Based on the description of the intangible cultural heritage and the analysis of the historical context, the regional characteristics and valuable value of ancient villages are revealed to enlighten the study of regional culture and the protection and inheritance of excellent rural cultural heritage.

Key words: Lilaozhuang village, location and layout, vernacular architecture

---

　　① 田铂菁、李志民、李立敏：《西安市传统村落空间形态典型类型研究》，《城市建筑》2019 年 9 月。

高校建筑遗产保护现状与利用对策研究
——以河南留学欧美预备学校旧址为例

孙丽娟

（河南省文物建筑保护研究院，郑州，450002）

摘　要：近代高校建筑遗产是校园文化及文物价值的重要载体，进入 21 世纪后建筑遗产作为教学办公、科研的功能慢慢弱化，为进一步弘扬中国近代国立大学传统复兴建筑文化和民族精神；未来通过多样化展示手段，向社会公众全面深入的展示河南留学欧美预备学校旧址的人文景观和历史发展进程，更好地达到文物保护、宣传教育、文化传播的目的。

关键词：建筑遗产；载体；遗产价值；保护利用；对策

一、近代高校建筑遗产现状

近代高校建筑遗产是校园文化及文物价值的重要载体，也是中国近代高等教育的一个缩影、一座丰碑；记录了中国近代教育体制的变革和发展。随着 21 世纪高校大规模的扩招和国家文物局《关于加强文物保护利用改革的若干意见》新形势下，给近代高校建筑遗产赋予了新的社会功能，遗产保护利用与高等教育协调发展显得尤为重要。

列入全国重点文物保护单位的近代高校建筑遗产使用现状一览表（表一）：

表一　列入全国重点文物保护单位的近代高校建筑遗产一览表

序号	名称	批次和公布时间	建筑年代	文物构成	使用现状
1	南开学校旧址	第四批 1996 年	1904～1936	东楼（伯苓楼）、北楼、中楼、南楼（范孙楼）、礼堂等	现为天津南开中学使用
2	清华大学早期建筑	第五批 2001 年	1909～1936	校门、清华学堂、图书馆、科学馆、体育馆和大礼堂等 20 座建筑	现为清华大学使用
3	未名湖燕园建筑	第五批 2001 年	1920～1926	燕京大学校门、办公楼、图书馆、外文楼、体育馆、南北阁一至六院、岛亭、水塔和学生宿舍等	现为北京大学使用
4	东北大学旧址	第五批 2001 年	1923～1930	图书馆、理工大楼、大门、教职工住宅等	现为东北大学使用
5	武汉大学早期建筑	第五批 2001 年	1930～1936	图书馆、理学院、工学院、文学院、男生寄宿舍、法学院、宋卿体育馆等 17 处	现为武汉大学使用
6	中央大学旧址	第六批 2006 年	1919～1931	图书馆、体育馆、科学馆、校园南大门、大礼堂、生物馆、工艺实习坊等	现为东南大学使用
7	河南留学欧美预备学校旧址	第六批 2006 年	1915～1936	六号楼、七号楼、大礼堂、东西十二斋及南大门等 17 处	现为河南大学明伦校区
8	金陵大学旧址	第六批 2006 年	1921～1936	东大楼、西大楼、北大楼、图书馆、东北大楼、礼拜堂、学生宿舍等 10 余幢建筑	现为南京大学使用

续表

序号	名称	批次和公布时间	建筑年代	文物构成	使用现状
9	金陵女子大学旧址	第六批 2006 年	1922～1934	会议室（100 号楼）、科学馆（200 号楼）、文学馆（300 号楼）及三幢学生宿舍（400 号楼、500 号楼、600 号楼）、学生宿舍（700 号楼）、图书馆和大礼堂共 9 处	现为南京师范大学使用
10	集美学村和厦门大学早期建筑	第六批 2006 年	1916～1954	集美学村的尚忠楼群、允恭楼群、南侨楼群、南薰楼群、科学馆、养正楼；厦门大学的群贤楼群、芙蓉楼群和建南楼群	现为集美大学和厦门大学使用
11	之江大学旧址	第六批 2006 年	1910～1929	钟楼、主楼、图书馆、慎思堂、都克堂等 22 处	现为浙江大学之江校区使用
12	国立西南联合大学	第六批 2006 年	1939～1946	国立西南联合大学纪念碑、教室、"一二一"运动四烈士墓、石雕火炬柱、国立昆明师范学院纪念标	现为云南师范大学使用
13	湖南省立第一师范学校旧址	第六批 2006 年	1903	主体建筑由毛主席青年教学楼、自习楼、阅览楼、礼堂、寝室等组成；主体建筑左侧为一师附小，右侧为工人夜校，南北两条东西走向的大道将整个旧址一分为三，共 36 栋	现为湖南第一师范学院使用
14	湖南大学早期建筑群	第七批 2013 年	1920～1950	湖南大学二院、科学馆、工程馆、大礼堂、老图书馆、胜利斋、第一学生宿舍、第七、九学生宿舍共 9 处	现为湖南大学使用
15	北洋大学堂旧址	第七批 2013 年	1902～1936	南楼、北楼和团城三座建筑	现为河北工业大学使用
16	山西大学堂旧址	第七批 2013 年	1904	主楼、门房及部分院墙	现为山西大学使用
17	吉林大学教学楼旧址	第七批 2013 年	1929	包括主楼、东楼和西楼	现为吉林大学使用
18	东吴大学旧址	第七批 2013 年	1903～1948	包括钟楼、精正楼、维正楼、子实堂、维格堂、览秀楼、蕴秀楼、体育馆、旧址校门两侧 6 幢小楼、东吴大学旧址校门和六角亭等 16 栋建筑	现为苏州大学校本部使用
19	原齐鲁大学近现代建筑群	第七批 2013 年	1905～1924	包括原齐鲁大学、齐鲁大学医学院及附属医院的近现代建筑。原齐鲁大学现保存有校友门、考文楼、柏根楼、齐鲁神学院、图书馆、四百号院（男生宿舍）、景蓝斋、教授别墅、模范村居住区、圣·保罗楼、小教堂、水塔、广智院，原齐鲁大学医学院及附属医院现存有新兴楼、求真楼、共和楼、和平楼、科研楼	现为山东大学趵突泉校区和山东大学齐鲁医学部使用
20	四川大学早期建筑	第七批 2013 年	1913～1954	包括四川大学华西校区早期建筑和四川大学第一行政楼。西校区早期建筑包括办公楼（事务所）、老图书馆（懋德堂）、钟楼、第一教学楼（生物楼）、第二教学楼（化学楼）、第四教学楼（赫斐院）、第五教学楼（教育学院）、第六教学楼（万德门）共 9 处	现为四川大学使用
21	安徽大学红楼及敬敷书院旧址	第七批 1897～1935		安大红楼和敬敷书院旧址；书院旧址现存门坊、长廊、斋舍，共 4 处	现为安庆师范学院菱湖校区使用

　　纳入全国重点文物保护单位的全国高校建筑遗产已对外开放的超过 90%，大部分已建立校史馆或博物馆，其中晋升 5A 级景区的有北京大学、武汉大学和厦门大学（表二）。河南留学欧美预备学校旧址是唯一一个在贡院原址上建立并发展起来的近代高等学校。预校旧址建筑群采用了中西结合的折中主义建筑手法，既保持了传统的民族建筑样式，又融入较多西方建筑元素，遵循传统又不呆板，是 20 世纪初期折中主义建筑设计与工程的代表之一。2005 年，河南大学新校区建成，旧址建筑群承担的教学、办公、科研等功能弱化，文物保护、合理利用成为延续高校文脉的重要途径。

表二　对外开放情况一览表

类别	名称	比例	备注
限时对外开放	清华大学、北京大学、厦门大学、武汉大学、湖南第一师范学院、安庆师范大学、浙江大学之江校区	33.33%	双休日、法定节假日和寒暑假对外开放。（湖南第一师范学院周一闭馆）
完全对外开放	湖南大学、河北工业大学、南京大学、东南大学、东北大学、河南大学、南京师范大学、山东大学、吉林大学、云南师范大学、四川大学、山西大学	57.14%	免费开放
未对外开放	南开学校旧址、苏州大学	9.53%	
总计		100%	

二、预校创办背景

　　清光绪三十年（1904 年），清政府在河南贡院举行了最后一次甲辰会试；1905 年宣布"著即自丙午科为始，所有乡、会试一律停止"。至此，中国历史上延续 1300 多年的科举制度被废除。1905～1906 年，兴起了大规模的留日热潮，此后随着 1911 年辛亥革命的爆发和日本《清国留学生取缔规则》颁布，留日学生大部分归国。1909 年，因"庚款留学"，清末民初兴起留学欧美热潮，为配合留学生的选拔，清政府成立了游美学务处，负责直接选派学生游美。1910 年 11 月，成立清华学堂（清华大学前身），专招留美预备生。此时中原大地亦掀起了出国留学的新气象。1912 年 4 月 29 日，《大中民报》刊出了一则《公启》，正式向社会公示了河南省亟待要成立一所留学欧美预备学校的计划。

　　科举考试废除后，教育新政改革大背景下新式学堂应运而生，河南贡院原有的功能丧失，其留存的一万多间号舍及讲堂等为河南留学欧美预备学校提供较好的资源条件。1912 年，河南留学欧美预备学校在原清代河南贡院的旧址上诞生；20 世纪初是国家派遣留学生和培养高级专门人才的重要基地。

三、河南贡院沿革

　　河南贡院始建于宋代，曾因黄河水灾几经改建（图一）。明代的贡院位于周王府西角楼以西，据《如梦录》所载明时河南贡院规模："周府西角楼西，路北碑坊一座，上书'贡院'二字，东西

文物建筑　第 13 辑

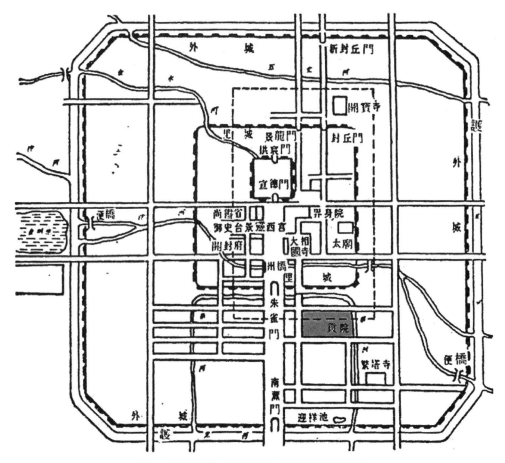

图一　河南贡院（宋代）在北宋东京城的位置

有过街坊：东坊书'虞门四辟'，西坊书'周俊同登'。大门三间三开，匾曰'开科取士'。门内有搜检房，二门东西两角门，三门三开。北有木坊，上书'龙门'二字。东西文场号房三千六百间，后不敷用，每号头增添板号二间。院中有明远楼，四角有瞭望楼。北是致公堂，东有皂隶各役房及内供给房……"明末崇祯十五年（1642 年）黄河决口，致使全城覆没，河南贡院毁于一旦。清顺治二年（1645 年）至清顺治十四年（1657 年），河南乡试改在辉县苏门山下的百泉书院举行。

清顺治十六年（1659 年），河南贡院在明代周王府旧址重建，建房舍 5000 多间。由于贡院地势低洼，东西北三面均为水塘，雨水无法排出，取土垫高又着实不易，因此贡院常年积水。鉴于此，雍正九年（1731 年），河东河道总督田文镜在开封城东北隅的上方寺内（今河南大学）改建河南贡院（图二）。新落成的贡院再无积水之患，号舍增至 9000 间。

道光九年（1829 年），前河南巡抚杨国桢带头捐银，对河南贡院进行大规模扩建。

道光二十一年（1841 年），开封城遭黄河水侵袭，于城西北决口，被水围困达八个月，贾鲁河淤塞，舟楫不通；城池损毁严重，为修护加固开封城墙，以砖瓦材料充当防洪物资，遂将贡院拆毁。

道光二十二年（1842 年），黄河开封段再一次决口，林则徐途中受命折回开封堵口。此后开封百姓提出复建河南贡院，新建办公房舍 783 间，修复旧房 1857 间，重建号舍 10009 间，凿井 5 眼。重修后的河南贡院当时是中国四大贡院之一，清代河南贡院的号舍（包括执事楼）一直保存到 20 世纪 90 年代，之后因学院发展建设被拆除。

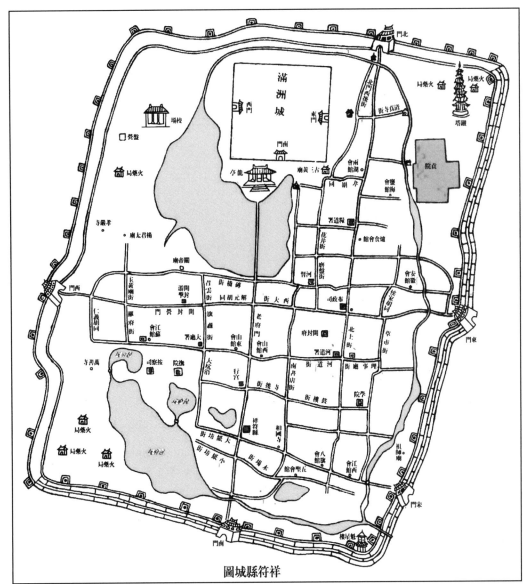

注：本图为1898年开封地图

图二　河南贡院在开封古城的位置

四、河南留学欧美预备学校旧址保护现状

（一）价值阐释

河南留学欧美预备学校旧址是河南省成立最早的高等学校，见证了河南省乃至我国教育事业发展的进程。它以国际化的思维方式、开放的办学理念，开启了河南近现代高等教育的先河。

河南贡院在中国科举史上占有特殊地位，贡院的兴建和变迁侧面反映了清末民族危机的加深和中国沦为半殖民度半封建社会的诱因，贡院亦是河南大学深厚历史底蕴的实物例证。在一百多年的历史长河中，从预备学校的艰难初创到百年名校的全面振兴；河南大学始终与时代发展同步、与民族命运相连，历经抗日战争和解放战争数次重大分合、调整，终于实现了从留学欧美预备学校到近代多学科综合类大学的完美蜕变；记录并承载着河大的光荣与梦想。

（二）保护利用现状及主要问题分析

建筑使用功能现状见表三。

表三　河南留学欧美预备学校旧址建筑使用功能现状表

编号	名称	建筑年代	原使用功能	现有功能
01	南大门	1936	学校主入口，兼安防	延续原功能
02	东一斋	1921		
03	东二斋	1921		
04	东三斋	1926		
05	东四斋	1926		
06	东五斋	1926	学生宿舍	20世纪90年代前，斋房功能是学生宿舍；之后作为学校学术机构管理办公用房
07	东六斋	1926		
08	东七斋	1952		
09	东八斋	1952		
10	东九斋	1952		
11	东十斋	1952		
12	西一斋	1921	建成作为学生宿舍；1926~1927年，军阀混战，改为单身教授宿舍	
13	西二斋	1921		
14	六号楼	1915~1919	建成后作为教学、实验、科研中心及举办各种活动的场所；1924年，六号楼改为学校图书馆；20世纪80年代，作为河南大学出版社、《史学月刊》和《中学政史地》编辑部	2004年，作为黄河文明发展研究中心；现为河南大学旅游学院使用
15	七号楼	1921~1924	作为教学研究中心；半地下室是理学院的实验室和仪器储藏室，二楼设教室、实验室和研究室，三楼是教室和少数研究室	历史文化学院教研室；河南省历史学会、中国古代研究中心、河南大学宋文化研究院办公
16	大礼堂	1931~1934	举行大型集会、庆典活动场所	延续原功能；供大型讲座、集会、院校节庆活动及庆典活动场所
17	小礼堂	1936~1938	小型活动、集会场所	曾作为退休职工活动中心，现为河南大学古代文明研究中心

（三）现存主要问题

1. 文物建筑过度使用，部分建筑原有功能未得到好的延续

（1）七号楼承载了河南大学历史学院管理办公、教学、科研，河南省历史学会，中国古代史研究中心等诸多功能，由于学校规模扩大、学生及教职工增多，原有建筑空间被多次分隔，加之大课时单体建筑瞬时承重增加，导致整个建筑结构承重受到较大威胁。

由于过度使用，地下室地面铺装、踏步台基受后人干预明显；原有气窗遭封堵，导致建筑内部气流不通畅，毛细水、潮湿致墙体酥碱严重。

（2）六号楼原有的教学、实验、科研功能被取消。曾经举办中国科举制度文化展，免费开放。现为河南大学旅游管理学院使用。

2. 保护区划界限不清晰，导致保护管理工作的被动

已公布执行的保护区划边界不清晰，与周边四个文物保护单位保护区划相互叠压交错，且管理规定碰撞，缺乏可操作性。

3. 尚未建立展示利用体系（展陈设施缺乏），河南大学历史价值及社会价值未得到有效传承

在文化旅游大融合的背景中，河南留学欧美预备学校作为新文化、新思想、国际化教育模式的先驱以及开启河南近代高等教育之先河的代表性价值未得到体现。预校旧址亦是进行民族精神和爱国主义教育的重要活动场所，其背后代表的中国教育史、河南教育史、高等教育发展和河南大学校史等社会价值亟待传承发扬。

4. 管理机构缺少专业的技术人员配备，无法满足未来的文物保护、展示利用、数字化建档及科研工作

现文物保护管理工作由河南大学总务处办公室具体负责，原成立的河南留学欧美预备学校旧址保护工作委员会一直缺专职人员配备；总务处业务繁杂且文物相关专业人员缺乏，满足不了全国重点文物保护单位日常保护管理的需求。

五、展示利用对策

进入 21 世纪后旧址建筑群作为教学办公、科研的功能慢慢弱化，为进一步弘扬中国近代国立大学传统复兴建筑文化和民族精神；在有效保护的前提下，以河南留学欧美预备学校旧址的建校历程、近代教育制度更替及河大精神等文化为展示主题，合理划分开放功能，科学确定游客量指标；将河大人艰苦奋斗、锐意进取、敢于领先的精神发扬光大，使河南留学欧美预备学校旧址成为当代大学生进行爱国主义和民族精神教育的重要基地。未来通过多样化展示手段，向社会公众全面深入的展示河南留学欧美预备学校的人文景观和历史发展，从而达到文物保护、宣传教育和文化传播的目的。

利用网络媒体深化拓展、多媒体新技术，根据展示内容设计展示效果，实现河南大学多媒体宣传展示平台。建立具有河南大学文化特色的标识系统，丰富公众及学生对文化遗产不同层面的了解认知。

（一）展示内容

1. 文物建筑

六号楼：作为河南大学文物陈列馆对外开放，馆藏文物包括契约文书、古籍、青铜器、玉器等数千件。

七号楼：将七号楼作为河南大学校史馆对外开放；主要展示河南大学 100 多年的风雨和磨砺，从河南贡院、河南留学欧美预备学校旧址、中州大学、国立河南大学、河南大学诸阶段的发展及改革开放以来河南大学跨越式发展；弘扬河南大学"坚持真理、追求进步、百折不挠、自强不息、严谨朴实"的精神。原来的校史馆可作为河南大学历史学院教学、科研、学术研究及管理办公等场地。

大礼堂：为河南大学重要的大型学术交流活动场所，举办大型纪念性活动、庆祝活动。

小礼堂：举办中、小型学术交流活动及学校小型临展。

2. 贡院碑

结合执事楼原建筑遗址、贡院碑、清道光十一年（1831 年）《重修河南贡院记》残碑（现存开封市博物馆）及散落的碑座等构件形成贡院碑科举文化展示区。

（二）展示手段

除了传统的图片展示、馆藏实物展示和多媒体等方式，充分利用 5G 应用场景建立线上、线下智能博物馆展示平台。

• 数字展馆：建立中小型数字展馆，将河南大学发展的艰难历程及革命运动史，通过微电影及 5G 网络等展现战争岁月里河南大学的青年热血和爱国主义情怀。建立二维码扫描讲解系统。

• 典籍馆：六号楼作为陈列馆的同时，针对河南大学保存有一定存量的古籍、书画作品、文献资料等可作为河南省文献典籍保护机构之一，为全社会提供相应服务。

• 河南大学文创展示中心：结合河南大学旅游管理学院建立文创产品研究中心，以文创视野深入挖掘河南大学历史文化积淀，激发"文化＋创意"的活力，将文化内涵具象化，让校园文化元素"动"起来，开发、设计具有特色的校园文化创意产品，充分展示百年河大校园文化的价值内涵。

• 选址环境和总体格局展示：祐国寺塔（铁塔）是构成河南大学历史环境要素的重要组成部分，祐国寺塔的展示内容须纳入旧址建筑群展示利用的对象。旧址建筑群和祐国寺塔之间的空间格局作为文化景观之一，展示线路和功能分区应统筹安排。

六、结　语

现河南大学教学中心区空间格局延续了传统书院布局方法，主体建筑居中，前门后堂，左右斋房。现存总体格局较完整地反映了留学欧美预备学校时期和中州大学时期的历史状况，空间格局真实性较好。建筑群平面按功能要求设计，外观则以大屋顶、斗拱等表现中国固有形式，立面多有西方建筑手法点缀；主体建筑采用折中主义手法，再现了当时中西文化交流碰撞的历史事实。百年河南大学文脉的延续是以近代建筑群为载体，阐释并传播着河大的文化与精神，记录并承载着河大的光荣与梦想。河南留学欧美预备学校旧址的保护和利用，为延续近代高校建筑遗产价值、传承复兴中国传统建筑艺术和推动学习"双一流"建设具有重要意义。

参 考 文 献

［1］　河南大学校史修订组：《河南大学校史》，河南大学出版社，2012 年。

［2］　陈宁宁编：《黉宫圣殿》，河南大学出版社，2006 年。

［3］　开封县志编纂委员会：《开封县志》，中州古籍出版社，1997年。

［4］　陈飞、邓蕴奇、陈娟：《文物价值体系下的高校建筑遗产识别与保护》，《中国文化遗产》2017年。

Current Situation and Utilization Countermeasures of University Architectural Heritage Protection
——Case Study of the Site of Henan European and American Preparatory School

SUN Lijuan

(Henan Provincial Architectural Heritage Protection and Research Institute, Zhengzhou, 450002)

Abstract: The architectural heritage of modern colleges and universities is an valuable carrier of campus culture and cultural relics. In the 21st century, the function of architectural heritage as a teaching office and scientific research has gradually weakened. With the purpose of promoting the traditional revival of Chinese modern national university architectural culture and national spirit, using various display means display the cultural landscape and historical development process of the site of Henan European and American Preparatory School to the public comprehensively, to better achieve the purposes of cultural relics protection, publicity and education, and cultural dissemination.

Key words: architectural heritage, carrier, heritage value, protection and utilization, countermeasures

浅谈滁州琅琊山无梁殿现状与保护策略

张 辉

（滁州市博物馆，滁州，239000）

摘 要： 无梁殿又称砖殿，盛行于明代。其最大特点是不用寸木只钉，无梁无柱，全部用砖石垒砌而成的券洞式殿宇，具有防火、防震的功能。本文对滁州琅琊山无梁殿的建筑特点、现存病害及保护策略加以论述，提出保护建议，以促进无梁殿建筑保护事业的发展及传承。

关键词： 无梁殿；砖石；明代；琅琊山；中西合璧

一、概　　述

　　琅琊山位于安徽省滁州市，是一座风景秀丽、历史文化积淀厚重的名山。山间遍布摩崖石刻及碑刻，其年代可以追溯到唐、宋、元、明、清，直到民国时期。山中更有唐建琅琊寺、宋筑醉翁亭，北宋文学家欧阳修一篇《醉翁亭记》使得琅琊山家喻户晓。琅琊山中的名气几乎都给了醉翁亭，以至于其他景点与其相比都黯然失色，然而唯有一座相传始建于1600多年前的古建筑无梁殿，没有被它的风头盖住，古建筑专家、学者、游客慕名而来。

　　无梁殿原名为"玉皇殿"，坐落在琅琊寺山门北侧的山坡之上。相传无梁殿始建于晋朝，后因战乱所毁，明代又重建。殿宇原有三层门台，称为"三天门"，无梁殿坐落于最高层之上。今日殿前的一、二天门均已无存，唯有无梁殿巍然而立，雄姿犹在（图一）。

图一　无梁殿正面

无梁殿背靠大山，殿门朝向正南，正门有五个拱形券门，门额有砖刻浮雕的龙、凤、狮图案，外有走廊。殿高三丈二尺，深二丈四尺，灰砖拱形垒成。殿脊两端向上翻卷，四角为四条栩栩如生的巨龙，它无一木梁，全系砖石券顶结构，殿式极古，青石门槛甚高，内有石柱数根，西方建筑特征明显，中西合璧。故以其独特的建筑样式著称（图二～图六）。

图二　砖砌券拱

图三　龙案砖雕

图四　砖仿木构件

图五　前檐砖柱

无梁殿是供奉玉皇大帝的道教建筑遗存。殿内原有玉皇大帝铜像一尊，高八尺，另有古钟一具。据民国十七年《琅琊山志》载："闻系东晋遗物"。铜像和钟毁于太平军来滁时期。清末寺僧达修重塑玉皇大帝坐像一尊，毁于"文化大革命"期间。1982年，琅琊山管理处重塑。殿前原有一座石雕的大香炉，一面雕两匹骏马在潮水上飞奔，雕镂极细，神骏无比，可惜已毁，仅存石基。

图六　殿内拱券

滁州琅琊山无梁殿是安徽省区域内的全系砖石拱券结构的明代殿式古建筑，价值极高。有珍贵的明代砖石拱券结构建筑遗存，中西建筑结合，并体现地方特定做法及审美追求，尤其砖刻浮雕的龙、凤、狮图案、砖制斗栱等，具有很高的研究价值，符合全国文物保护单位遴选标准（3）"作为建筑营造、景观设计、工程建设或造型艺术等方面的重要成就, 能够反映特定时代整体或局部地域的典型风格与技术水平". 于 2019 年 10 月被国务院核定并公布为第八批全国重点文物保护单位。

二、建 筑 特 色

滁州琅琊山无梁殿和国内其他知名无梁殿对比除了有 "不用寸木只钉, 无梁无柱, 为券洞歇山样式, 全部用砖石垒砌而成……" 共同特点外, 又有其不同之处, 其归结为以下几点:

第一, 建造年代: 国内几个知名无梁殿都有确切的建造时间, 如北京斋宫无梁殿 "修建于永乐十八年 (1420 年)", 南京灵谷寺无梁殿 "始建于明洪武十四年 (1381 年)", 苏州开元寺无梁殿 "建于明万历四十六年 (1618 年) ……" 关于琅琊山现存无梁殿的建筑年代有几种说法: ①从历史传说的角度来看, 大多数都称东晋初建, 古殿内现存有两处记述东晋典故的碑刻为证; ②从文化传播和建筑学的角度来看, 元朝时期各民族文化交流比较广泛, 也给各地区的建筑形式增添了新的元素, 给传统建筑艺术和技术注入了新鲜血液。琅琊山无梁殿即为汉族建筑融合伊斯兰教风格形制。琅琊山无梁殿与现存山东省青州市的元代建筑天仙玉女祠在建筑外形上极为相似, 也有 "道士帽" 形状的痕迹。由此推断, 现殿也有可能为元代所建; ③有学者推断琅琊山无梁殿当初建于东晋, 复建于元代; ④还有一些学者以 "无梁殿基本保持了明代时期建筑格局, 其建筑在形制特征、材料和工艺特点等方面保留了明代早期历史原构, 具有鲜明的地方特色……", "无梁殿平面格局保存状况完整, 建筑基本保留着明代早期建筑形制, 留存不同时期的历史活动信息……" 断定为明代建筑。

第二, 寺庙信仰及朝向不同: 与国内其他知名无梁殿均信仰佛教, 为佛教圣地相比, 滁州琅琊山无梁殿 (位于琅琊寺内) 内供奉的是玉皇大帝像, 信仰的是道教, 道教在琅琊山的活动历史悠久, 先于佛教的传播。琅琊寺是国内寺庙佛、道并存为数不多的宗教场所; 另一不同之处就在于琅琊寺的整体建筑朝向, 与前述其他知名无梁殿所处的寺院都是坐北朝南不同, 琅琊寺寺院是坐西朝东, 而玉皇殿 (无梁殿) 坐北面南, 这可能因为皇权至上, 其后历朝历代琅琊寺其他建筑都是以玉皇殿为中心而逐步发展的, 这或许是琅琊寺坐西向东不同于其他佛教寺庙门向之因。

第三, 建筑风格样式不同: 滁州琅琊山无梁殿形制独具一格, 与我国其他知名无梁殿的殿宇有所区别, 门廊、石柱、斗栱 (均仿西洋式建筑而建) 形状颇似西方教堂类建筑, 具有中西合璧的特点。

三、现 存 病 害

滁州琅琊山无梁殿虽结构坚固、气势雄伟, 但由于年代久远, 饱经风吹、日晒、雨淋、冻融、战争破坏等环境和人为因素影响, 出现了不同程度的安全隐患:

(1) 滁州地区湿热多雨, 砖石材料在遭受环境影响时依据自身特性产生不同种类和程度的病变, 易受温湿度变化及风雨侵蚀影响, 造成砖石构件表面风化、酥碱。

(2) 人为因素表现为日常管理、养护不善, 对文物本体和环境造成一定干扰。

(3) 无梁殿屋面近代修缮时, 由于缺乏文物古建专业技术力量和保护理念的支持, 其形制和做法与原屋面已有所差别。

（4）近代在对无梁殿殿内修缮时，室内墙面及顶部被刷上了白色涂料，与原貌差别很大，和殿内布局及色调显得很不协调。

四、保护策略

无梁殿作为重要的文物建筑拥有珍贵的历史、文化和艺术价值。对其进行保护不仅要遵循"不改变文物原状"及"最小干预"等原则，还要在保护工作实施前有充分的调查和研究，要在充分了解文物建筑的建筑形式、结构、病害程度、病害原因、所处环境等情况下提出合理的保护策略。

（1）环境评估：要想科学、合理的保护就必须充分调研、勘察其存在的问题，深挖造成该问题的环境影响因素，对无梁殿周边环境影响因素进行收集、采样、分析，科学评估这些环境影响因素对文物本体的影响主次和影响程度，进而采取科学、有效、专业的文物保护手段，做到"对症下药"。

（2）最小干预合理修缮：我们在进行无梁殿等文物建筑修缮时，首先要遵循"最小干预"的文物保护修缮原则。确需更换的构件、需要用到的材料、需要维修的部位都要按照原材质、原配方、原工艺按照古人传统做法进行修缮，修缮完毕达到"远看一致，近观有别"同时兼顾与周边环境协调统一的效果。

（3）加强管理：要落实各项保护措施，加强对无梁殿等文物建筑动态、有效的管理。首先要落实管理人员责任，加强巡查监测。还要增加保护标志，信息讲解牌等，确实达到明示作用。也可以增设现代电子信息化的讲解设备，如显示屏、二维码等，使游人能够详细的了解无梁殿的价值所在。其次管理应当是动态的，不能一成不变，它应当随着社会的发展，科技的进步，必要时依据《文物保护法》和"保护原则"进行调整。最后，从长远保护眼光来看，建立文物建筑档案资料（影像、三维扫描、数字化保护等），以便日后，更好、更真实、更全面的进行研究与保护。

（4）历史原貌考古发掘：要想全面了解琅琊山无梁殿周边建筑群布局、各殿功能及历史原貌，需要聘请有资质的专业考古力量对无梁殿周边遗址进行考古发掘，如有可能，恢复其历史格局，以最大程度的展现无梁殿的历史价值、建筑技艺及宗教文化的传播与传承。

五、结语

滁州琅琊山无梁殿是我国砖石建筑的杰作，与国内其他知名无梁殿相比除了"不用寸木只钉，无梁无柱，为券洞歇山样式，全部用青砖石垒砌而成的建筑，具有防火、防震的功能"共同特点外，其古朴小巧、气势雄伟、中西合璧、独具一格，实属我国古建筑瑰宝中的一块美玉。然而，其历经时代沧桑和近代不当修缮后，不免出现了一些问题。针对这些问题，本文提出的保护建议和保护策略希望能够引起相关部门的重视和关注，让我们携起手来为琅琊山无梁殿乃至整个文保事业做出应有的贡献，以促进文物保护事业的更好发展及传承。

参 考 文 献

［1］ 张道康：《琅琊无梁殿》,《建筑工人》1994 年第 7 期。

［2］ 骆跃泉：《琅琊山无梁殿建筑年代考》,《滁州日报》2019 年 2 月 28 日。

Discussion on the Status and Protection Strategy of the Beamless Hall of the Langya Mountain in Chuzhou

ZHANG Hui

(Chuzhou Museum, Chuzhou, 239000)

Abstract: Beamless hall also known as brick-vault hall was popular in the Ming Dynasty, its prominent feature is without any wood or nails, beam or column, and the masonry hall has the function of fire and earthquake resistance. This paper discusses the architectural features, existing diseases and protection strategies of the Beamless Hall in the Langya Mountain of Chuzhou and puts forward some suggestions to promote the protection and inheritance of the Beamless Hall in Chuzhou.

Key words: Beamless Hall, masonry, Ming Dynasty, Langya Mountain, combination of Chinese and Western elements

文旅融合视域下的宝丰北张庄革命文物保护与利用

孙 锦[1] 苏光伟[2]

（1. 河南省文物建筑保护研究院，郑州，450002；2. 郑州市工艺美术学会，郑州，450002）

摘 要：北张庄村既是中国传统村落，又是中共中央中原局和中原军区司令部旧址。正是在这里，老一辈革命家刘伯承、邓小平等人指挥中原野战军和华东野战军，摧毁了国民党在中原的防御体系，扭转了战局，保证了中共中央实施中原战略的伟大胜利，为淮海战役奠定了基础，加速了解放战争和全国胜利的步伐。本文对该村的地域特色、村落格局、革命文物建筑特征进行深入的调查与记录。

关键词：北张庄村；传统村落；革命文物；建筑特征

宝丰县历史悠久，远在旧石器时代就有先民在此劳作生息，商周时为应国属地，春秋初属郑，后属楚，战国初期属韩。秦置父城县，汉因之。隋、唐时先后为汝南县、滍阳县、武兴县、龙兴县。宋徽宗宣和二年（1120年），因当时县境内有白酒酿造、汝官瓷烧制，冶铁工场等，物宝源丰，宝货兴发，奉敕赐名"宝丰县"。明崇祯十六年（1643年），李自成曾改宝丰为宝州，后复名宝丰至今。

北张庄村位于河南省平顶山市宝丰县商酒务镇，属皂角树行政村下辖三个自然村之一，地理坐标为东经113°01′、北纬33°56′，海拔149.7米。村落东邻何庄村，南临柳林村，西临皂角树村，北邻邢庄村。北张庄村在清代有一张姓人家徙居此地，故名小张庄。后有韩姓、杨姓、龚姓、常姓人家迁入。清代年间，为宝二里、三里，清末属春风区。民国元年属商酒务宝二里；民国十八年属商酒务区，后更名为北张庄村。

1947年，属豫陕鄂解放区第五专区，中华人民共和国成立后，属河南省许昌专区。1983年至今，属平顶山市所辖县。商酒务镇，顾名思义，以酒为业，以业为商，而形成规模，至宋时，此地已是"十里长街，酒香千里"。

1948年春，刘伯承、邓小平率主力挺进豫西。5月26日，中原局和中原军区的领导机关移驻宝丰县北张庄村。6月初，陈毅、邓子恢来此会合。此后近半年的时间，北张庄村成了中原解放区的首府、中原局首脑机关所在地、中原军区野战军的指挥中心。

1982年2月17日，宝丰县人民政府公布"刘伯承、邓小平曾驻地"为宝丰县第一批文物保护单位。

2012年9月14日，平顶山市人民政府公布"中原军区司令部旧址"为第三批平顶山市文物保护单位。2013年8月，中国住房和城乡建设部、文化部、财政部公布了"平顶山市宝丰县商酒务镇北张庄村"为第二批中国传统村落。2016年1月22日，河南省人民政府公布第七批河南省文物保护单位："中共中央中原局中原军区宝丰旧址群"。此次对该遗址群组的详细调查如下。

一、地域特色及文化内涵

北张庄村村落基本保持了传统格局，街巷体系较为完整，传统设施活态使用。村落选址、规划、营造具有典型的地域特色。村庄北临浣河，且有多处坑塘分布于村落各处，与村中的传统建筑交相呼应，创造了适于生存的自然生态格局。村落与周边环境能明显体现选址所蕴含的深厚的文化和历史背景，有较高的研究价值。

北张庄村现存民居建筑多为民国时期以后修建的，已公布为省级文保单位的建筑有五处，这些传统建筑多为块石、青砖砌筑墙基，土坯砌筑的墙体，硬山小青瓦仰瓦屋面，使用当地藤条为铺望，采用滑秸泥作为苫背层，其建筑形制、建筑材料、施工工艺很有地方特点，同时充满了乡土美感，有利于环境保护和生态平衡。

另外，非物质文化遗产方面北张庄村也非常丰富。提线木偶戏古称"悬丝傀儡"，民间称"耍提偶"，是河南省宝丰县口传心授的一种民间传统艺术形式之一，集说唱、乐器伴奏和木偶表演于一体，是一种叙事艺术与木偶艺术的结晶。提线木偶戏 2009 年被省政府公布为河南省非物质文化遗产保护项目。

北张庄村为提线木偶戏传承村落，是民间提线木偶艺人较为集中的村。提线木偶戏由来已久，唐宋年间，宝丰就有"石岭为壁，老幼竞艺"的说法，一直在当地广泛传承。目前北张庄村提线木偶戏传承状况良好。北张庄村与赵庄相临近，赵庄魔术在北张庄村的传承状况良好，"赵庄魔术" 2011 年被省政府公布为河南省第三批非物质文化遗产保护项目。

二、村落格局特征

北张庄村北临浣河，村庄聚落东西长，有东西主街一条，传统建筑集中分布在村东北部，传统建筑多为土坯、青砖砌筑墙体，小青瓦仰瓦屋面，抬梁式土木结构建筑，始建年代多为民国时期以后，院落格局大部分为合院式布局；曾是中原军区司令部所在地，但随着村庄建设不断推进，旧址的原布局的完整性遭到破坏，部分院落已坍塌，后期新建民居，其建筑形制及建筑材料与历史风貌不协调。

何庄村位于浣河南侧，北张庄村东侧，村庄聚落南北长，与北张庄村相隔一片农田。中原军区司令部旧址有两处（军政处和情报处）位于何庄村西北部。村落主干道宽约 4 米，巷道宽度在 1.5 米至 3 米之间。街巷层级之间等级明确，脉络清晰，街巷内部空间较为封闭内向，其布局空间有秩序，用地紧凑简约。保护范围内，民国时期的传统宅院居多，院落属于四合院形式。通常由正房、厢房和倒座（或门楼）组成，将庭院合围在中间，形成合院。正房坐中，倒座相对，周边民居多为近现代民居。文物建筑整体格局保存较好，但由于年久失修，缺乏有效的日常维护，目前部分建筑本体存在安全隐患。附近村民在新建和改建房屋过程中采用了大量的现代建筑材料，质量不一，建筑风格与文物建筑不协调，破坏了原有的历史环境。

村庄传统建筑大多建于民国时期，经历了历史的变迁，普遍受到不同程度的破损，受当地自然环境和社会因素的影响，当地传统建筑采用土木结构，土坯砌筑墙体。土坯房屋用的土体材料分布广泛，取材便利，墙基多采用当地石材（泥浆灌缝）、青砖墙基（泥浆粘结），墙体按建筑材料分为青砖砌筑墙体、夯土墙、土坯墙、组合墙，在建筑细部的处理上，地方的文化风俗较为突出。

传统民居结构为抬梁式或人字形木构架，梁、檩与生土墙接触处，集中荷载作用点处放置木垫板、砖垫块，来减轻梁、檩对生土墙体的局部压力。屋面椽上铺柴望，柴望采用当地植物，如藤条，采用滑秸泥做苫背层及粘结层，小青瓦仰瓦屋面。

三、文物本体调查

（一）中原军区司令部旧址

位于北张庄村，现存五处，原司令部望楼已坍塌。

1. 1 号建筑旧址

位于刘伯承旧居的东南侧，该旧址现存上房，始建于民国初期。平面布局呈长方形，坐北朝南，该院建筑面积 92 平方米，占地面积 297 平方米。因缺乏有效维护，建筑存在安全隐患；院落围墙已全部坍塌，现有杨树数棵，现无人居住，地面杂物堆积，排水不畅。上房为土木结构，坐北朝南，小青瓦仰瓦屋面，面阔五间，进深一间，室内为土地面，凹凸不平，后檐墙部分土坯缺失，滑秸泥抹灰层大面积脱落，木柱裸露，存在安全隐患，木构架榫卯松动，梁架局部霉变；屋面局部塌陷，瓦件缺失，漏雨严重。

2. 2 号建筑旧址

位于刘伯承旧居的东南侧，该旧址现存上房四间，始建于民国初期，坐北朝南，建筑面积 67.5 平方米，现无人居住。上房为土木结构，坐北朝南，小青瓦仰瓦屋面，面阔四间，进深一间，室内为夯土地面，凹凸不平，前檐墙局部土坯墙体坍塌，抹灰层大面积脱落，木构架榫卯松动、脱榫，屋面局部塌陷，瓦件缺失。

3. 3 号建筑旧址

位于刘伯承旧居的西南侧，现存建筑三座（上房、磨房、门楼），始建于民国初期，坐北朝南，该院建筑面积为 37.3 平方米，占地面积 167 平方米，因缺乏有效维护，建筑存在安全隐患，院落围墙已全部坍塌，地面凹凸不平，现无人居住，杂物堆积，排水不畅。上房为土木结构，坐北朝南，小青瓦仰瓦屋面，硬山建筑，面阔两间，进深一间，建筑面积 37.3 平方米，木构架松动，梁架表层霉变，东侧一间已坍塌，仅存基址，室内为土地面，墙体风化严重，窗洞后期被封堵，正脊断裂，瓦件缺失；磨房为土木结构，坐东朝西，平顶屋面，面阔一间，进深一间，占地面积为 9.7 平方米，木构架松动，室内为土地面，杂物堆积，墙体青砖松动，抹灰层脱落，窗棂松动、缺失；门楼为砖木结构，双坡屋面，占地面积约 6 平方米，木构架松动，屋面瓦件全部佚失，现屋面铺设机制瓦。

4. 4 号建筑旧址

位于刘伯承旧居的西南方向约 100 米处，现存建筑三座（上房、柴房、门楼），始建于民国初期，坐北朝南，该院建筑面积 72.5 平方米，占地面积 173 平方米，因缺乏有效维护，建筑存在安全隐患，院落围墙已全部坍塌，门楼屋面已无存，现存后期增设铁门，院落地面现作为菜地使用，排水不畅。上房为土木结构，坐北朝南，小青瓦仰瓦屋面，硬山建筑，面阔四间，进深一间，建筑面积 61.6 平方米，室内为土地面，杂物堆积，土坯墙体局部缺失，房屋木构架松动，梁架表层霉变，屋面部分苫背层流失，瓦件下滑，漏雨严重，窗棂缺失；柴房为土木结构，坐东朝西，小青瓦仰瓦屋面，硬山建筑，面阔一间，进深一间，建筑面积 10.9 平方米，室内为夯土地面，局部土坯墙体缺失，抹灰层大面积脱落，木构架松动，梁架霉变，屋面瓦件局部碎裂。

（二）刘伯承旧居

刘伯承旧居为当地居民住宅，位于北张庄村北部，该旧址东厢房已坍塌，现存上房三间，始建于民国初期。2005 年 6 月，宝丰县对刘伯承旧居进行维修。院落平面布局呈长方形，坐北朝南，建筑面积 55 平方米，占地面积 200 平方米。门楼、围墙已无存，土地面凹凸不平，杂物堆积。现有人居住。

上房为土木结构，小青瓦仰瓦屋面，硬山建筑，木构架完好，梁架表层霉变，室内为青砖地面，东、西山墙为后期红砖砌筑，滑秸泥抹面，门窗保存较好。

刘伯承旧居西侧原为邓小平旧居，现已坍塌，五十年代，村民在旧址内自建一处平房院落。

（三）中原军区团以上干部会议会址

位于北张庄村东北。占地面积约 3000 平方米。1948 年 6 月 17 日至 19 日，邓小平、刘伯承、陈毅、邓子恢、张际春、李达等出席该会议。中原军区机关和豫西二、五军分区及直属团以上干部共 1000 多人参加了会议，目前为农田。

（四）中原军区司令部旧址（何庄村）

1. 政治处旧址

该旧址西厢房已坍塌，现存上房，始建于民国初期。平面布局呈长方形，坐北朝南，该院建筑面积 51.7 平方米，占地面积 240 平方米。西厢房坍塌，仅存后檐墙，院落西侧围墙为土坯砌筑墙体，东侧围墙为后期青砖砌筑；院内有古井一处，土地面凹凸不平，部分作为菜地使用，现有人居住。上房为土木结构，坐北朝南，小青瓦仰瓦屋面，硬山建筑，面阔两间，进深一间，建筑面积 51.7 平方米，房屋木构架保存较好，室内为夯土地面，东西山墙后期用青砖重新砌筑，后檐墙滑秸泥面层大面积脱落，屋面滴水瓦缺失严重，门窗保存较好。

2. 情报处旧址

该旧址现存倒座三间，始建于民国初期。坐南朝北，建筑面积约 56.8 平方米，院落其余建筑及围墙已无存，倒座北侧现作为菜地使用，现无人居住。倒座为砖木结构，小青瓦仰瓦屋面，硬山建筑，木构架松动，梁架表层霉变，室内为土地面，凹凸不平，杂物堆积；下碱墙、山墙为毛石青砖砌筑，前后檐墙上身为土坯砌筑，墙体滑秸泥面层脱落，东侧一间屋面已坍塌，其余两间屋面瓦件缺失。

四、结　语

北张庄村历史悠久，文化底蕴深厚，境内的"榷酒遗址"就是最好的历史见证。而且这里曾是中共中央中原局和中原军区机关的驻地，邓小平和刘伯承等老一辈无产阶级革命家，在这里指挥了历史上著名的挺进中原五大战役，也一度成为解放战争时期中原解放区的领导核心的驻地，中原军区和中原野战军的指挥中心。1948 年中原军区司令部进驻本村，在宝丰发动群众、清匪反霸、恢复发展经济，为中原乃至全中国开辟、巩固解放区和淮海战役奠定了基础。因此，保护该村，具有一定的历史意义，为研究解放战争时期中原地区的政治、军事、战争史提供了可靠依据。

该村村落环境并不优越，但却是战争时期重要的指挥中心。传承红色文化，塑造战争军事文化，使村落作为老一辈革命者缅怀过去，回忆那段历史的良好载体。北张庄村的中原军区司令部旧址作为中共中央中原局的军事基地，军区司令部的成立是改变中原局势、解放全中国的关键举措。这段战争历史具有重要的军事研究价值，北张庄村保留的历史建筑及环境为这些研究提供了素材。

红色资源正是彰显革命历史的新平台、新课堂，其感召力是学校和书本不可比拟的。增强红色文化展示形式的多样化，使人们在寓教于乐中受到熏陶。通过保护该村落革命文物建筑，继承传统文化，弘扬红色文化，带动地方经济和地方民俗文化的发展，产生良好的社会效应。

The Protection and Utilization of Revolutionary Cultural Relics of Beizhangzhuang Village of Baofeng in Henan from the Perspective of the Integration of Cultural Tourism

SUN Jin[1], SU Guangwei[2]

(1. Henan Provincial Architectural Heritage Protection and Research Institute, Zhengzhou, 450002;

2. Zhengzhou Arts and Crafts Association, Zhengzhou, 450002)

Abstract: The Beizhangzhuang Village is a Chinese traditional village and the site of Central Plains Bureau of the Central Committee of the Communist Party of China. It was the place that the older generation of revolutionaries Liu Bocheng and Deng Xiaoping commanded the Central Plains Field Army and the East China Field Army, destroyed the Kuomintang's defense system in the Central Plains, reversed the battle situation and guaranteed the great victory of the Central Committee's implementation of the Central Plains Strategy. The battle laid the foundation and accelerated the Liberation War and the pace of national victory. This paper publishes the regional features, village pattern and architectural characteristics of revolutionary cultural relics that was investigated and recorded in last in-depth survey.

Key words: Beizhangzhuang village, traditional village, revolutionary cultural relics, regional features

建 筑 考 古

新石器时期大型建筑基址的建筑学解读
——以河南灵宝西坡遗址F105、F106为例*

岳岩敏

（西安建筑科技大学建筑学院，西安，710055）

摘 要： 河南灵宝西坡遗址是新石器时代仰韶文化庙底沟类型的典型代表，其物质文化遗存——大型五边形半地穴建筑基址，面积大、建筑工序复杂、技术先进，是该文化类型值得关注与研究的建筑对象。本文以F105、F106为主要研究对象，以考古发掘报告为文献基础，运用建筑类型学的研究方法，对比同时期同类型建筑基址，对其进行复原推断，呈现早期建筑的形制特征和建造技术。

关键词： 灵宝西坡遗址；大型建筑基址；建造技术

一、概　　述

根据近年考古发掘可知，新石器时代仰韶文化庙底沟类型的聚落遗址主要分布在晋陕盆地带，包括关中盆地、运城盆地、临汾盆地、灵宝盆地等地理单元。该盆地四面环山，南有秦岭山脉横贯东西，北有北山山脉、吕梁山脉为屏，东有太岳山、崤山纵列，西有陇山、汧山隆起，形成一个独立的"新月形"盆地[1]。该区域整体地势平坦，气候温和，水系丰富，是原始农业和聚落的产生与发展的主要地区之一。庙底沟类型[2]聚落遗址即是在这样的自然地理环境中孕育而生（图一）。

二、灵宝西坡遗址

灵宝西坡遗址位于河南省灵宝市阳平镇西坡村西北，坐落在自西南向东北倾斜的铸鼎原上，是铸鼎原仰韶文化聚落群中规模较大的一个，保留遗存约40万平方米，是新石器时代仰韶文化庙底沟类型的中心地带。该遗址地理环境南依秦岭（约2.5千米），北距黄河（约6千米），遥望铸鼎原头的黄帝陵，东西两侧有汇入黄河的支流（图二）。自1999～2004年考古工作者对西坡遗址进行六次发掘，发现了丰富的文化遗存，主要包括建筑基址、蓄水池、壕沟、墓葬以及有人类活动遗迹

---

* 陕西省教育厅专项科研资助项目"基于大型考古遗址分析的关中地区早期建筑特征研究"（15JK1441）
① 杨利平：《庙底沟文化的崛起》，《大众考古》2018年第10期，第26页。
② 在考古学概念上，庙底沟类型是指仰韶文化二期，据 ^{14}C 测定绝对年代在公元前4000～前3500年左右。

1. 水北遗址 2. 黑豆嘴遗址 3. 白水下河遗址 4. 河津固镇遗址 5. 上亳遗址 6. 小赵遗址 7. 班村遗址
8. 三里桥遗址 9. 西王村遗址 10. 西关堡遗址 11. 兴乐坊遗址 12. 邓家庄遗址 13. 北牛遗址
14. 南殿村遗址 15. 北堡寨遗址 16. 尹家村遗址

图一 新石器时期仰韶文化庙底沟类型聚落遗址分布示意图
（资料来源：《庙底沟文化的崛起》）

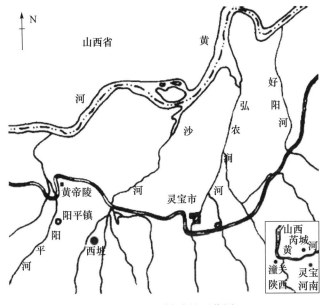

图二 灵宝西坡遗址区位图
（资料来源：作者自绘）

的灰坑、灰沟等。2001年公布为第五批全国重点文物保护单位。2005年被列入"中华文明探源工程"六大首选遗址[①]。

---

① "中华文明探源工程"是2004～2016年期间完成的多学科结合研究中国历史和古代文化的重大科研项目。六大首选遗址包括河南灵宝西坡遗址、山西襄汾陶寺遗址、河南登封王城岗遗址、河南新密新砦遗址、河南洛阳二里头遗址和郑州大师姑遗址，是早期中国规模宏大、等级较高的"中心城邑"。

庙底沟文化聚落高度发展的表征之一是大型建筑基址的发现[①]。河南灵宝西坡遗址中心部位的两处大型建筑基址（考古学编号为 F105、F106）是目前发现的同时期最大的两座单体建筑遗迹。其与河南陕县庙底沟遗址 F301、F302[②]，陕西白水下河遗址 F1、F2、F3[③]，华县泉护村遗址 F201[④] 等相似，均为五边形半地穴式（表一）。考古学者通过对如上几处聚落及建筑遗址中出土器物的类型学研究，判断五边形半地穴建筑基址的起源与发展过程应为起源于仰韶文化中期的关中东部，向东影响至豫西地区，湘西至泾河流域[⑤]。本文依据同时期同类型建筑基址特点，对灵宝西坡遗址 F105、F106 进行建筑学解读与研究，探讨其建筑形制特征和早期建造技术等。

表一　新石器时期仰韶文化庙底沟类型主要建筑遗址统计表（表中信息来源考古报告）

遗址名称	建筑基址考古平面图
河南陕县庙底沟遗址	
陕西华县泉护村遗址	
陕西白水下河遗址	

①　杨利平：《庙底沟文化的崛起》，《大众考古》2018 年第 10 期，第 28 页。
②　中国科学院考古研究所：《庙底沟与三里桥》，科学出版社，2011 年。
③　王炜林、张鹏程、袁明：《陕西白水县下河遗址大型房址的几个问题》，《考古》2012 年第 1 期，第 54～62 页；王炜林、张鹏程、李岗、袁明：《陕西白水县下河遗址仰韶文化房址发掘简报》，《考古》2011 年第 12 期。
④　北京大学考古学系、中国社会科学院考古研究所：《华县泉护村》，文物出版社，2003 年。
⑤　杨菁：《渭水流域史前房屋建筑形式与技术发展研究》，西北大学硕士论文，2014 年，第 64～65 页。

续表

遗址名称	建筑基址考古平面图
河南灵宝西坡遗址	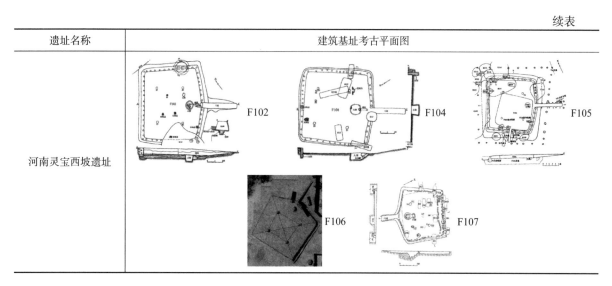

（一）建筑基址 F105 考古信息及复原推测

F105 是仰韶文化庙底沟类型中发现的面积最大、结构最为复杂、规格最高的房屋基址。据考古报告[①] 描述，F105 被西周时期的灰坑、墓葬以及近代墓葬破坏，其上覆压有仰韶文化房址 F104、灰坑、灰沟、蓄水池等，遗址破坏严重。通过对 F105 的地层叠加关系和文化遗迹的整理与分析，得出庙底沟文化类型的建筑基址 F105 的基本信息（图三）。F105 坐西朝东，圆角正边形平面（因一边墙体被门道打断，切成一定夹角，也可称五边形平面），半地穴式主室外周一圈回廊柱洞，东侧有门道，方向 110°；主室加上回廊、门棚总建筑面积约达 516 平方米。

主室为半地穴式，建筑基坑大于室内半地穴面积。基坑上大下小（即口大底小），口部外围最大总尺寸为东西 18.7 米、南北 19.85 米，面积约 372 平方米，口部至底部总深 2.75 米，基坑壁上直下斜，平底；室内（半地穴内）东西 13.7 米、南北 14.9 米，面积约 204 平方米。墙体直壁，残存半地穴及其以下部分，残高 0.7～0.85 米。半地穴墙体是颜色略有区别的内外两壁，分别夯筑而成：内壁宽 0.35～0.7 米、深 1.85～2.05 米，外壁宽 0.4～0.78 米、深 1.25～1.5 米。墙壁柱洞残存 38 个，柱洞直径 0.4～0.65 米、深 2.2～2.65 米，均为圆形，多为直壁、圆底或平底。柱础坑有斜壁圆底或直壁平底，坑底均有朱红色辰砂出土，部分坑底经过夯实处理。根据灵宝西坡遗址 F106、陕西白水下河遗址 F1 等建筑基址均有半地穴内外两层墙壁做法，推测内墙为一土台，埋设墙壁柱；外墙为建筑外围护墙体，两道墙为逐层分段垛泥墙构筑，无夯打痕迹。墙体表面涂抹草筋泥，再涂一层细泥，最后涂成朱红色，现大部分已脱落。

建筑基坑与室内地面处理考究。建筑地基和居住面均为层层夯筑而成。基坑下层厚约 1.85 米，为浅灰色土夹杂少许灰褐色土夯实而成；中层为三层、每层厚 5～8 厘米灰的白色草筋泥；上层为 5 层黄灰色夯土，土质硬密。最上为居住面，共五层，自下而上为厚 3.5～4 厘米的草筋泥、厚 0.1～3 厘米的黑灰色细泥 2 层、厚 1.5～2.5 厘米白灰色料姜（礓）石和厚 0.5～0.7 厘米的灰白色细泥层。在基坑夯土层及草拌泥局部发现有朱红色辰砂（HgS）。在居住面的五层中（除下数第三层外），每层均涂成朱红色（图四）。半地穴地面低于室外原地表 0.95～1 米。

① 魏兴涛、李胜利：《河南灵宝西坡遗址 105 号仰韶文化房址》，《文物》2003 年第 8 期，第 4～17 页。

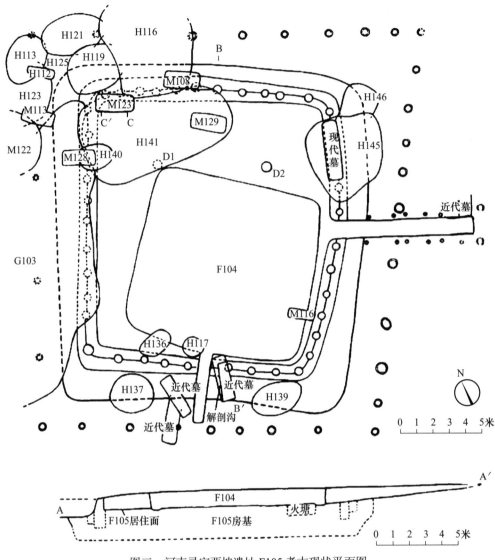

图三 河南灵宝西坡遗址 F105 考古现状平面图

（资料来源：《河南灵宝西坡遗址 105 号仰韶文化房址》）

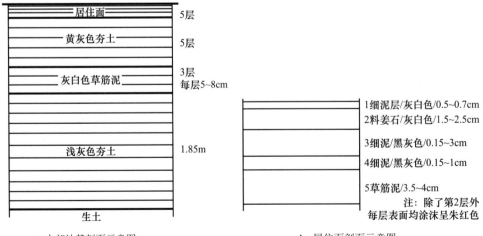

a. 中部地基剖面示意图

b. 居住面剖面示意图

图四 河南灵宝西坡遗址 F105 地基与居住面剖面示意图

（资料来源：据考古报告描述自绘）

室内现存柱洞2个，分布在室内东北部、西北部；柱洞呈圆形、直壁、平底，底部有柱础石，石表面涂成朱红色；D1口径0.53米、深0.7米，D2口径0.6米、深0.5米，两者间距6.65米（图四）；柱础石被压在五层黄灰色夯土之下，即在地基夯筑三层灰白色草筋泥时埋入柱础石。按房屋结构与对称原则推测，室内共有4个柱洞。栽立木柱后，柱周围有回填土等对其进行加固、防潮处理，当房子遭废弃或火烧之后，木柱残无，柱洞大于柱径。因此，F105柱洞口径并非柱子直径。根据其平面尺寸与柱间距，以及同时期其他建筑遗址柱洞大小推测室内主要结构性中心柱柱径或为40厘米左右。

由此可知，F105建筑规模大，室内地基、居住面、墙面、柱础或柱坑均处理考究，涂有朱红色。推测F105在聚落建筑群中地位突出，或为聚落中祭祀或殿堂性质的公共空间。

火塘被F104覆盖，根据同时期其他房址推断，应为圆形坑，靠近且正对入口门道。深约0.6米，底部为坚硬的红褐色烧烤面。

门道位于东墙中部偏北，呈长条形直壁斜坡状，长8.75米、宽0.95~1米；底部为硬土踩踏面，坡度6°；两侧共发现柱洞13个，门道两端的柱洞较大，直径0.45米。按照左右对称原则，复原为14个。

围绕半地穴主室四周外侧有柱洞，残存数量30个，间距2~3.5米。除一个椭圆形外，其余柱础坑均为圆形，坑壁和坑底有四种形式（直壁平底、直壁圆底、斜直壁平底和斜直壁圆底），直径0.4~0.7米、深0.3~0.75米。柱洞多为直壁平底的圆形，直径0.27~0.54米。回廊四周距墙面宽度不一，前部门道两侧宽度3.55~4.7米，两侧稍窄3~4.05米，后部较窄宽2.9~3.2米。根据考古柱洞分布规律及柱间距，推测柱洞总数为38个。回廊柱洞位于房屋基坑夯层范围以外，柱础坑处地面及柱洞内均未做夯实或填充等特殊处理，土质松软。在其中一个柱础坑内发现有朱红色辰砂（图五、图六）。通过对考古发掘整理分析与建筑信息比较解读，F105回廊有三处疑点：第一，回廊的功能性质，于F105建筑整体空间而言，如此大尺度的外廊功能性质尚不能确定，或为室内祭祀等公共活动的补充空间，扩大室内使用面积，或有独立的使用性质；第二，基础防水防潮技术，相较室内四根立柱和墙壁内柱而言，回廊柱位于室外，但柱础坑和柱洞均未发现防潮防水措施，且位于建筑夯筑基坑范围之外，此两点极不利于室外回廊的耐久性使用；第三，形象和上部与墙相交处的建造技术，与同时期具有外廊的建筑基址相比较而言，F105回廊宽度甚大，柱径和柱间距也较大，其上部构造与外墙相交处的建造技术及其外廊形象均需进一步探讨。以上问题需要考古学者和建筑史学者进一步深入研究。

因缺乏可靠的实物和图像信息的佐证，早期建筑研究中结构和屋顶形式仅能做一定程度的推测探讨。根据F105平面形状为五边形，室内4个柱洞均匀对称分布，初步推测，F105可能为以四柱为中心支点，对角架设四椽形成两对大叉手，其余椽木架于其顶部交点上，因其墙体外围一圈回廊，推测为单檐或重檐"四角攒尖顶"形式。屋架高度由屋盖排水的坡度决定的。参考《周礼·考工记》"匠人篇"载："匠人为沟洫……茸屋三分，瓦屋四分。各分其修，以其一为峻"[①]；"营国"篇注："修，南北之深也。"[②]由此可知，"茸屋"即茅草屋，屋架高度为进深的1/3；"瓦屋"

① （清）孙诒让撰，王文锦、陈玉霞点校：《十三经清人注疏·周礼正义》，中华书局，1987年，卷八十五，第3503页。
② 同上，卷八十三，第3430页。

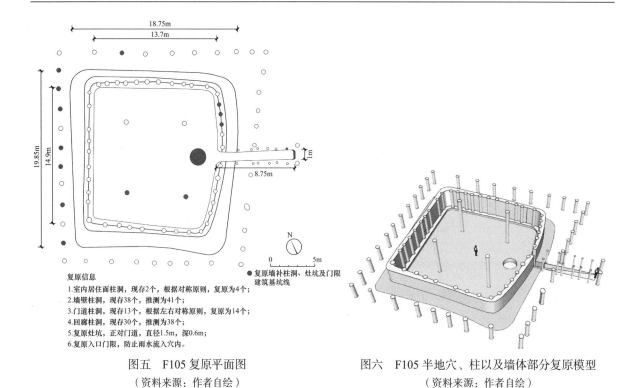

复原信息
1.室内居住面柱洞，现存2个，根据对称原则，复原为4个；
2.墙壁柱洞，现存38个，推测为41个；
3.门道柱洞，现存13个，根据左右对称原则，复原为14个；
4.回廊柱洞，现存30个，推测为38个；
5.复原灶坑，正对门道，直径1.5m，深0.6m；
6.复原入口门限，防止雨水流入穴内。

图五　F105复原平面图
（资料来源：作者自绘）

图六　F105半地穴、柱以及墙体部分复原模型
（资料来源：作者自绘）

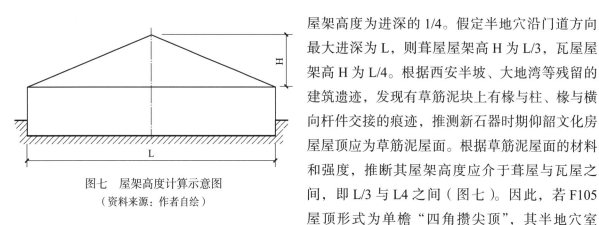

图七　屋架高度计算示意图
（资料来源：作者自绘）

屋架高度为进深的1/4。假定半地穴沿门道方向最大进深为L，则葺屋屋架高H为L/3，瓦屋屋架高H为L/4。根据西安半坡、大地湾等残留的建筑遗迹，发现有草筋泥块上有椽与柱、椽与横向杆件交接的痕迹，推测新石器时期仰韶文化房屋屋顶应为草筋泥屋面。根据草筋泥屋面的材料和强度，推断其屋架高度应介于葺屋与瓦屋之间，即L/3与L4之间（图七）。因此，若F105屋顶形式为单檐"四角攒尖顶"，其半地穴室内进深加前后回廊宽度，总跨度24米，则屋架高度为24/4≤H≤24/3，即6米≤H≤8米；若F105为重檐"四角攒尖顶"，回廊屋面与半地穴主体屋面分开，半地穴外墙体最大距离19.85米，则屋架高度为19.85/4≤H≤19.85/3，即5米≤H≤6.6米。无论屋架高度为何种尺寸，其体量都是惊人的。

（二）建筑基址F106考古信息及墙体建造过程复原

F106[①]与F105均处在该遗址的中心，间距约50米。建筑基址包括门道、半地穴墙体、墙内柱洞、室内柱洞、半地穴地面、火塘等遗迹。局部被晚期的墓葬破坏，半地穴室内居住面未发现任何生活遗迹，推测可能为聚落中的公共建筑，与F105相比等级偏低。

———————————

① 李新伟、马萧林、杨海青：《河南灵宝市西坡遗址发现一座仰韶文化中期特大房址》，《考古》2005年第3期，第3~6页。

建筑基址 F106 平面为圆角五边形，半地穴式。半地穴墙体分为内外两壁，夯筑而成，且外墙壁与内墙壁（即半地穴墙壁）平行。外墙壁各边尺寸分别为南壁约 17 米、东壁约 14.7 米、西壁约 14.5 米，门道东西两侧分别为 9 米、9.4 米，外墙壁内侧抹有 5 厘米厚的草筋泥，残存高度 10～30 厘米。外墙内面积约 270 平方米（含墙体约 296 平方米）。内墙壁各边尺寸分别为南壁约 15.7 米、东壁约 14 米、西壁约 14.3 米，东、西壁与南壁基本垂直，门道东西两侧墙壁长度分别为 8.5 米、8.8 米，且与东、西两壁夹角 108°，总室内建筑面积约 240 平方米。内墙残存高度约 40～80 厘米，墙顶面为平整的抹泥台面，宽约 60 厘米，墙体外侧呈棕色，厚约 15～20 厘米，内侧为青灰色草筋泥，表面涂朱红色（图八～图一〇）。

图八　F106 鸟瞰图

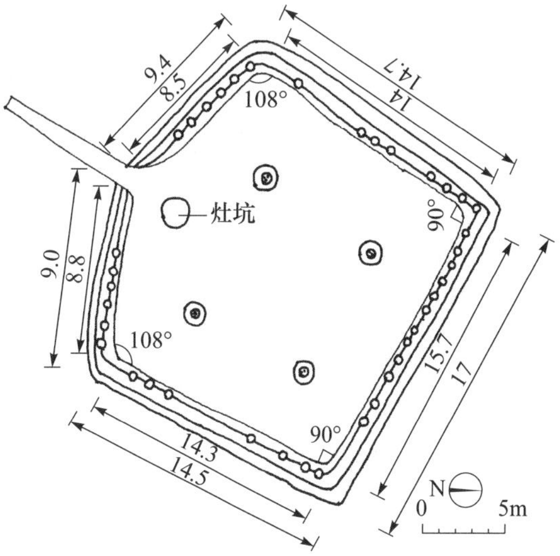

图九　F106 考古信息整理平面图

（资料来源：李新伟、马萧林、杨海青：《河南灵宝市西坡遗址发现一座仰韶文化中期特大房址》，《考古》2005 年第 3 期）

居住面做法考究，共七层，总厚约 25.5 厘米。自下而上分别为：

第 1 层为青灰色草筋泥，厚约 8.5 厘米；第 2 层为黄色硬土，厚约 4.5 厘米；第 3 层为棕色草筋泥，厚约 3 厘米；第 4 层为掺有料姜石的抹泥，青灰色，厚约 5 厘米；第 5 层为青灰色草筋泥，厚约 3 厘米；第 6 层同第 3 层，厚约 1.5 厘米；第 7 层为含有大量料姜石的坚硬地面，厚约 3.5 厘米，表面涂成朱红色（图一一）。

门道为斜坡式，朝向东北，方向 24°，长约 6.8 厘米，门道两壁抹泥 15 厘米，净宽约 45～80 厘米，入口处最窄，进入半地穴处最宽；

图一〇　F106 半地穴朱红色墙壁

（资料来源：《河南灵宝市西坡遗址发现一座仰韶文化中期特大房址》）

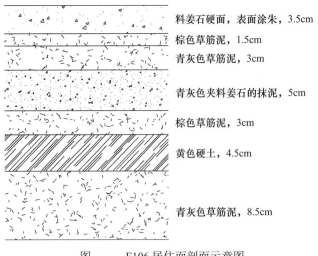

料姜石硬面，表面涂朱，3.5cm

棕色草筋泥，1.5cm

青灰色草筋泥，3cm

青灰色夹料姜石的抹泥，5cm

棕色草筋泥，3cm

黄色硬土，4.5cm

青灰色草筋泥，8.5cm

图一一 F106 居住面剖面示意图
（资料来源：据考古报告描述自绘）

柱洞遗迹内部件木柱腐朽痕迹，其内填充土为房屋倒塌形成的堆积，杂有石块和陶片，考古工作者推测当时房址被废弃时，全部柱子被当时的居民移走用于其他房屋建筑。柱洞分两种：室内中心柱和壁柱。室内中心柱有 4 个，均匀地分布在室内对角线上，且呈轴对称关系，柱坑为近圆形，直径约 1 米，应是当时移柱时形成的；位于东北角的柱坑内有平整的柱础石，低于居住面约 20 厘米，"直径约 26 厘米，可作为柱径的参考"[1]。壁柱现存 41 个，间距不等，柱洞直径为多为 25～30 厘米，因移柱时可能造成破坏，实际的柱径应更小。整体而言，F106保存现状较好。根据考古工作者墓葬处的遗址断面推测其建造程序的描述，对其复原如图所示，我们可以清楚地认识到仰韶文化庙底沟类型建筑基址的建筑构造过程复杂，而且需要大量的人力、物力（图一二）。

三、结　语

新石器时期仰韶文化庙底沟类型是中国史前文明发展的重要时期，"其领域之大、文化认同之广，历史影响之深，世界'罕有其比'。"[2] 其聚落与建筑基址是该文明重要的物质载体，河南灵宝西坡遗址是庙底沟类型最具代表性的聚落遗址。本文通过对聚落内大型建筑基址 F105 建筑平面形制、屋架高度范围及其形式，以及 F106 建造程序的复原研究与推想，呈现"中华文化起源"时期原始先民半穴居大型建筑基址的基本特征，其平面形状为五边形，建造程序考究，建筑技术成熟、组织周密。由此推测 F105、F106 大型建筑基址并非普通生活居住建筑，应是该聚落重要的公共建筑空间场所，或具有早期祭祀或宫殿性质的建筑。然而，囿于资料有限，仍有诸如半地穴建筑基址的主要结构、回廊功能、屋面形式等建筑信息需进一步研究与论证。

---

① 李新伟、马萧林、杨海青：《河南灵宝市西坡遗址发现一座仰韶文化中期特大房址》，《考古》2005 年第 3 期，第 5 页。
② 杨利平：《庙底沟文化的崛起》，《大众考古》2018 年第 10 期，第 31 页。

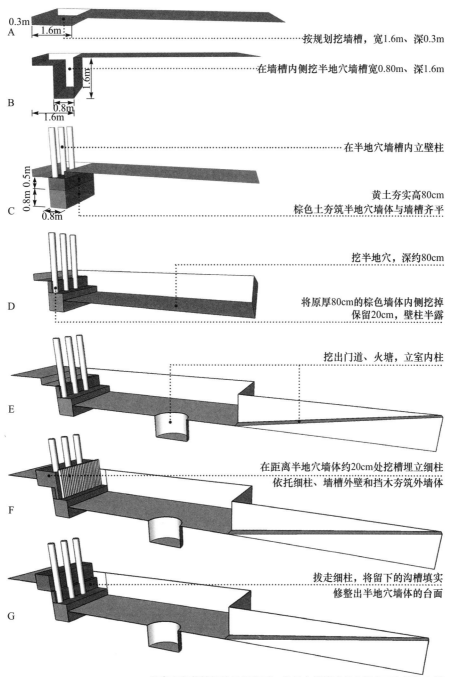

A　按规划挖墙槽，宽1.6m、深0.3m

B　在墙槽内侧挖半地穴墙槽宽0.80m、深1.6m

C　在半地穴墙槽内立壁柱
黄土夯实高80cm
棕色土夯筑半地穴墙体与墙槽齐平

D　挖半地穴，深约80cm
将原厚80cm的棕色墙体内侧挖掉
保留20cm，壁柱半露

E　挖出门道、火塘，立室内柱

F　在距离半地穴墙体约20cm处挖槽埋立细柱
依托细柱、墙槽外壁和挡木夯筑外墙体

G　拔走细柱，将留下的沟槽填实
修整出半地穴墙体的台面

以青灰色草筋泥涂抹居住面、半地穴墙壁及其上部台面和外墙内侧
铺设居住面其他各层，之后将居住面和半地穴墙壁内侧涂朱；葺顶、架设门棚等

图一二　F106建造程序图
（资料来源：据考古报告描述自绘）

参 考 文 献

［1］（清）孙诒让撰，王文锦、陈玉霞点校：《周礼正义》，中华书局，1987年。

［2］杨鸿勋：《建筑考古学论文集》，文物出版社，1987年。

［3］苏秉琦：《中国文明起源新探》，辽宁人民出版社，2009年。

［4］　李新伟、杨海青、郭志委、侯延峰：《河南灵宝市西坡遗址庙底沟类型两座大型房址的发掘》，《考古》2015 年第 5 期。

［5］　魏兴涛、李胜利：《河南灵宝西坡遗址 105 号仰韶文化房址》，《文物》2003 年第 8 期。

［6］　李新伟、马萧林、杨海青：《河南灵宝市西坡遗址发现一座仰韶文化中期特大房址》，《考古》2005 年第 3 期。

［7］　郭志委、李新伟、杨海青、侯彦峰：《河南灵宝市西坡遗址南壕沟发掘简报》，《考古》2016 年第 5 期。

［8］　杨利平：《庙底沟文化的崛起》，《大众考古》2018 年第 10 期。

［9］　中国科学院考古研究所：《庙底沟与三里桥》，科学出版社，2011 年。

［10］　王炜林、张鹏程、袁明：《陕西白水县下河遗址大型房址的几个问题》，《考古》2012 年第 1 期。

［11］　王炜林、张鹏程、李岗、袁明：《陕西白水县下河遗址仰韶文化房址发掘简报》，《考古》2011 年第 12 期。

［12］　陕西省考古研究院：《陕西高陵杨官寨遗址发掘简报》，《考古与文物》2011 年第 6 期。

［13］　《河南灵宝铸鼎源及其周围考古调查报告》，《华夏考古》1999 年第 3 期。

［14］　程鹏飞：《仰韶文化庙底沟期大型半地穴式房址研究》，《文化遗产与公众考古》（第二辑），2016 年。

［15］　杨菁：《渭水流域史前房屋建筑形式与技术发展研究》，西北大学硕士论文，2014 年。

Architectural Interpretation of the Large-scale Building Sites in the Neolithic Period
——Case Study of F105 and F106 of the Xipo Site in Lingbao, Henan

YUE Yanmin

(School of architecture, Xi'an University of architecture and technology, Xi'an, 710055)

Abstract: The Xipo site of Lingbao in Henan is a typical site of the Miaodigou type of Yangshao Culture in the Neolithic age. Its material and cultural remains are the valuable study object, which are the large-scale pentagonal pit house base remains with large area, complex construction process and advanced technology. This paper focuses on F105 and F106, takes architectural typology as research method, compares with the same type of building sites in the same period and carried out restoration inference, the result shows the shape characteristics and construction technology of early buildings.

Key words: the Xipo site in Lingbao, large building base remains, construction technology

试论中国北方地区的史前石城遗址

聂晓莹　付建丽　崔天兴

（郑州大学历史学院，郑州，450001）

摘　要：早在新石器时代晚期，一种防御色彩浓厚的石城在中国的北方地区兴起，这些遗址多集中于山坡或高原上，极富地域色彩。石城遗址主要分布于内蒙古中南部及晋陕高原北部地区，至夏商时期，许多类似的遗址类型又在内蒙古东南部及其以东地区发现。这些遗址自发现以来就受到了学术界的广泛关注，相关的研究文章也不断发表，对研究早期社会形成过程意义重大。

关键词：龙山晚期；石城遗址；双鋬鬲；文化交流

一、研究意义及现状

中国北方的史前聚落形态，从新石器时代中期至新石器时代末期发生了明显的变化，可分为三个阶段，分别是新石器时代中期有环壕聚落的兴隆洼文化，仰韶时代同样拥有环壕聚落的仰韶文化、赵宝沟文化和红山文化[①]；到了龙山时代，内蒙古中南部和岱海周围的聚落形态发生重大变化，普遍的用大量石头或石块垒筑的石墙与石城取代了聚落围沟[②]，随后，晋陕高原北部地区也出现了类似的石城遗址，引发了广泛而深入的关注（图一）。

内蒙古中南部的史前石城遗址群发现于20世纪七八十年代，经内蒙古文物考古研究所及各地区考古研究机构调查，发现主要分布于三个区域：①大青山西段南麓：自西向东分别是阿善遗址、西园遗址、莎木佳遗址、黑麻板遗址和威俊遗址；②凉城岱海周围：西白玉遗址、老虎山遗址、板城遗址、园子沟遗址和大庙坡遗址；③准格尔旗和清水河县之间的黄河沿岸：准格尔旗的白草塔、寨子塔、寨子上、小沙湾和清水河县的马路塔、后城嘴等。这些遗址的发现引起学界的广泛关注，考古研究机构调查发掘并发表一系列发掘简报，成为学界研究此类遗址的重要资料来源。此外，内蒙古文物考古研究所的田广金自20世纪70年代，就开始对内蒙古地区发现的石城遗址进行深入研究，发表了众多文章对其进行详细的论述，为研究石城遗址做出了突出贡献。其中田广金老师在其发表的诸多论文中对这一地区的石城遗址的遗址概况、分期分区、文化发展序列及谱系分析、文化因素探讨以及与周边地区的文化交流进行了深入探讨[③]。

陕西、山西两省的文物考古研究院联合其他考古研究机构在陕北、晋北地区也发现了石城遗址，包括陕西神木石峁、吴堡后寨子峁、榆林寨峁梁、寨峁遗址、佳县石摞摞山遗址等，王晓毅、马明志、孙周勇、卫雪等学者对上述遗址进行发掘研究，收获颇丰，其研究工作涉及文化分析、遗存研究、年代分期、建筑方式研究及文化交流等多方面，对正确认识这一地区的石城遗址分布状况

---

① 内蒙古文物考古研究所：《岱海考古（二）——中日岱海地区考察研究报告集》，科学出版社，2001年。
② 裴安平：《中国史前的聚落围沟》，《东南文化》2004年第6期，第21～30页。
③ 田广金：《论内蒙古中南部史前考古》，《考古学报》1997年第2期，第121～145页。

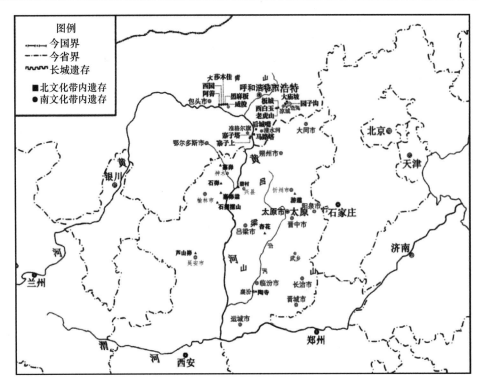

图一 史前石城遗址分布图

及与周边文化的交流传播意义显著。

　　研究北方地区的石城遗址这一特殊的聚落构建方式，不仅可以使我们正确认识新石器时代的北方地区的早期社会，复原当时先民们的行为特征和生活方式，还可以丰富中华文明的多元发展特征，为周边地区的文明研究及其文化交流提供佐证，对研究新石器时代北方地区的社会变革和复杂化过程甚至是国家起源都有着重大意义。

二、石城城址分布状况

（一）大青山西段南麓石城聚落群

　　石城均有石砌围墙，城内布局以石筑房屋为主，有石砌房基，城址内外多有祭祀设施。面积一般为数千至 2 万平方米，坐落于大青山南麓的第一、二级台地上，坡度陡峭，临悬崖绝壁处因易于防守而不设城墙，前临土默川，隔川与黄河相望，遗址分布密集，仅相距 5 公里左右[①]（图二）。

　　（1）阿善遗址（2 座）[②]：石质建筑仅发现于第三期遗存中，包括石围墙和建筑物，石围墙分筑在相距约 250 米的东、西两处台地上，墙体由石块垒筑而成。石城随台地起伏修建。其中一台地内的有圆形祭坛遗址，由南到北一线排列的十八座石块垒砌的圆形石堆组成。

　　（2）西园遗址[③]：遗址也坐落在两个东西对峙的台地上，呈北高南低缓坡状地形，东台地内发

———————————

　① 包头市文物管理所：《内蒙古大青山西段新石器时代遗址》，《考古》1986 年第 6 期，第 485～496 页。

　② 崔璇、斯琴、刘幻真：《内蒙古包头市阿善遗址发掘简报》，《考古》1982 年第 2 期，第 97～108 页。

　③ 杨泽蒙、胡延春、李兴盛：《内蒙古包头市西园新石器时代遗址发掘简报》，《考古》1990 年第 4 期，第 295～306 页。

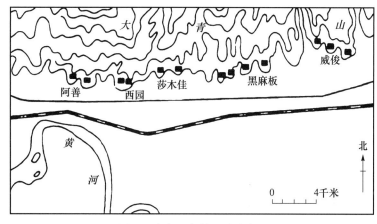

图二　大青山南麓石城分布图

现石块砌成的圆角方形房屋，门皆朝南，面积多在 20 平方米左右。其形制和开间大小均与阿善遗址第三期晚段遗存中的地面房基完全相同。

（3）莎木佳遗址：遗址所在的台地中部有一座"大房子"遗迹，平面呈长方形，门朝南，在大房址内向后又伸出一间小房间；靠北墙还筑有一间进深 4 米，间宽 4.5 米的内室，或具有聚落中心建筑的功用；遗址的西南隅有石圈构筑的祭祀遗迹，呈方形，祭坛构造较复杂，3 个方形祭坛从低到高、从大到小成排分布。

（4）黑麻板遗址：遗址西半部发现依山势呈阶梯状排列的石墙房屋基址 12 座。东半部近北墙处的台基中心有"回"字形的石圈建筑，石圈的拐弯均呈弧形，石圈正中有平铺的几块石头，与莎木佳遗址中的祭坛基本相同。

（5）威俊遗址[①]：由东西排列的三个台地组成，东西长约 1500 米，其中的两个台地在石围墙内均有土石建筑的祭坛，祭坛为人工堆建的土丘，颈部和腰部各砌有石框一个，两个石框套砌呈"回"字形，与西麻板的同类遗迹相似。

（二）凉城岱海周围石城聚落群

遗址均位于蛮汗山南麓向阳避风坡地上，遗址分布密集；石城面积较大，多依山坡用石头筑起围墙，城内居址为半地穴式房址[②]；祭祀遗迹不多见，老虎山遗址和西白玉遗址内设有小方城，已具备内城的萌芽性质[③]（图三）。

（1）老虎山遗址[④]：地形呈簸箕状，遗址四周被石筑围墙环绕，石墙依山势走向修筑，上窄下宽，呈不规则三角形，石墙沿两侧山脊而上与山顶约 40 米见方的方形石圈相连。遗址内发现依山坡台地修建的房屋，70 座长方形或凸字形房屋。

（2）板城遗址：遗址围墙内房址与老虎山石城址一样成排分布在遗址西北的岗梁上，其中祭坛遗迹由 4 个方形石堆组成，中间形成"十"字形通道，通道中心有大石板铺底，石板被火烧成红紫

①　刘幻真：《内蒙古包头威俊新石器时代建筑群址》，《史前研究》（辑刊），1988 年，第 212～217 页。
②　田广金：《内蒙古中南部龙山时代文化遗存研究》，《内蒙古自治区考古博物馆学会会议论文集》1989 年，第 144～163 页。
③　魏坚、曹建恩：《内蒙古中南部新石器时代石城址初步研究》，《文物》1999 年第 2 期，第 57～62 页。
④　田广金：《凉城县老虎山遗址 1982～1983 年发掘简报》，《内蒙古文物考古》1986 年，第 38～47 页。

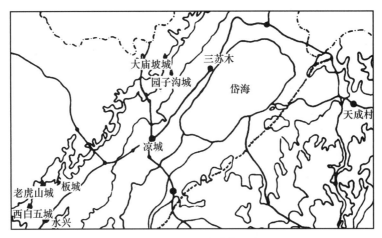

图三　岱海地区石城分布示意图

色，应为祭祀类遗存。

（3）园子沟遗址：位于岱海北岸，胡龙背山东坡之下。沿各台地的东北部坡下，分布有层层窑洞房址，坡上平缓处则分布有半地穴式房址房址按阶地层层分布，与老虎山遗址相同。但这里的窑洞式房子造型整齐，规划明显，其中平面呈"吕"字形的双间房子建筑工艺考究。

（三）准格尔旗、清水河县之间黄河沿岸石城

遗址都有石砌围墙，规模不大，均建在黄河岸边高台地上，与包头和岱海的山前地势不同，这里是黄土丘陵地带，地势陡峭，多断崖，因此石墙多断断续续。

（1）白草塔遗址：位于黄河西岸阶地，一条东北——西南走向的长约 240 米的石墙与断崖一起将三级阶地以上的部分封闭成独立的聚落单位，多见长方形半地穴式房屋。

（2）小沙湾遗址：总面积仅 4000 平方米，遗址的北侧建有两道石墙，发现的 5 座房屋均为半地穴式。

（3）寨子塔遗址：北部也筑有两道石墙，寨门附近有类似瞭望台之类的设施。整个遗址为不规则的长方形，面积将近 5 万平方米。房址多为长方形半地穴式，少数房址的内壁以石块叠砌。

（4）寨子上遗址和后城嘴遗址的面积分别约为 30000 平方米和 40000 平方米，石城内的房屋建筑趋于多样化，除了半地穴式建筑外，还出现了地面石墙建筑和窑洞式建筑。

综上，在内蒙古中南部地区，石城的城墙建筑技术基本相似，均用大小不等的石头错缝垒砌或用石板砌筑成石墙，石缝之间有填充物，如小沙湾、老虎山、西白玉的碎石块和黄土，马路塔的草拌泥等，用以加固城墙；石墙往往加厚，如阿善的石墙外残存的阶梯状的护墙坡，小沙湾、老虎山、西白玉的石墙横截面呈上窄下宽的梯形等，同样是为了使城墙更加坚固；另外，寨子塔的石墙外有壕沟，而老虎山的石墙内壁不规整，外壁却修得垂直平齐，显然是起防护作用，阻挡入侵者攀爬；值得注意的是，小沙湾和老虎山的石墙墙基是用黄土层层铺垫、夯筑而成，建筑技术相较内蒙古中南部的其他石城更复杂。

（四）陕北、晋北地区石城

陕北地区的石城址多处于黄土地貌中的梁峁顶部，利用自然地势，在相对平缓处筑石墙，险要处或用石墙，形成封闭聚落[1]。城址规模和城垣结构上出现了明显的分化现象，有石峁这种面积超过400万平方米的超大型石城聚落[2]（图四），还有面积超过100万平方米的大型石城聚落，另外还有数量最多的小型石城聚落，如17万余平方米的寨峁遗址[3]。

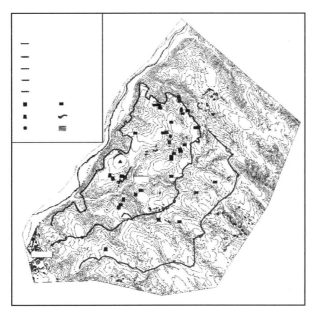

图四　石峁遗址平面图

石峁遗址由"皇城台"、内城、外城三部分构成。遗址的多重石城，石墙内外发现的玉器、石墙上设置马面、外围布有祭坛等特征，功能区划明显，无疑时高等级聚落，而且高于同时期、同区域其他遗址，应是龙山晚期及夏时期陕北乃至河套地区的中心聚落。

碧村遗址总面积约75万平方米，发现的5座石砌排房，建筑极为考究，修筑前先平整硬化地面，再挖建略呈倒梯形的基槽，部分基槽底部经夯打坐实，墙体有涂抹白灰面墙裙现象。排房东部分布有灰坑，推测为生活垃圾区。其北部、南部均发现有石墙遗迹，石墙为分段砌筑，墙体为长石砂岩错缝平砌，石块之间垫衬砂质黏土，内外立面垂直平齐。护城坡砌筑方式与房址一致，但壁面略显粗糙，个别墙体外侧还有预防滑坡的条形护坡石。城墙屺垛发现的石砌墙体紧贴基槽修建，边缘石块略规整，内部杂乱无章，由大小不一的砂岩堆置而成[4][5]。

陕北、晋北地区，显示出更高的石城建筑技术。石峁遗址的墙面是城址修筑技术的进步，在山峁断崖处主要采用堑山砌石，在较平缓的山坡和台地处，采用下挖基槽，上筑石墙，墙体内外两侧

① 王炜林、郭小宁：《陕北地区龙山至夏时期的聚落与社会初论》，《考古与文物》2016年第4期，第52～59页。
② 戴应新：《陕西神木县石峁龙山文化遗址调查》，《考古》1977年第3期，第154～157页。
③ 马明志：《2008～2017陕西史前考古综述》，《考古与文物》2018年第5期，第10～42页。
④ 山西省考古研究所、兴县文物旅游局：《2015年山西兴县碧村遗址发掘简报》，《文物》2016年第4期，第25～33页。
⑤ 山西省考古研究所等、兴县文物旅游局：《2016年山西兴县碧村遗址发掘简报》，《中原文物》2017年第6期，第4～17页。

的石块都是利用了经过打磨平整的石块砌筑而成，这种筑墙方式更耗人力和物力；另外，石峁城址的城门、瓮城、角台、角楼、墩台、门塾和疑似"马面"等附属防御设施的出现也反映了石峁城建筑工艺上的复杂性和高级程度，因此石峁古城的营建反映出石峁的社会文明更发达、社会形态更完整、社会发展程度更高。

三、"石城"城址间所体现的文化交流和融合

（一）石城起源及年代

"石城"作为一种文化现象，其产生必然与周边社会存在着或多或少的联系。田广金在岱海地区的考古学文化谱系分析的研究中指出，这一地区的考古学文化主要是从外地传入的，且石城聚落的出现与辽河流域红山文化晚期的石墙建筑技术的西传密切相关[3]。而魏坚则认为，石城的出现与温度有关，因气温明显下降，当地居民开始摒弃防寒性能较差的草木结构的半地穴式房屋，代之以冬暖夏凉的窑洞式或地面式石筑房屋[9]。但客观来说，温度下降不仅是北方地区独有的变化，中原地区甚至是南方在这一时期都会受到气温变化带来的影响，因此降温能否直接导致这些地区的居民改变居住方式，还需要更进一步的研究分析。

大体上大青山西段南麓与准格尔地区的石城同期，相当于庙底沟二期，这些城址的面积都很小，一般在数千至一两万平方米，聚落群内部分化并不显著。岱海地区石城的兴起是在进入龙山时代以后，此时大青山西段南麓的石城群已经衰落，准格尔地区的石城也大量减少，岱海聚落群内部的分化开始扩大，除数万平方米大小的城堡之外，老虎山遗址的面积达到了13万平方米，而园子沟的面积更是达到了30万平方米[1]（表一）。

表一　各遗址面积及年代统计

位置	遗址名称	遗址面积（万平方米）	遗址年代	
大青山西段南麓	阿善	5	距今约4700年	
	西园	1	距今约4700年	
	莎木佳	约0.8	距今约4700年	
	威俊	4	距今约4700年	
	黑麻板	2	距今约4700年	庙底沟二期
准格尔旗、清水河县的黄河沿岸	白草塔	不详	距今约5000年	
	寨子塔	5	距今约4700年	
	寨子上	3	距今约4300年	
	小沙湾	0.4	距今约4700年	
	马路塔	4	距今约4700年	
	后城嘴	4	距今约4700年	

① 赵辉、魏峻：《中国新石器时代城址的发现与研究》，《古代文明》（辑刊），2002年，第1～34页。

位置	遗址名称	遗址面积（万平方米）	遗址年代	
凉城岱海周围	老虎山	13	距今 4500-4300 年	龙山晚期
	西白玉	约 6.5	距今 4500-4300 年	
	园子沟	25	距今 4500-4300 年	
	板城	10	距今 4500-4300 年	
陕北、晋北地区	石峁	400 以上	距今 4300-3800 年	
	碧村	75	龙山文化晚期	
	寨峁	约 17	第一阶段距今约 4300-4200；第二阶段距今约 4200 年	
	寨峁梁	3	距今 4500-4300 年	
	石摞摞山	15	始建于 4500-4600 年前	

（二）形制布局

在城址选择上，内蒙古中南部地区的石城多分布于山坡上，依据天险，并在山坡较缓的地方建筑石墙，以作防御；在陕北、晋北地区，石城城址多分布在晋陕高原北部的梁、峁上，沿黄河或其支流分布，这是受两地的地形地貌限制，在营建石城时因地制宜，选择城址。

在石城分布上，内蒙古中南部石城的分布出现"组群"现象，在大青山南麓，自西向东依次是阿善—西园—莎木佳—黑麻板—威俊遗址，串成一线；岱海地区的石城址，自西南向东北也是"一"字排开，依次是西白玉—老虎山—板城—园子沟—大庙坡遗址；准格尔旗、清水河县之间黄河沿岸的石城，分别聚集在黄河的主干和支流，相对较为集中[①]。大青山西段南麓及准格尔旗和清水河县之间的黄河沿岸的单个石城都彼此相邻，规模相差不大，应不存在强烈的依附或归属关系，而凉城岱海周围的老虎山遗址和园子沟遗址面积较大，因此二者是否具有聚落中心地位值得注意。到了晋北、陕北地区，石城遗址的城址规模和城垣结构上出现了明显的分化现象，说明等级化程度更高，聚落分化更明显，石摞摞山遗址的内外城结构及护城壕的出现[②]，也为这一结论提供佐证。

就城内结构而言，内蒙古中南部石城内部的房址形制相对简单，分布暂无特殊形态，以长方形单间石墙房子最为普遍，面积较小，房内近门处设长方形地面灶或石砌火塘，因此推测这些石城内部并无较大等级差别，呈阶梯状分布，应是受地形所限。在晋北、陕北地区，则显示出了更高水平的社会发展程度：寨峁梁遗址的房址背坡面沟，大体沿等高线成排分布，一般为"直线联套"的"吕"字形前后室结构，自内而外由后室、过道、前室"复合"组成，灶址、储藏坑等设备齐全，普遍存在有精美的白灰地面和白灰墙裙[③]，碧村所发掘的石砌排房更具规模，彼此相连，平面均呈长方形，且有白灰地面，中心均有火塘，个别还有二层台，造型规整，主次分明[13][14]，房址附近缓坡处设置护坡墙[④]。这些现象均表明，晋北、陕北地区石城中的房址比内蒙古中南部各石城中的房址

① 杨召礼：《内蒙古长城地带早期石城址的考古学研究》，内蒙古师范大学硕士学位论文，2011 年。
② 陕西省考古研究院：《陕西佳县石摞摞山遗址龙山遗存发掘简报》，《考古与文物》2016 年第 4 期，第 3～13 页。
③ 孙周勇：《论寨峁梁房址的建造、使用和废弃》，《考古与文物》2018 年第 1 期，第 72～78 页。
④ 王晓毅、张光辉：《兴县碧村龙山时代遗存初探》，《考古与文物》2016 年第 4 期，第 80～87 页。

形制更规整，建造技术更复杂，规划意识更明显。

综上所述，内蒙古中南部地区的石城遗址年代较早，面积较小，内部构造简单，是石城城址出现的初级阶段，发展到晋北、陕北地区，石城遗址在规模大小及内部结构上已有着明显的等级差别，聚落内部已有明确的功能分区，清晰地展现了石城遗址从内蒙古中南部的简单的小聚落一步步向南发展为石峁这样的超级大石城的过程。

（三）石城性质

关于石城的性质，张宏彦的《河套地区"前长城地带"形成的环境考古学观察》与魏坚的《内蒙古中南部新石器时代石城址初步研究》均有论述，虽观点不同，但都认为石城的主要功能是防御。

但对于其防御准则则有不同的看法。

第一种：内防性质，即防御文化内部各部族间的相互侵扰。

魏坚先生等认为，由于社会内部贫富分化、地位的分化和自然变化等引发各种社会矛盾的激化，促使部族间为争夺生存空间及财富而相互频繁侵扰，于是纷纷建立石城堡以自保，就成为当时社会的一种必然[9]。

第二种：外防性质，是防御其他非农业文化的侵袭。

韩建业先生认为，这些石城带多分布在定居的农业文化区的北缘地带，修建于易守难攻的险要位置，拥有坚固的城墙、严密的城门和有效的内防设施，可见军事防御是其重要功能之一。这些石城不仅拥有单体城址的防御功能，而且呈带状分布，在整体上具备较明显的整体防御功能，其防御对象只能是来自农业文化区以北的非农业民族①。

曹兵武在其《中国史前城址略论》中指出，高耸的城墙并非是为了保护某些社会高层分子已经聚敛起来的财富，相反，它们的功能应是对外的，应是保护修筑城址的整个人们共同体及其生存资源的，以防止它被其他的人们共同体所冒犯乃至取占。因此他认为，在草原文化和农耕文化这两类文化对峙的情况下，"这些城址具有守南防北的性质"②。

张宏彦先生也认为，在龙山时代，气候逐渐变得干凉的大环境下，这一地区的农业文化与采集—狩猎文化的生存空间变小，资源性争夺成为必然。于是仰韶时代和平共处的格局被打破，对抗乃至冲突成为常态。河套地区以农业为主的文化开始修建石城以自卫，"前长城地带"形成③。

值得注意的是，通过对这些地区的动植物遗存统计和鉴定和研究，可知内蒙古中南部的先民自新石器时代初期就驯化和种植粟黍（C4 植物），陕北、晋北地区的生业模式是以种植粟黍为主的北方旱作农业模式，另外还发现有丰富的豆科植物种子，说明存在家畜饲养业④，这都表明当地生业有着农牧交错生产的特点，佐证了这一地区处于游牧文化与农业文化交错地带这一结论，结合石城城址多建在地势险要之地，或临河流、冲沟，或依悬崖、断壁，利用天险作为屏障，表明石城的修建是在抵御外来者的入侵。

---

① 韩建业：《试论作为长城"原型"的北方早期石城带》，《华夏考古》2008 年第 1 期，第 48～53 页。
② 曹兵武：《中国史前城址略论》，《中原文物》1996 年第 3 期。
③ 张宏彦：《河套地区"前长城地带"形成的环境考古学观察》，《西部考古》2014 年，第 42～55 页。
④ 高升：《陕北神木石峁遗址植物遗存研究》，西北大学硕士学位论文，2017 年。

（四）文化交流

从文化面貌看，内蒙古中南部地区和陕北晋北地区的石城城址应属于同一大文化圈。这一地区在仰韶文化中期主要处于接受外来影响（以晋南为起源地的仰韶文化庙底沟类型）的自我积淀时期[①]，到了仰韶文化晚期开始形成具有地方特色的区域文化。

龙山文化时期，内蒙古中南部及陕北晋北地区存在着大量双鋬鬲遗存。在内蒙古中南部，老虎山文化主要分布于岱海地区，其遗存以单把斝式鬲和双鋬鬲为特征。在陕北，年代较早的佳县石摞摞山遗址也出土有双鋬斝式鬲，且石摞摞山遗址发现的石城与内蒙古中南部的石城相比，结构更复杂、功能更完善[18]。在晋北，碧村的高领鬲中，口沿上有压印锯齿花边的装饰，而锯齿花边在老虎山文化时期多饰于绳纹罐口沿上，直到龙山时代中晚期才普遍装饰于陶鬲口沿上[20]，这表明陕北地区与内蒙古中南部存在着很深的文化渊源，不排除这一时期存在着老虎山文化向南扩散到陕北晋北地区的可能。

值得注意的是，双鋬鬲在晋中地区的汾阳杏花遗址和忻州游邀遗址也有发现，以侧装双鋬鬲为主要特征，部分时段或地区存在着正装双鋬鬲和侧装双鋬鬲共存的现象[②③]，但考虑到碧村遗址所见的石砌建筑这类遗存，在吕梁山以东未有发现，表明吕梁山东西两侧这一时期文化面貌差异较大，而碧村遗址所在的晋西地区，与陕蒙等黄河沿岸地区同时期遗存的关系应更为密切[19]。

综上，龙山文化时期，内蒙古中南部以单把斝式鬲、双鋬鬲为代表的鬲文化因素，与陕北地区的正装双鋬鬲因素联系较密切；而在晋中地区的双鋬鬲存在以侧装为主、侧装和正装并存的因素，对晋南地区的陶寺文明产生了很大影响，尤其表现在陶寺中期时新出现的鬲类炊器与本地特有的釜灶并存现象[④]（表二、表三）。

表二　各遗址出土陶器器型统计表

遗址	斝	鬲	甗	罐	钵	碗	豆	缸	甑	盘	盆	瓮	尊	盂	瓶	备注	来源
阿善				√	√	√					√	√			√		[5]
西园				√	√		√				√				√		[6]
莎木佳				√	√						√	√					[1]
威俊					√							√					[7]
黑麻板				√	√						√						[1]
白草塔	√	√		√							√	√	√				⑤
寨子塔				√						√	√	√				纺轮	⑥

① 韩建业：《中国北方地区新石器时代文化研究》，文物出版社，2003年。

② 张忠培：《黄河流域空三足器的兴起》，《华夏考古》1997年第1期，第30～48页。

③ 苗畅：《陕北地区龙山时代晚期双鋬鬲遗存研究》，吉林大学硕士学位论文，2015年。

④ 王晓毅：《龙山时代河套与晋南的文化交融》，《中原文物》2018年第1期，第44～52页。

⑤ 内蒙古文物考古研究所：《准格尔旗白草塔遗址》，《内蒙古文物考古文集》（第一辑），中国大百科全书出版社，1994年，第183～204页。

⑥ 内蒙古文物考古研究所：《准格尔旗寨子塔遗址》，《内蒙古文物考古文集》（第二辑），中国大百科全书出版社，1997年，第280～326页。

续表

遗址	斝	鬲	甗	罐	钵	碗	豆	缸	甑	盘	盆	瓮	尊	盂	瓶	备注	来源
寨子上		√		√							√	√		√			①
小沙湾				√	√						√	√			√		②
老虎山	√	√		√				√			√	√	√	√			[10]
西白玉	√		√	√				√			√						[1]
园子沟	√			√	√						√		√				[1]
板城	√	√		√							√						[1]
石峁	√	√		√		√		√			√	√	√	√		多三足器	③
碧村	√	√	√	√			√		√		√	√	√	√		多三足器	[14][15]
寨峁	√	√	√	√	√		√	√				√	√	√		空三足器盛行	
后城嘴		√		√							√						
寨峁梁		√		√			√				√	√					④
石摞摞山	√	√		√	√			√			√	√	√		√		

表三　各遗址出土石器器型统计表

遗址	刀	斧	铲	锛	凿	磨盘	磨棒	大型磨石	补充
阿善	√	√	√	√	√	√	√	√	盘状器、敲砸器、凹形器、研磨器、镞、纺轮
西园	√	√				√			镞、纺轮
威俊		√							环
黑麻板									
白草塔	√	√							环、纺轮
寨子塔	√	√	√		√		√		纺轮、钵、钻具
寨子上	√	√							钻具
小沙湾	√	√	√	√					环状器
老虎山	√	√							镞、矛、刮削器、石片
石峁	√	√			√	√			纺轮
碧村									杵、球、细石器、石叶、石片
寨峁	√	√	√	√	√				球
寨峁梁	√	√	√	√					锤、杵、锄、网坠、钻帽,镞、刮削器等细石器
石摞摞山	√	√							石球、玉环

① 内蒙古文物考古研究所:《准格尔旗寨子上遗址发掘简报》,《内蒙古文物考古文集》(第一辑),中国大百科全书出版社,1994年,第174~182页。

② 内蒙古文物考古研究所:《准格尔旗小沙湾遗址及石棺墓地》,《内蒙古文物考古文集》(第一辑),中国大百科全书出版社,1994年,第225~234页。

③ 西安半坡博物馆:《陕西神木石峁遗址调查试掘简报》,《史前研究》1983年第2期,第92~100页。

④ 卫雪:《陕西榆林寨峁梁遗址初步研究》,西北大学硕士学位论文,2019年。

（五）社会意义

城作为史前遗迹之一种，和其他遗迹一样，当有其产生的主客观条件独特的社会和文化功能，是一定历史阶段社会发生剧烈变革的一种显著反映[1]。而且城的出现和发展是社会文明发展的重要标志，与生产力的发展、私有制的产生是分不开的，与阶级产生和国家的出现息息相通，掠夺或保护财富、资源和生存空间的战争，使得筑城的防御功能显得如此重要[2]。因此，研究史前城址，对其社会的制作技术系统、社会成员的分化状况以及由等级分化而产生的聚落层次反映出来的社会调控机制以及大型遗址之巨大规模和特殊内涵等，都具有十分重要的意义和价值。

我国北方的石城遗址，作为一种区别于黄河流域和长江流域的一种另一类别的城址类型，其修建只能被视为战争频繁的标志性产物，而城址中伴随出现的祭坛遗迹，也暗示着当时人心态方面发生剧烈的变化，以及社会内部各种新兴整合力量的出现与运作和社会权威的逐渐酝酿[3]。

四、小　结

北方地区史前的石城遗址在年代上最早出现于阿善三期文化阶段（大体相当于庙底沟二期），龙山时代广为流行，商周时期仍有沿用，多依天险修建，或依山崖峭壁，或分布在河谷附近的高台上，表现出明显的防御性特征，这可能反映出当时的不同群体间的聚落冲突。

该类遗址目前发现于内蒙古中南部和陕北晋北地区，在龙山早期发现于内蒙古中南部，此时的石城规模较小、形制较简，聚落等级分化不明显；到了龙山文化晚期在陕北晋北地区大量发现，并根据晋陕高原独特的地形地貌，演化出更适宜的石城营建方式，这时的石城以石峁为代表，规模宏大、建造技术先进、功能区划明显，而且出现明显的聚落等级分化，成为特征明显的独立文化区。

目前关于北方石城城址的研究虽已众多，但关于石城这种建筑方式的具体来源推测尚缺乏切实的考古学证据。另一方面，由于目前发掘的石城城址数量有限，其具体的发展轨迹及发展规律尚不明确，石峁等遗址的详细发掘信息尚未公布，仍需进一步的考古调查和发掘提供实证资料。

（本文受到郑州大学线下一流课程建设——《史前考古》支持）

Discussion on the Prehistoric Stone City Sites in Northern China

NIE Xiaoying, FU Jianli, CUI Tianxing

(School of History, Zhengzhou University, Zhengzhou, 450001)

Abstract: During the Late Neolithic period, the stone cities for defense with strong regional feature was come out in the Northern China and mainly built on the hillside and plateau. Related sites distribute at

① 任式楠：《中国史前城址考察》，《考古》1998年第1期，第1～16页。
② 孙广清：《中国史前城址与古代文明》，《中原文物》1999年第2期，第49～64页。
③ 曹兵武：《长城地带史前石城聚落址略说》，《华夏考古》1998年第3期。

southern central Inner Mongolia and northern Jin-Shaan Plateau. To the Xia and Shang Dynasties, many similar sites have been found in the southeast Inner Mongolia and its east areas. These sites have extremely important research significance to the formation process of early societies, they have received extensive attention of the academia and many relevant articles has been published.

Key words: Late Longshan Age, stone city remains, *Li* tripod with two handles, cross-cultural communication

中原地区早商时期城防体系的考古学观察

周要港

（郑州大学历史学院，郑州，450001）

摘　要： 早商时期是夏商西周时期城址建造最为频繁的时期，在中原地区尤为明显。在生产力发展、灭夏战争结束不久的大背景下，该地区的早商城址在龙山与二里头文化城市防御体系的基础上，形成一套商式成熟的城防体系。早商时期的城防体系形成了以城市自身防御体系为主，以城外自然屏障、相邻城市拱卫为辅的大格局。该时期城防体系的构建对于商早期国家稳定以及在二里岗文化晚期商文化对外扩张具有重要作用，同时对于晚商与西周的城防体系构建也产生了重要的影响。

关键词： 中原地区；早商时期；城市；防御体系

夏商西周时期是我国城市初步发展时期，城市规模增大，城市规划与防御设施均较新石器时代有了一个显著地提升，其中尤以早商时期城址建造最为频繁，城市建设防御色彩浓厚。多年来，学界对于先秦城市的起源、都城制度、布局规划、城市防御文化等专题研究取得丰硕的成果[①]，但对于阶段性城址防御体系的研究仍较为薄弱。本文拟在专家学者研究的基础上，结合最新城址考古材料，对中原地区早商时期城址防御体系略呈管见，以求教于前辈学者，不当之处恳请方家批评、指正。

一、中原地区早商城址的发现

本文研究的中原地区主要指广义的中原地区，包括今河南全境、山东西南部、河北南部、山西南部、陕西关中平原等区[②]。截至目前已发现的中原地区早商城址已有10座，约占该时期所发现城址总数的1/3，分为都城与方国政治中心或一般城邑两大类。都城性质的有商汤都亳的郑州商城[③]、偃师商城[④]两座城址，属于方国政治中心或一般城邑的有焦作府城[⑤]、东下冯商城[⑥]、垣曲商城[⑦]、辉县

---

① 张光直：《关于中国初期"城市"这个概念》，《文物》1985年第2期，第61～67页；张国硕：《夏商都城制度研究》，河南人民出版社，2001年；许宏：《先秦城市考古学研究》，北京燕山出版社，2000年；张国硕：《中原先秦城市防御文化研究》，社会科学文献出版社，2014年。

② 张国硕：《中原先秦城市防御文化研究》，社会科学文献出版社，2014年，第3页。

③ 河南省文物考古研究所：《郑州商城》，文物出版社，2001年；河南省文物考古研究所：《郑州商城外郭城的发现与试掘》，《考古》2004年第3期，第40～50页；刘彦锋等：《郑州商城布局与外郭城墙走向新探》，《郑州大学学报》2010年第3期，第164～168页。

④ 中国社会科学院考古研究所汉魏故城工作队：《偃师商城的初步勘探和发掘》，《考古》1984年第6期，第488～504页；中国社会科学院考古研究所河南第二工作队：《河南偃师商城东北隅发掘简报》，《考古》1998年第6期，第1～8页；中国社会科学院考古研究所河南第二工作队：《河南偃师商城小城发掘简报》，《考古》1999年第2期，第1～11页；中国社会科学院考古研究所河南第二工作队：《河南偃师商城西城墙2007与2008年勘探发掘报告》，《考古学报》2011年第3期，第385～410页。

⑤ 杨贵金、张立东：《焦作市府城古城遗址调查报告》，《华夏考古》1994年第1期，第1～11页；袁广阔、秦小丽：《河南焦作府城遗址发掘报告》，《考古学报》2000年第4期，第501～536页。

⑥ 中国社会科学院考古研究所：《夏县东下冯》，文物出版社，1988年。

⑦ 中国历史博物馆考古部等：《垣曲商城》，科学出版社，1996年。

孟庄[①]、沁阳商城[②]、望京楼商城[③]、粮宿商城[④]、荥阳大师姑[⑤]等8座城址。现对其进行简要介绍：

郑州商城遗址位于郑州市区东部，面积约300万平方米。城址由内城和外郭城两部分构成。外郭城发现于内城东南部延续至西北部，大致与内城东北部莆田泽相连，形成一个完整的外围防御圈。内城略呈长方形，四周有城墙，城垣采用分段版筑法逐段夯筑而成，在城墙内侧或内外两侧往往发现夯土结构的护城坡，墙上共发现11处大小不同的缺口，有的很可能是城门。宫殿区位于内城内中部偏北及东北部地势较高位置，内外城之间分布着同时期的居民区和铸铜、制骨、制陶手工业作坊遗址以及中、小型墓地。在杜岭张寨南街、南顺城街、城东路向阳回民食品厂等地共发现3处青铜器窖藏坑，出土28件大型青铜器及其他遗物。关于城址的性质主要有"亳都说"[⑥]与"隞都说"[⑦]两种，但目前学术界越来越多学者倾向认为该城址为商代前期主都所在[⑧]。

偃师商城遗址位于今河南偃师尸乡沟一带，遗址由大城、小城与宫城三部分构成，但是它们并非一次建城，而是经过了若干不同的发展时期陆续改建扩建而成。偃师商城的布局具有很强的对称性。大城平面呈刀型，南部较窄似刀把，面积200万平方米，城外有护城壕，大城目前发现城门8处，即东西各3个、南北各1个。小城位于大城西南部，平面呈长方形，面积81万多平方米，在北城墙外侧发现一条与城墙平行的小壕沟。宫城位于城南部居中，平面近方形，总面积为4.5万平方米，已发现十多座宫殿遗迹。宫城由南向北分为宫殿区、祭祀区和池苑区三部分，另宫城的西南和东北都发现了数处大型建筑群。城内还发现了大量的道路及城址附近还发现了排水管道。在外城东北隅发现有铸铜作坊遗迹，外大城西墙北门发现有商代墓地。关于该城的性质有两种不同说法：一说它是汤都西亳[⑨]；一说它是太甲所放桐宫[⑩]。但目前学术界越来越多学者倾向认为该城址为商代前期辅都所在[⑪]。

焦作府城遗址位于焦作府城村西北一带，城垣平面略呈方形，四周有城墙，边长约300米左右，面积9万平方米。城内北部共发现四处夯土基址，其中一号基址平面呈长方形，南北长70米、东西宽55米，由前后三进殿堂与两座庭院组成。城内东部为一般居住区和墓葬区。始建于二里岗下层，至白家庄期晚段废弃。

东下冯商城位于夏县东下冯村东北一带，城垣形状不详。目前仅发现东城墙南段残长52米、西城墙南段残长140米、南城墙总长440米。城墙外有城壕。内部布局不详。属二里岗时期建造并使用。

① 河南省文物考古研究所：《辉县孟庄》，中州古籍出版社，2003年。
② 郑杰详：《郑州商城和偃师商城的性质与夏商分界》，《中原文物》1999年第1期，第53～62页。
③ 郑州市文物考古研究院：《望京楼二里岗文化城址初步勘探和发掘简报》，《中国国家博物馆馆刊》2011年第10期。
④ 卫斯：《商"先王"昭明之都"砥石"初探》，《古都研究（第二十辑）》，山西人民出版社，2005年。
⑤ 郑州市文物考古研究所：《荥阳大师姑》，科学出版社，2004年。
⑥ 邹衡：《论商都郑亳及其前后的迁徙》，《夏商周考古学论文集》，文物出版社，1980年。
⑦ 安金槐：《试论郑州商代城址——隞都》，《文物》1961年（Z1），第73～80页；安金槐：《再论商代城址——隞都》，《中原文物》1993年第3期，第23～28页。
⑧ 张国硕：《夏商时代都城制度研究》，河南人民出版社，2001年；许顺湛：《中国最早的"两京制"——郑亳与西亳》，《中原文物》1996年第2期，第1～3页。
⑨ 赵芝荃等：《偃师尸乡沟商代早期城址》，《中国考古学第五次年会论文集》，文物出版社，1988年。
⑩ 邹衡：《偃师商城即太甲桐宫说》，《北京大学学报》1984年，第17～19页。
⑪ 张国硕：《夏商时代都城制度研究》，河南人民出版社，2001年；许顺湛：《中国最早的"两京制"——郑亳与西亳》，《中原文物》1996年第2期，第1～3页。

垣曲商城位于山西垣曲古城镇南关一带，平面略呈梯形，南窄北宽，墙体较直，面积约 13 万平方米。在西城墙北段发现一个缺口，疑为城门，并在西、南城墙外发现了二道墙。城内发现了宫殿区和少量道路、居住区、墓葬区、作坊区等。宫殿区位于中东部，由一长方形的宫城墙相围，形成一座独立而封闭的宫城，宫城围墙北半部较窄，南半部加宽，形成高台围墙的格局。围墙内的建筑由南北两座大型宫殿基址组成，自南向北为两进院落。始建于二里岗下层，至二里岗上层时期废弃。

孟庄城址延续时间较长，从目前发掘材料分析应当是从二里头文化时期延续至殷墟时期。虽然该城址未发现早商时期的城墙，但是在城址内发现有较多的二里岗时期的遗迹，故该城址在早商时期也在使用。城址形状大致与二里头城址一致，均为梯形，面积约 16 万平方米。

望京楼商城位于新郑望京楼水库东，在二里头文化城墙内侧发现有二里岗时期的城墙，平面略呈正方形，面积约 37 万平方米，城外有护城河且与自然河道相连。在东城墙与南城墙上发现城门 3 座，且东西有道路相通。城内中南部发现有大型回廊式建筑基址。城内也发现有该时期的小型房基、灰坑等遗迹。

粮宿商城位于平陆粮宿村东部，城址北高南低，在遗址东、西、北三面发现城墙，面积约 6 万平方米以上。城垣北墙残长 170 米、残宽 6～12、残高 2～5.5 米，城墙为夯土版筑而成。城内具体布局不详。

荥阳大师姑位于郑州市西北，在原二里头文化时期城址上兴建起来，在城内发现了大量的二里岗时期遗存，发掘者推断该城址在二里岗文化早期并未遭到严重破坏，并被重复使用至二里岗文化晚期完全废弃。

二、中原地区早商时期城防体系的构成

城市的防御主要包括对敌人的防御和对洪水的防御两方面的内容[①]，更主要的还是以防护城市免受敌人侵袭为目的。根据城市的性质不同，其单一城市的防御设施与级别也不相同。早商时期，由于商王朝刚刚建立，需要面对外来各种侵扰，所以形成了城市自身防御设施为基础并结合周边自然环境而构成一个较为完备的军事防御体系。下文主要从城市自身与周边环境两方面进行分析。

（一）早商城址自身防御体系分析

先秦时期城市防御设施主要包括护城壕、城垣、城门、瓮城、角楼与城楼、马面、大道等防御设施，同时居民住所也与贵族居住区分开，从而构成一个城市自身的防御体系。根据早商时期城址的性质可分为都城与方国城址、一般城市两种类型，故据此对其防御体系进行阐释。

1. 都邑性质

郑州商城经过多年的考古发掘与研究基本上理清了城市的防御设施[②]。郑州商城最外围为外城南垣、西垣外侧的护城河壕，与东部和北部的湖泊相连构成第一重防御；其次为在商城东南至西北所

---

① 张国硕：《中国新石器时代城址的发现与研究》，《文明起源与夏商周文明研究》，线装书局，2006 年，第 53 页。

② 张国硕：《中原先秦城市防御文化研究》，社会科学文献出版社，2014 年，第 145 页。

发现的外郭城与东北方向的莆田泽相连构成第二重防御；然后在内城东墙与西墙的外侧发现有城壕与熊耳河、金水河一起构成第三重防御；目前依然耸立在郑州市区的内城城垣为第四重防御；在内城东北部宫殿区所发现的"宫城墙"为第五重防御，起着保护王族成员的重要作用；大型宫殿的封闭式院墙则为第六重防御。这样六道防御系统从而构成了郑州商城一套自身完整的防御体系，对于保护郑州商城长期作为主都地位具有重要作用。

偃师商城距离夏都二里头遗址距离很近，多被学界认为是为了监控夏遗民所设置的辅都，所以军事色彩浓厚，相比较郑州商城也较为复杂。整体防御设施与郑州商城大致相同，也是由护城壕、大小城墙、宫城等组成。外大城外发现一条与城垣平行的城壕，应为商城第一道防御系统；其次为商城外大城与外小城高大的城垣，且城墙整体不规整，形成第二道防御，也是商城最重要的防御设施；然后为宫城城墙；最内是与郑州商城类似的大型宫殿的封闭式院墙。这样四重防御系统从而构成偃师商城极具军事色彩的防御体系。

2. 方国城址、一般城市

此类城市相比较都邑性质而言整体防御较弱，主要包括城壕、城垣、建筑围墙等在内的三重防御设施。

焦作府城外围为宽 4～8 米的城垣，仅在北城墙中部发现一个缺口，疑似城门。在城内北中部所发现的大型夯土基址四周也存在封闭式围墙。

垣曲商城位于商代西土，军事防御色彩在此类城址中最为浓厚。在西、南城垣外发现有宽6～10 米的护城壕，为商城第一道防御；其次为商城内外两道城垣构成的第二重防御系统，与其他内外两重城垣平行的城址不同，垣曲商城是在距离西城垣 6～9 米外侧自西门向南，建立了与内墙平行的外城墙，南墙外侧亦发现二道墙，从而提升了城市的防御水平；城内中部偏北为大型建筑，四周有围墙环绕。

望京楼商城也在城外发现有人工开挖壕沟与自然河道相连构成城市的第一道防御；壕沟内为二里岗时期修筑的高大的城墙作为第二道防御；城内大型基址四周的围墙为城址的第三道防御系统。

（二）城市防御与周边自然环境的结合

史前时期的先民已经开始有意识的选择城市或者聚落的位置，从而确保居民的生命财产安全。经过分析研究，早商时期的城市选址也充分考虑了周边的自然屏障，从而增强城市的防御能力。自然屏障主要指自然界中所存在的大河峻岭、沟壑、湖泊等，利用这些自然屏障进行防御称为"自然防御"。

早商城址多建立在河湖旁边，濒临河湖除用水方便外也能增强城市的防御能力。如郑州商城周围分布着熊耳河、金水河、莆田泽等河湖，熊耳河、金水河与城最外围的壕沟相连，从而构成一道完整的外围防御，目前考古发现的外郭城仅在城址的东南至西北一线呈弧状分布，故其东北部应与莆田泽相连构成外郭城的防御。同时在区域地理位置上看，郑州商城附近有贾鲁河，西北分布于古黄河和古荥泽，北有古济水，这样与莆田泽一起构成了一道天然的最外围防御系统。偃师商城也是如此，商城南部为伊洛河（目前部分城墙已被伊洛河冲毁）、西部有古河道、北部为古黄河，从而也构成了一个天然的河流防御网。望京楼商城东、西、南三个方向分布有黄水河、黄沟水两条河流作为防御；东下冯商城位于青龙河南岸台地上；孟庄商城东南为古黄河；垣曲商城位于黄河北岸，东有沇水、西为亳清河，三河交汇地理位置极其重要。

除利用河湖之外，高山、盆地也作为一种防御设施被考虑在内，同时"择高而居"的观念也在城市选址中被充分利用。郑州商城位于中国第二、三级台阶过渡地带，西南部为嵩山，西北部为邙山，从而形成西部的一道天然屏障；偃师商城北部为邙山、南为伊阙、东为嵩山、西为秦山，四周高中间低，易守难攻；垣曲商城东部为王屋山、北部为太行山、西部为中条山。总体而言，该时期的城址修筑多位于该地区地势较高地带，如台地、岗地等，即有利于增强城市防御也有利于城市防洪能力的增强。

（三）周边城市对于都城的防护

夏代国家防御体系崩溃后，商人逐步确立了对于全国的控制，由于早商时期良好的商夷关系，所以目前来看在东部地区城址未有发现，主要在夏人聚集区发现了一系列的城址，而且该时期的城址多建立在二里头文化时期的聚落旧址上。通过对中原地区早商时期所发现的10座城址的地理位置进行分析，基本符合"都城居中、守在四方"这样一种都城选址观念，郑州商城与偃师商城位于中部，东部为望京楼商城、北部为府城商城、西北为垣曲商城和东下冯商城、南部为盘龙城商城。相比较而言，早商时期的城址分布多位于交通要道上，地理位置极其重要，而且周边资源丰富。二里头遗址作为夏代中晚期都城遗址，夏人统治势力根深蒂固，故商人在此设立偃师商城来增强对该地区的控制，同时与望京楼、大师姑等城址一期拱卫郑州商城。除郑偃一线的商城外，中原地区的其他城址多分布于商疆域的重要地区，且多与镇压夏人有关。经过研究发现，夏朝灭亡后夏人一部分北上晋南①，晋南地区在史书中被称为"夏墟"，同时在该地区发现了早商时期商人修筑的三座商城，而且这三座城址与郑州商城建筑模式基本一致，应为商人为防御西北地区的入侵或镇压夏遗民而设立的军事重镇。同时中条山地区铜矿资源与盐业资源丰富，也是促使商人在此建成的重要推动机制②。所以在早商时期，商人将城址建立在边远地区或者夏人活动的中心地区，从而构成国家最稳固的军事防御体系。

三、中原地区早商时期城防体系的效果

早商时期的城址在夏商时期的城市建设中军事色彩最为浓厚，均建设有高大的城墙、宽阔的壕沟等，这是与当时的社会发展状况、社会矛盾等密不可分。在灭夏的过程中，由于夏王朝奉行守在四边的防御制度，夏都在周边城址沦陷后也迅速被商人占领，所以商人吸取了夏王朝的教训，在国家形势不稳的状况下注重国家防御体系与单个城市防御体系的建设。

城防体系的建设很大程度上稳固了上层社会的统治，经过长期历史发展证明早商时期乃至有商一代除殷墟被周人攻破外，大部分时间里国家相对而言是比较稳定的，没有出现大规模外族入侵的

---

① 张国硕：《从夏族北上晋南看夏族的起源》，《郑州大学学报（哲学社会科学版）》1998年第6期，第101～105页。

② 刘莉、陈星灿：《城：夏商时期对资源的控制问题》，《东南文化》2000年第3期，第45～60页。

现象。而且在早商时期，通过在夏人聚集区建立一系列的城址从而很好地震慑了夏遗民，起到了维护社会稳定的重要作用。同时这些城址多位于资源丰富区，如在东下冯遗址发现了 20 多座"盐仓"，应为商王朝一个重要的盐业基地，对于满足商代社会的需要意义重大。

同时早商时期城防体系的完善对于殷墟时期的国家发展意义重大。中原地区是商人统治的核心所在，早商时期城防体系完善与成熟后促使商人开始对周边地区进行扩张。经过考古发掘表明，在二里岗上层时期商人的势力已经越过了津浦铁路，取代了该地区的岳石文化[1]；北部到达了晋南[2]；南部越过了长江[3]；西部到达了关中东部和山西运城盆地[4]。

四、中原地区早商城防体系的源流

中原地区早商时期已经具备较为成熟的城市防御体系，而且取得了显著的效果，它的发展不是一蹴而就的，而是经历了一个漫长的发展过程。目前学界主要认为城市起源于环壕聚落[5]，伴随而生的城市防御体系也应起源于环壕聚落，在兴隆洼[6]、姜寨[7]等遗址都发现了大型壕沟，所以目前在考古发掘过程中所发现的壕沟应当是比较原始的大型防御设施。这种壕沟经过龙山时期与二里头文化时期的发展最终成为早商城址中最为常见的护城壕。

随着社会生产力的发展，社会矛盾尖锐，作为城址的重要防御设施城墙开始出现。早商时期中原地区的城址均建有高大的城墙，而且建筑工艺一致，均为夯土版筑而成。这种城墙版筑技术最早可追溯到仰韶文化晚期的西山遗址[8]。西山古城城垣为小方块版筑而成，目前在其他地区暂时没有发现。到了龙山文化时期，在中原和海岱两个地区发现了较多的夯土版筑城垣，技术逐渐成熟。伴随着城墙的出现，城墙与壕沟开始结合从而在该时期城市双层防御体系也已初步形成。目前在淮阳平粮台[9]、郝家台[10]等城址都在城垣外围发现了城壕，部分与天然河道相连，后经二里头文化时期的发展到早商时期已经成为城市最为重要的外围两重系统。为了增强防御，龙山文化时期还出现了多重城垣的修筑，形成内外城的布局模式，这可能就是早商时期城郭之制的源头所在。

早商时期为了增强都城的防御效果，在周边及重要的地区修建城址来拱卫都城，如在晋南地区修建了垣曲商城等三座城址。这种多城呼应的防御方式最早应来自于龙山文化时期，考古工作者在豫西北地区相继发现了属于该时期的辉县孟庄、温县徐堡、博爱西金城等城址，城市距离较近，方便在出现战争等危机状况下进行相互支援。

早商时期城址的修建注重对于地势地貌、自然资源等方面的参考，尤其是利用自然屏障增强城

① 燕生东、丁燕杰：《商文化前期在东方地区的发展特点》，《中原文物》2016 年第 6 期，第 37～44 页。
② 张翠莲：《商文化的北界》，《考古》2016 年第 4 期，第 91～101 页。
③ 曹斌：《从商文化看商王朝的南土》，《中原文物》2011 年第 4 期，第 30～35 页。
④ 张翠莲：《商文化的北界》，《考古》2016 年第 4 期，第 91～101 页。
⑤ 马世之：《略论城的起源》，《中州学刊》1982 年第 3 期，第 121～125 页。
⑥ 中国社会科学院考古研究所内蒙古工作队：《内蒙古敖汉旗兴隆洼遗址发掘简报》，《考古》1985 年第 10 期，第 865～874 页。
⑦ 西安半坡博物馆：《姜寨》，文物出版社，1988 年。
⑧ 国家文物局考古领队培训班：《郑州西山仰韶时代城址的发掘》，《文物》1999 年第 7 期，第 4～15 页。
⑨ 河南省文物研究所：《河南淮阳平粮台龙山文化城址试掘简报》，《文物》1983 年第 3 期，第 21～36 页。
⑩ 河南省文物研究所：《郾城郝家台遗址的发掘》，《华夏考古》1992 年第 3 期，第 62～91 页。

市外围的防御能力。这样一种选址观念最晚在裴李岗时代已经存在，如裴李岗遗址选址位于双洎河沿岸的高岗上 [1]。到了仰韶与龙山文化时期，城址大量出现，该时期城址的选址已经具备了较为成熟的选址观念，注重在地势较高处、临近水源、交通便利的区域修建城址 [2]；到了二里头文化时期在史前城址选址的基础上，更加注重小地理单元内自然屏障对于城市的防御功能，也开始注重对于生态环境的选择。

中原地区早商时期的城市防御体系是在史前与二里头文化时期的基础上建立起来的，同时又结合自身的社会发展状况，从而形成自己独具特色的城防体系，并在商后期与西周时期得到继承与发展。事实证明，早商时期的城防体系是成功的，对于商王朝立国前期的社会发展起着重要的作用。

Archaeological Observation of Urban Defense System during the Early Shang Period in Central China

ZHOU Yaogang

(School of History, Zhengzhou University, Zhengzhou, 450001)

Abstract: The early Shang Dynasty was the most frequent period of city construction during the Xia, Shang and Western Zhou Dynasties, especially in the central plains. Under the background of the development of productivity and the end of the war, the early commercial cities in this area formed a mature urban defense system on the basis of the urban defense system of Longshan Culture and Erlitou Culture. In the early Shang Dynasty, the pattern of the city defense system was dominated by the defense system of the city itself, supplemented by the natural barrier outside the city and the defense of neighboring cities. The construction of the urban defense system in this period played an important role in the stability of the state and the external expansion of the Shang culture during the late Erligang Culture, and also had an important impact on the construction of the urban defense system from the late Shang Dynasty to the Western Zhou Dynasty.

Key words: central China, early Shang period, city, defense system

---

① 开封地区文物管理委员会：《裴李岗遗址一九七八年发掘简报》，《考古》1979 年第 3 期，第 197～205 页。
② 张国硕、程全：《试论我国早期城市的选址问题》，《河南师范大学学报》1996 年第 2 期，第 28～31 页。

宫室建筑起源初探

王安坤

（河南省文物建筑保护研究院，郑州，450002）

摘　要：宫室建筑是中国古代文明中的重要组成部分，更是文明起源中的一个重要特征。本文以最早的具有真正宫殿意义的二里头宫殿宗庙建筑为基点，通过对仰韶时期的"大房子"和龙山时期出现的夯土建筑基址的考察，以及对两者特点与二里头宫殿建筑的对比与分析，来探讨中国宫室建筑的起源和发展。

关键词：宫室建筑；起源；二里头；仰韶；龙山

宫室建筑是中国礼制文明中的一个重要组成部分，从夏商周时期到明清两代，以大型木构建筑为代表的宫室建筑自其出现以来都与中国礼制文明有着深刻的关联，在三千年的漫漫长河中伴随着中华文明不断发展。所以，探寻宫室建筑的起源和早期发展脉络，无疑是探寻中华文明形成过程的一个重要途径。

要探讨宫室建筑的起源，就必然要对宫室建筑有一个标准来定义。一般来说，学界大致认为二里头遗址发现的大型建筑群是较为成熟的宫室建筑，而之后早商和殷墟时期的宫室建筑更是与其一脉相承，奠定了中国古代宫室建筑的基本格调。所以，应当将二里头遗址的大型建筑作为一个基点，向前探寻中国宫室建筑起源和发展的脉络。

二里头遗址发掘了两处较完整的大型夯土建筑基址，即一、二号宫殿基址（图一、图二）。是当前发现年代最早的宫殿（宗庙）建筑，许宏先生通过对其的考察，总结出二里头宫室建筑具有以下几个物化特征：

- 超常规的大体量，面积达数千至上万平方米；
- 建筑位于高出地面的夯筑台基上，土木结构；
- 复杂的建筑格局，形制方正规整、封闭的庭院式布局、中轴对称等[①]。

二里头时期之前的黄河流域历经仰韶时代和龙山时代两个阶段，我们从新石器时代中期的仰韶文化出发，探寻二里头建筑群所代表的早期宫室建筑的发展脉络。

一、仰韶文化的大房子

渭河流域的仰韶文化聚落具有向心性和凝聚性的特点。一般来说，这些聚落中心多为一公共广场，所有房屋均围绕着广场分布，且所有房屋门道朝向中心广场。

半坡 F1：位于半坡聚落的中心广场旁边，平面略成方形，复原后东西 10.5 米，南北 10.8 米；墙厚 0.9～1.3 米，高 0.5 米；门道位于东墙，宽约 1 米。墙体为泥土堆筑而成，内掺有草木枝叶

---

① 许宏：《宫室建筑与中原国家文明的形成》，《中国文物报》2012 年 6 月 22 日。

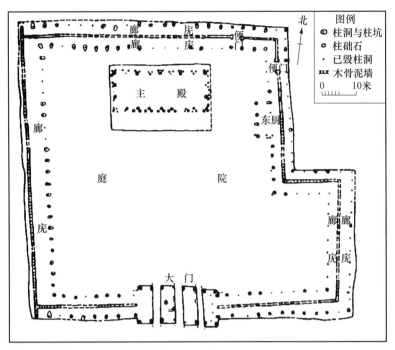

图一　二里头遗址一号宫殿遗址

（资料来源：中国社会科学院考古研究所：《中国考古学夏商卷》，中国社会科学出版社，2003 年）

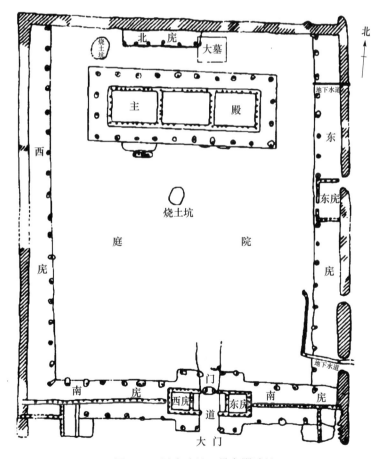

图二　二里头遗址二号宫殿遗址

（资料来源：中国社会科学院考古研究所：《中国考古学夏商卷》，中国社会科学出版社，2003 年）

以及烧土残块作为骨料；表面涂抹草拌泥和细泥面层。房屋内部遗存有两个完整的大柱洞，直径 0.5 米左右；另有一个残破的柱洞，与前两者形制形似[1]。从柱洞分布情况来看，F1 应有四个中心柱。杨鸿勋先生经过考察，发现西部两个柱洞之间设有木骨泥墙，将 F1 内部西侧分为了三个小空间，且发掘记录表明柱洞之间有较为光滑的墙皮残块。可以看到，半坡遗址 F1 内部被连接西侧两个中心柱的内墙分隔成东西两部分[2]。东部面积约占三分之二，为一独立的大室；西部则被分为三个小室。虽然前室被唐墓打破，但是可以推断 F1 的灶址应当位于此室中部，性质应当为议事活动场所；而后室较小，应当为卧室。F1 的布局，应当为目前所知最早的"前堂后室"的实例（图三、图四）。

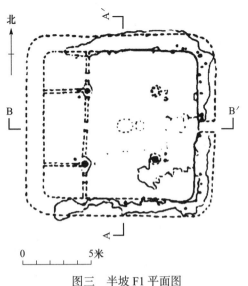

图三 半坡 F1 平面图

（资料来源：中国科学院考古研究所、陕西省西安半坡博物馆：《西安半坡——原始氏族公社聚落遗址》，文物出版社，1963 年）

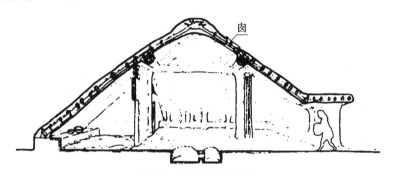

图四 半坡 F1 复原图

（资料来源：中国科学院考古研究所、陕西省西安半坡博物馆：《西安半坡——原始氏族公社聚落遗址》，文物出版社，1963 年）

案板遗址 F3：发现于扶风案板遗址，该房址整体平面呈凹字形，坐北朝南，平面布局可分为主室和前廊两部分，南北中轴线长 14 米，东西宽 11.8 米，建筑面积约为 165.2 平方米。主室平面圆角方形，建筑面积约 134.5 平方米。墙基为先挖基槽，后立柱，在于其内填以黄土、料姜石及红烧土碎块掺和的混合土，并经踩踏压实，非常坚硬。木柱间用草拌泥填充而成木骨泥墙。地面系用黄土与料姜石混合敷设，破坏较严重。门道位于主室南墙正中，宽约 0.75 米。前廊是该房址非常特别的组合部分，位于主室之前，主室东、西墙基向南延伸，成为前廊东西两侧墙基。前廊南北进深 2.6 米，东西面阔 11.5 米，面积约 30 平方米[3]。从柱洞分布来看，F3 梁架结构应为井字形，主室屋顶可能为四面坡的覆斗状；前廊布局呈长方形，应为一向南开敞的敞篷，性质可能与后世殿堂建筑前的"轩"相似（图五）。

---

① 中国科学院考古研究所、陕西省西安半坡博物馆：《西安半坡——原始氏族公社聚落遗址》，文物出版社，1963 年。

② 杨鸿勋：《宫殿考古通论》，紫禁城出版社，2009 年。

③ 张宏彦：《案板遗址仰韶时期大型房址的发掘——陕西扶风案板遗址第六次发掘纪要》，《文物》1996 年第 6 期。

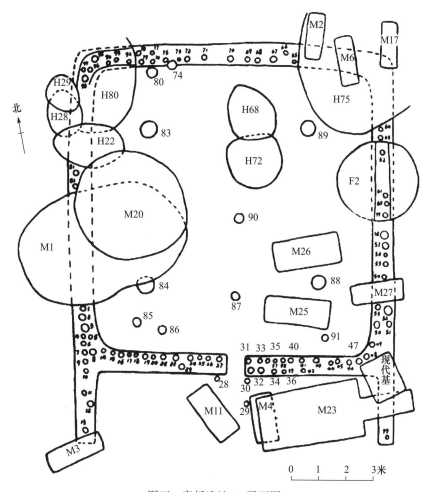

图五 案板遗址 F3 平面图

（资料来源：张宏彦：《案板遗址仰韶时期大型房址的发掘——陕西扶风案板遗址第六次发掘纪要》，《文物》1996 年第 6 期）

大地湾遗址 F901：F901 发现于大地湾聚落遗址中部，这是一座多空间的复合体建筑，整体为横长方形。前墙长 16.7 米，后墙长 15.2 米，左墙长 7.84 米，右墙长 8.36 米，总建筑面积 420 平方米。整体布局由主室，后室以及侧室组成，三个门道位于主室前面，各宽约 1.2 米中门有突出的门斗，主室中部有一直径 2.6 米的大火塘，左右接近后墙处各有一大柱，形成轴对称格局。主室左右各有一侧室残迹；前部有与主室等宽的三列柱洞，表明主室前部连接有敞篷，这个敞篷与案板遗址 F3 有相似之处，应该也具有"轩"的性质。整个建筑纵轴北偏东 30 度，面向西南方。F901 在建筑材料和工艺方而也是因地制宜，不仅创造性地使用了人造轻骨料，而且居住面的加工近似现代混凝土，经久耐用[1]。杨鸿勋先生对该房址进行了复原，认为其具备前室与后室，左右各有侧室，构成明确的"前堂后室"和"夏后氏世室"具备的"旁"和"夹"[2]（图六）。而且 F901 中出土的陶器多为大型器物，四足鼎、敛口小平底釜、条形盘、环形把手异形器等组合也具有较为特殊的意义与功能，或许是某种场合下专用的陶礼器组合。

---

① 甘肃省文物工作队：《甘肃秦安大地湾 901 号房址发掘简报》，《文物》1986 年第 2 期。

② 杨鸿勋：《宫殿考古通论》，紫禁城出版社，2009 年。

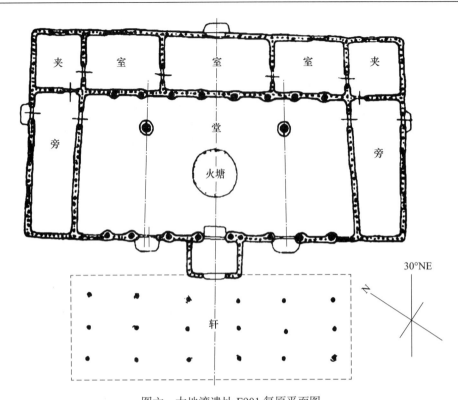

图六 大地湾遗址 F901 复原平面图

（资料来源：甘肃省文物工作队：《甘肃秦安大地湾 901 号房址发掘简报》，《文物》1986 年第 2 期）

二、龙山时期的夯土建筑

新密古城寨大型建筑基址群：该建筑群发现于新密古城寨龙山文化遗址，由 F1 和 F4 组成。该基址最大的特征是其属于夯土台基建筑。夯土台基呈长方形，南北长 28.4 米，东西宽 13.5 米，方向 281°。F1 夯土台基下为基础坑，于生土上施夯，然后挖柱坑、栽立木柱后再填土层层夯实，直到高出地面。夯土层厚 2~4 厘米，夯窝为圆形，直径约 3 厘米。根据其现存柱洞、磉墩等遗迹，杜金鹏先生对其进行了复原，认为 F1 与 F4 的组合为四合院式建筑群，F1 为主体殿堂，F4 为其廊庑设施[1]（图七）。这是考古发现中最早的主殿与廊庑的组合形式，并且构成了四合院的形制；而且建筑技术中使用了最早的擎檐柱，表示了回廊雏形的产生，整体布局近似二里头遗址的宫殿和宗庙建筑。如此种种，都开后世宫室建筑的先河。唯其建筑方向，与二里头及其后坐北朝南的建筑方向不同，或为其原始性。就目前的考古发现而言，这是中国现知最早的具有四合院特征的大型建筑。

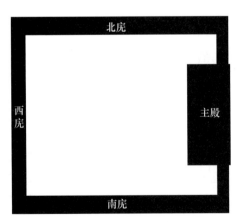

图七 新密古城寨大型夯土建筑复原图

（资料来源：杜金鹏：《新密古城寨龙山文化大型建筑基址研究》，《华夏考古》2010 年第 1 期）

---

[1] 杜金鹏：《新密古城寨龙山文化大型建筑基址研究》，《华夏考古》2010 年第 1 期。

山西襄汾陶寺城址夯土建筑群：城址东北部集中发现数座大小不一的夯土基址，发掘者推断为宫殿区。其中最大的一处夯土基础（IFJT3）属陶寺文化中期。夯土基础近正方形，面积大约1万平方米。基址中部偏东残留柱网结构，面向西南，发掘者推断应为主体殿堂。柱网所占范围长23.5米，宽12.2米，面积为286.7平方米。殿堂柱洞有三排，总计发现18个柱础。柱间距不一，窄者间距约2.5米，宽者约3米，中央最宽者达5米（图八）。但由于保存状况不佳，其建筑布局的细节无从知晓。但是破坏夯土基址的灰沟、灰坑中还见有陶板瓦片、刻花白灰墙皮、带蓝彩墙裙墙皮以及压印绦索纹的白灰地坪残块等，都表明这里曾有高等级建筑存在[①]。

图八　陶寺遗址大型建筑基址 IFJT3 主体殿堂

（资料来源：中国社会科学院考古研究所山西队、山西省考古研究所、临汾市文物局：《山西襄汾县陶寺城址发现陶寺文化中期大型夯土建筑基址》，《考古》2008 年第 3 期）

通过对仰韶时期至龙山时期几个较为典型的建筑遗址的考察，我们总结出这两个时期建筑的主要特点：

仰韶时期：仰韶时期从早期到晚期，大型房址发现较多，发展脉络较为清晰。主要特点有以下几个：①均位于聚落的中心位置和制高点，具有聚落中心的意义。②建筑技术主要为木骨泥墙式的地面式房屋。③出现了最早的前堂后室的室内分区，在晚期出现了侧室以及"夏后氏世室"具备的"旁"和"夹"，并且多为中轴对称式的建筑格局。④形制结构具有向心开放性，这一时期的大型房屋多具有开放性，应该属于整个聚落的公共建筑。⑤开始出现组合建筑，并具有"轩"一类的敞篷设施，应该是"天子临轩"的原始形态，但是性质上应该属于公共设施。⑥大型房址均为木构地面建筑，对于木柱、檩、梁架结构技术的掌握已经很成熟了，为后世宫殿建筑的木构技术打下坚实基础。

龙山时期：龙山时期聚落与仰韶时期最大的不同之处是出现了夯筑城垣，仅在河南以及晋南地区就发现龙山时期夯筑城址十余座。夯筑技术则是这一时期普遍出现的一种先进的建筑技术，这些

---

① 中国社会科学院考古研究所山西队、山西省考古研究所、临汾市文物局：《山西襄汾县陶寺城址发现陶寺文化中期大型夯土建筑基址》，《考古》2008 年第 3 期。

城址的城垣均为夯筑而成。这一时期的大型建筑有如下几个特点：①开始采用夯筑技术，大型建筑的夯土台基出现是这一时期与仰韶时期最大的不同之处。②建筑体量增加，与仰韶时期相比规模更为宏大。③出现成群的夯土建筑群，应该已经形成组合，与仰韶时期的单组建筑不同。④出现了与殿堂相配的廊庑等附属设施，并形成最早的四合院式封闭格局。

在这里，很重要的一点就是仰韶时期"大房子"和龙山时期大型夯土建筑的性质问题。对其功能和性质的考察不仅仅在于探讨其物化特征，更重要的是应当将其放在当时的社会发展背景下来进行。仰韶时期的聚落布局多为向心式和凝聚式，大房子虽然也是集全部聚落人力进行修建的，但其多位于聚落中心，并且具有公共性和开放性，这些"大房子"周围都有若干小型建筑围绕，或有广场，学者一般推断其为公共活动场所。而且仰韶时期社会发展程度较低，社会分化不明显，整个社会还处于氏族社会阶段，所以这些大型房屋应当是聚落的公共活动场所，在此进行集会，议事等公共活动，并不具类似二里头宫殿的封闭性和独占性。龙山时期的大型夯土建筑最大的特征就是出现了夯土台基，与夯土城垣相同，这些夯土建筑的修筑需要大量的劳动力集中才能够完成，而如此大量的劳动力的集中需要极其强大的号召力和统治力。而且在新密古城寨的夯土建筑出现了四合院式的封闭式院落布局，体现了这一时期大型建筑的封闭性，反映了政治决策的隐秘和排他性。龙山时期是一个社会变革和重组的时期，社会贫富分化明显，军事冲突频繁，等级差异巨大，与仰韶时期简单地以血缘为主的氏族制度不同，均反映了这一时期社会发展的高度复杂化。而城址中的大型建筑群即是这种社会背景下的产物，体现了其作为贵族人群权利掌控中心的独占性和排他性，这一点与二里头遗址的宫殿建筑的性质最为接近。

通过以上讨论，我们可以看到中国早期宫室建筑的建筑技术、布局以及性质功用均能从仰韶至龙山时期的建筑中找到其雏形。而其发展又可分为仰韶时期和龙山时期两个阶段，前一阶段"大房子"的木构建筑技术应该是早期宫室建筑木构技术的雏形，而且其在布局组合上体现的中轴对称，"前堂后室""夏后氏世室"具备的"旁"和"夹"，还有"轩"的出现都应该是后世宫殿建筑布局的雏形。后一阶段出现的夯土建筑最主要的物化特征是使用了夯土台基建筑技术，夯筑技术在龙山时期出现并成熟，主要用于城垣的修筑，二里头宫殿的夯筑技术应该即来源于此。而且在仰韶时期"大房子"的建筑布局的基础上，出现了封闭的四合院式回廊布局，基本接近二里头宫殿的建筑布局。尤其在这个社会变革和重组的时期，大型夯土建筑的性质也与仰韶时期完全不同，具有了二里头宫殿的封闭性、独占性和排他性。正如前面写到的许宏先生总结的宫室建筑的特征：超常规的大体量，面积达数千至上万平方米；建筑位于高出地面的夯筑台基上，土木结构；复杂的建筑格局，形制方正规整、封闭的庭院式布局、中轴对称等。龙山时期的大型夯土建筑基本具备了这几点特征，应该是中国宫室建筑的雏形。但是由于社会发展并未达到早期国家层面，与二里头宫殿建筑相比还是较为原始，在性质和功能上并未形成标准。

三、结　语

前面谈到要讨论宫室建筑的起源，不仅要考察其物化形态，还应将其置于相应的社会背景下进行讨论。中国宫室建筑的木构建筑技术、建筑布局以及一些附属设施均起源于仰韶时期。作为宫室建筑的性质则在龙山时期开始体现出来，在仰韶时期的建筑基础之上发展而来的夯土台基式大型建筑即具备了宫室建筑的物化特征和政治意义上的性质功用，应当是中国宫室建筑的原始形态。

参 考 文 献

［1］ 杨鸿勋：《宫殿考古通论》，紫禁城出版社，2009 年。
［2］ 中国社会科学院考古研究所：《中国考古学夏商卷》，中国社会科学出版社，2003 年。

Preliminary Study of the Origin of Palace Buildings

WANG Ankun

(Henan Provincial Architectural Heritage Protection and Research Institute, Zhengzhou, 450002)

Abstract: Palace building is an important part of ancient Chinese civilization and an important feature in the origin of civilization. This paper starts with the earliest Erlitou ancestral palace that has real palace significance and examines the "big house" in the Yang-shao period and the base of rammed earth buildings that appeared in the Longshan period. Then, the paper compares the characteristics of buildings in Yangshao and Longshan periods with the Erlitou palace architecture to explore the origin and development of Chinese palace architecture.

Key words: palace building, origin, Erlitou site, Yangshao period, Longshan period

浅谈荥阳楚楼墓地夫妻墓结构特点与意义

郭　磊

（北京大学，北京，100781）

摘　要：夫妻合葬墓是研究古代夫妻关系、社会风俗的重要考古资料。荥阳楚楼墓地集中发现的大量夫妻合葬墓，其规划有序、结构样式丰富，从一个侧面反映了汉代社会"事死如生"的精神观念和妇女家庭地位的转变，是研究中原地区汉代精神、文化、风俗的宝贵资料。

关键词：荥阳；夫妻合葬墓；结构；民俗

人类自从有灵魂观念，便有了安排身后事的打算。早在原始社会末期的北京山顶洞人时期，人们死后会在尸骨周围撒上赤铁矿粉，用以保护好尸骨，仿佛使得远去的灵魂有所依托。进入新石器时代以来，人们普遍使用土坑墓或土洞墓来安置尸体，多数是一人一坑，也有数人一室的，如甘肃磨沟齐家文化墓地[①]，表明他们是血缘关系非常亲近的人。进入阶级社会以后，虽然一夫一妻制得到确定，但夫妻埋入一个墓室的情况仍然少见，更多的是夫妻墓葬比邻而居，这时人们的注意力在于将生前的居室搬入地下，如新郑胡庄韩王陵两墓的椁室均做成两面坡的房顶样式，这纯粹是将宫殿小型化放入地下。一般的平民没能力构建两面坡椁顶，他们在墓室四壁开窗以象征房屋，或在四壁凿刻横竖凹槽以象征梁椽，如新郑铁岭墓地 M1126、M1167 那样。显然，这时夫妻关系仍不是人们关注的重点。直至战国以后及秦汉，随着阴阳五行、羽化成仙、黄老之术等思想的兴起，各种充满温馨情义的夫妻墓出现了。

一、荥阳楚楼墓地夫妻墓

楚楼墓地位于荥阳 310 国道以南，楚楼以西，滨湖花园以南，是一处排列比较有规律的家族墓地。从墓葬布局来看，墓葬排列稀疏，预留墓位较多，绝无叠压关系，说明这个家族的墓地很充裕，人们可以从容而葬。整体而言，墓葬分为五排，每排大致相当于一代人，每排又由两排墓道相对的若干墓葬组成（第三排西部墓葬除外），第一排至第四排的墓葬数量逐渐增多，符合人口发展规律，但第五排只有两座墓，可能暗示着新辟了茔地。以下具体分析夫妻墓的不同埋葬方式。

（一）异穴葬

分并头葬与分头葬两种。所谓并头葬，指两墓并排，墓道、墓室方向相同，又有隔山葬与过仙桥葬两种情况。第一种两墓无打破关系，俗称隔山葬。第二种，两墓通过耳室连通，俗称过仙桥葬。

---

①　甘肃省文物考古研究所、西北大学丝绸之路文化遗产保护与考古学研究中心：《甘肃临潭磨沟齐家文化墓地发掘简报》，《文物》2014 第 6 期，第 4～23 页。

1. 隔山葬

并排两墓无打破关系。如第二排的 M43 与 M44、M46 与 M47，M56 与 M81，第三排的 M18 与 M19。这些墓齐头并尾，大小相若，从其附近有打破关系的夫妻墓来看，它们也应该是夫妻墓，但因无打破关系，难以分辨孰早孰晚。

2. 过仙桥葬

并排两墓有耳室相通，有些可以分清孰早孰晚，有些则不能。如 M32、M33，两墓均为空心砖洞室墓，空心砖为椁室，但相通的耳室却是土洞，从散乱的器物来看，似乎东边的 M33 先葬，器物放在椁室北部。M32 下葬时，向东掘挖耳室，未铺空心砖，然后将器物放入耳室内。后雨水下灌，M33 椁室已有一定厚度的淤泥，新进的泥水必然向 M32 流动，将耳室内 2 个大罐及 3 个小罐冲出。再如 M21、M22，M21 椁室、耳室均用空心砖砌成，先建成下葬。M22 用小砖券成，由于其东耳室太小无法放置器物，故把 M21 的耳室打开，里边的器物被放置到 M21 棺的两侧，M22 的器物放在空心砖耳室中。而 M41、M42 则修建得比较豪华，各有耳室，两墓之间又有一相通耳室。从耳室楣梁搭建方法来看，M41 椁室前部支撑楣梁的是四个相同的半榫空心砖，M42 椁室前部支撑楣梁的是两个方柱空心砖、两个半榫空心砖。两墓支柱不同，暗示着两墓建造不同时间，但 M41 的椁室应当和它的西耳室同时建造，M42 椁室应当和它的东耳室同时建造。这样一来，两墓之间的相通耳室属于哪个墓就不清楚。由于两墓的封堵方法完全一样，推测两墓相差时间不长，无论何墓先建，后建一墓必须去掉中间耳室的后壁，重新搭建楣梁。再如 M9、M10，两墓有耳室相通，应当是夫妻墓，但是，由于两墓被盗严重，打破关系不详，且 M10 的东侧室亦葬有人，墓主和主室墓主是什么关系，又和 M9 墓主是什么关系，实难臆测。

3. 分头葬

两墓共用一墓道，墓室分居两道两端，各成刀形墓。M57 南室、北室均与墓道呈反刀形，南室西壁上建有耳室，放置陶器。M73 南室、北室与墓道均呈反刀形，无耳室，器物放置墓室内。

（二）同穴葬

分偏室葬与多室葬两种。

1. 偏室葬

先入葬者有规整的墓道与墓室，两者在同一直线上。后入葬者将墓道、封门打开，在墓室旁复凿一室，没有独立的墓道。偏室由于空间有限，操作不方便，一般只有铺地砖。如 M4，主室为空心砖椁室，器物放在椁室北部，偏室位于主室西侧，只有四块空心铺地砖，间隔较宽，相当将就。从实际情况来看，两室只有一套随葬器物。再如 M23，主墓室为空心砖椁室，偏室位于主室东侧，大部铺有残破空心砖，墓室完成后，主室封门改用小砖。两墓也只有一套随葬器物。

2. 多室葬

一般由斜坡墓道和多个砖室组成，用小砖一次性建成，一次埋入不止一个墓主，但也有可能例外。如 M74，由斜坡墓道、甬道、前室、后室及两个侧室组成。由于破坏严重，只有前室还保留有下半部青砖，根据各室形状，推测前室为穹隆顶，后室及两个侧室为拱顶。又如 M58，由拐弯斜坡墓道、甬道、前室、过道、后室、前后室的四个侧室以及后室的后耳室组成。此墓墓室下部及铺地砖均得以保留，前室的南侧室、后室的北侧室还能看出是拱顶，足以证明四个侧室全是拱顶，而前后室亦应当为穹隆顶。后室及两个北侧室保留有部分陶器。根据以往的发掘经验，多室墓的前、后室一般放置随葬品及祭奠物品，侧室放置木棺，当然也不排除棺前放置随葬物品的情况，而侧室的众多，暗示着合葬墓有可能不止一对夫妻。

二、关于荥阳楚楼墓地夫妻墓的认识

本文旨在通过古代墓葬结构样式特点探讨当时社会夫妻关系特点。夫妇之道一向是中国人伦的核心，故《白虎通义》强调："合葬者，所以固夫妇之道也。"显然，合葬成了固化夫妻关系的最佳途径，也是"最后"一条途径。

如前文所言，春秋战国以前，我国的夫妻墓一般是两个土坑墓并排或挨得很近。先去世先埋，后去世后埋，给后去世的夫妻一方留下墓位，这在实行族墓地的先秦时期是可能的。战国后期，由于空心砖这种特殊建筑材料的出现，使得夫妻合葬墓出现隔山葬成为可能，然而由于空心砖椁室不利于人骨保存，我们对并在一起的两个战国墓还不能遽断为夫妻墓。汉代，由于大一统社会形成，政治趋于稳定，独尊儒术，经济获得超前发展，社会富足，人们在丧葬习俗上追求"事死如生"，墓葬基本上都使用空心砖或小砖，土洞墓、土坑墓较少，尤其是具有夫妻关系的墓葬得到重点体现。而西汉中后期土地买卖盛行，宗法关系减弱，又对夫妻合葬墓的流行起了推波助澜作用。同时，家族墓地可以混入外来夫妻墓，这在楚楼墓地也有所体现，如墓地东缘的 M58、M59、M67、M74 与墓地大多数墓方向不同，有可能是外来家族的墓葬，或者存在其他原因。

就楚楼墓地来看，墓地开始就进入空心砖与小砖混用时代。最北一排西部为完全空心砖墓、东部为完全小砖墓。第二排西部有完全的空心砖墓，也有夫妻一方为空心砖墓，另一方为小砖墓的，东部则均为小砖墓。第三排空心砖墓与小砖墓平分秋色。第四排为空心砖墓为主。第五墓只有两座小砖座。从实际情况来看，夫妻墓中隔山葬、过仙桥葬是理想状态，偏室葬是实力不济者，分头葬虽然共用一墓道，经济情况显然比偏室葬要好得多，而多室葬显然是经济富足者。至于楚楼墓地一些看似比较独立的空心砖墓、小砖室，间距稍大，由于尸骨无存，难以确定彼此之间的关系，但无外乎兄弟、父子关系。它们也都追求完美建造，符合汉人的精神诉求。

楚楼墓地位于荥阳中部檀山西端。由于京襄城的存在，其北 3 公里的檀山成了人们心中的邙岭，在其南坡苜蓿湾村一带建有苜蓿湾墓地①，墓葬数量近千座，墓葬排列非常规整，以墓道相对

---

① 郑州市文物考古研究院内部资料。

或相背为其布列特征。苜蓿湾墓地也有隔山葬、过仙桥葬、分头葬等，数量不及楚楼墓地。说来奇怪，在近在咫尺的郑州，隔山葬、过仙桥葬、分头葬也不多见，楚楼墓地可谓是夫妻合葬墓形制之集大成者。

　　楚楼墓地的多样性虽然为其他汉代墓地所不及，但它各种形制的合墓葬也屡屡在其他墓地发现，表现出汉代这一特殊时期墓葬的共有特性，即由之前的追求羽化成仙转变为重视夫妇之道，追求地下生活富足、夫妇相守，这当然是汉代政治、经济、教化的合力结果。家庭关系的稳固，构成了社会稳定最基本的构成元素。这一结果深深地影响着以后的近两千余年，隔山葬仍是近现代墓葬的主要形式，过仙桥葬在清代仍时有出现。

　　从目前的初步认识可以看出，汉代中原地区的社会经济、精神文化、民风民俗在楚楼墓地夫妻合葬墓中都有较多反映。当然，随着今后对楚楼墓地的资料进行系统整理研究，可能会有更多深层次的发现，或许会对目前的认识有所修正、提升。

参 考 文 献

[1] 司马迁：《史记》，中华书局，1959 年。
[2] 班固：《汉书》，中华书局，1962 年。
[3] 范晔：《后汉书》，中华书局，1965 年。
[4] 韩国河：《秦汉魏晋丧葬制度研究》，陕西人民出版社，1992 年。

Structural Features and Significance of Spousal Joint Burial Tombs in Chulou Cemetery in the Xingyang county

GUO Lei

(Peking University, Beijing 100781)

Abstract: Spousal joint burial tombs are important archaeological materials for studying the spousal relationship and social customs of ancient China. A large number of joint burial tombs found in the Chulou Cemetery of Xingyang are well-planned and rich in structure, and they reflect the spiritual concept of "death as life" and the transformation of women's family status in the society of Han Dynasty, therefore, they are valuable materials to study the spirit, culture and custom of the Han Dynasty in the Central Plains.

Key words: Xingyang, spousal joint burial tomb, structure, folk-custom

处于唐宋转折之际的南唐陵墓制度
——以祖堂山南唐陵园及南唐钦陵、顺陵为例

谷天旸

（南开大学历史学院，天津，300350）

摘　要：唐宋之际，中国社会发生了翻天覆地的变迁。贵族身份制度崩溃，市民阶层兴起，促使贵族社会逐渐向平民社会转化，对于多元文化的接受程度也大大提高。此时的陵墓制度广泛吸收各种文化因素，不断发生着改变，呈现出细微化、多元化、平民化的新特点。

处于唐宋变革中的南唐，继承了唐代的陵墓制度，但是其表现出的新因素也对宋代陵墓制度的建立有一定影响，呈现出的是一种尚未完善的变化形态，但此时这种巨大的变革已经在孕育着，近世的黎明即将到来。

关键词：五代十国；南唐二陵；陵墓制度；唐宋变革

一、绪　　论

中国历史上的唐朝到宋朝，社会的方方面面都产生了巨大变革，陵墓制度也不例外发生了一定变化。唐宋皇陵，受限于目前遗迹保护下的有限发掘，除地面陵园形制外，很难全面反映出皇陵制度的变革。唐宋之际，五代十国的统治者多源自唐末割据一方的藩镇，因此其文化制度也多为唐朝之延续，同时也出现了不少变化因素，体现出社会变革的征兆，可以说五代十国时期是处于唐宋大变革的一个孕育期。这一时期对唐代制度的因袭与改变，在陵墓制度中同样也有所体现。五代十国帝陵的发掘工作开展得较早，研究也较充分，已有相当成果公布于世。限于偏居一隅的客观条件，这些陵墓虽气势远不及唐朝，但对唐代帝陵研究仍有很高的参考价值。其中的祖堂山南唐二陵，早在1950～1951年期间南京博物院就对其进行了勘探和发掘。2010年，南京市文物局等又对南唐陵园进行了全面的考古勘探和试掘，以系统了解陵园内外有关遗迹的分布情况。此次工作取得了重要成果，发现了大量的遗迹、遗物，对于解决该陵园的范围、布局等学术问题提供了重要实物资料[①]。就目前资料来看，祖堂山南唐二陵的陵园制度及陵墓建筑在很大程度上模仿和继承了唐陵制度，但也有一定的变化和创新之处，在唐宋变革这个特殊的过渡时期起到了承前启后的作用，是唐宋转折之际最具代表性的帝王墓葬之一，有很高的研究价值。本文试以祖堂山南唐二陵为切入点，探讨处于唐宋转折之际的南唐陵墓制度，对于研究唐宋陵墓制度及其所反映的社会变革应有相当意义。

二、南唐陵墓对唐代陵墓制度的继承

五代十国时期，很多相继自立的王朝都会在之前的朝代中为自己寻找祖先和历史渊源，以确立

---

① 南京师范大学文物与博物馆学系等：《南京祖堂山南唐陵园考古勘探与试掘报告》，《文物》2015年第3期。

政权的正统性，南唐自然也不例外。南唐烈祖李昪原名徐知诰，在篡吴后即改国号为唐，不久又改姓李，立唐宗庙，以继承唐朝正统自居，证明自己政权的合法性。在这种背景下，南唐对于唐朝制度的继承和仿效程度，较之五代其他王朝更为全面而盛，而南唐陵园兆域的规划也正是由江文蔚、韩熙载等熟悉唐朝制度的官员负责的，因此在其陵墓制度上也自然体现出对唐陵制度强烈的继承性。

（一）陵园布局

南唐二陵位于江苏省江宁县东善桥镇西北的祖堂山南麓，依山而建，东侧为烈祖李昪的钦陵，其西北约 50 米处为中主李璟的顺陵，均为帝后合葬墓。二陵早年曾多次遭遇盗掘，且陵园已经毁坏，地表仅剩一些建筑遗迹。

祖堂山南唐陵园坐北朝南，四周有接近方形的陵垣，周长约 895 米。除北垣外，陵垣多倚所在自然土埂顶部夯土堆筑，基墙宽度不一，两侧未见包砖。陵垣四面均设陵门，各陵门位置并不对称，也不在陵垣中部，其中东、西陵门在陵垣偏南部，南、北陵门在陵垣偏东部[①]。钦陵、顺陵和新发现的 M3 均位于陵园偏北部，呈东南 - 西北走向，排列井然有序。在 M3 附近还发现了疑似为李煜预留的陵址，因此南唐的三座陵应该是在同一个陵园中，祖孙三代自东南向西北依次排列的平面布局（图一）。

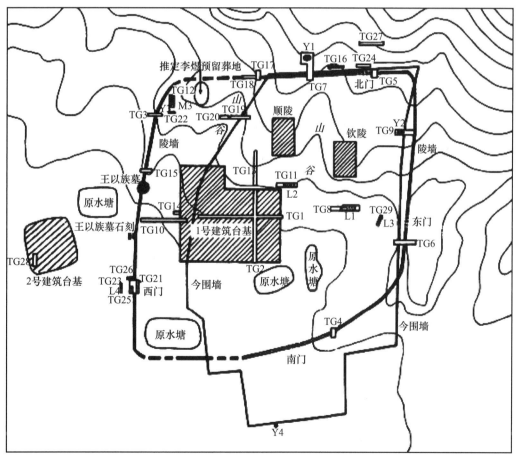

图一　祖堂山南唐陵园遗迹位置示意图

（资料来源：《文物》2015 年第 3 期）

---

① 王志高：《试论南京祖堂山南唐陵园布局及相关问题》，《文物》2015 年第 3 期。

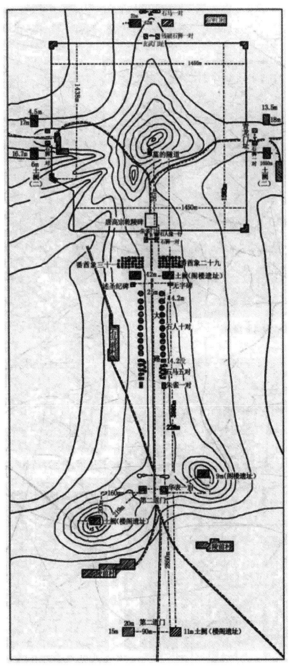

图二 唐乾陵陵园遗迹平面示意图

（本图原刊于《文物》1960年第4期，原图模糊不清，此转引自刘毅《中国古代物质文化史·陵墓》）

唐代从高宗乾陵开始，陵园的布局就形成定制，在此之后的陵墓多仿乾陵而建。乾陵中最主要的建筑是献殿和下宫，献殿位于内城南门内，正对山陵，规模较大，主要用于举行朝拜和祭祀等重大活动；而下宫是供墓主灵魂起居生活的区域，原来造在山上，昭陵时迁到了山下南偏西的瑶台寺附近，在这之后多数唐陵的下宫大体上也是位于陵墓的南方偏西方向[①]（图二）。

南唐陵园坐北朝南，陵垣近似方形，而且在四面辟门，这些特点均与乾陵内城的布局有很大的相似之处。南唐陵园内外发现两处建筑基址。顺陵西南的1号建筑基址为一处夯筑台基，边缘用砖包砌，规模较大，等级高，应该属于可供举行朝拜、祭奠之礼的献殿遗址。2号建筑基址位于陵园西门外北侧的高台上，大体处于陵墓西南方向，发掘者认为可能与陵园的守护相关，也可能是陵区的下宫遗址。献殿在陵园内的设置和位于陵墓西南侧的下宫，都体现了对唐朝陵园规划的继承。

（二）玄宫制度

在曾昭燏先生为《南唐二陵发掘报告》所写的结语中，就提到了南唐在典章制度上力仿唐代，因此二陵在建筑、雕塑、彩画等方面都体现出了对唐代艺术的承袭，从整体上来说是因袭多而创造少[②]。

首先，从玄宫的形制布局来看，钦陵在布局上，分前、中、后三室（图三），前两室为青砖砌筑，后室为青石砌筑，穹窿顶结构。每室都附有陈设随葬品的侧室，其中前、中室东西两侧各有一间，后室两侧各有三间，总计13室。

唐代因山为陵的岩洞墓目前尚未发掘，其玄宫的大致形制可以从历史文献以及一些已发掘的较高规格的陪葬墓中窥知一二，不过目前学术界的意见尚未统一。唐陵陵园多仿长安城布局而建，因

① 杨宽：《中国古代陵寝制度史研究》，上海人民出版社，2008年，第53～55页。

② 南京博物院：《南唐二陵发掘报告》，文物出版社，1957年，第94页。

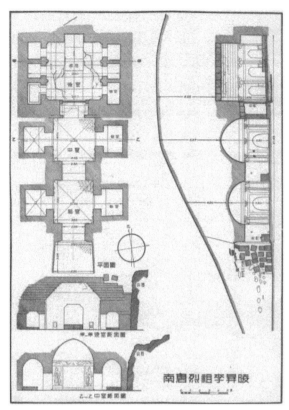

图三　南唐烈祖李昪钦陵平面及断面图
（资料来源：《南唐二陵发掘报告》1957 年版）

此宿白先生认为其墓室可能仿照唐朝宫室制度，分为前、中、后三室，这一观点获得了多数学者的
赞同[①]。但是也有学者根据懿德太子墓、永泰公主墓等"号墓为陵"的高等级陪葬墓的结构，认为唐
陵可能采用双室制。近年来，还有学者分析了从北朝到宋代的玄宫发展趋势，认为墓室的多少不再
作为等级高低的标准，帝陵中也多使用单室，因此提出唐陵可能也是单室制度[②]。

　　而根据已发掘的一些唐代封土陵墓的情况来看，这些封土为陵者基本上为长斜坡多天井、过
洞的单室墓，且多带有壁龛。目前已发现的地下结构为单室的唐僖宗李儇靖陵、唐让帝李宪惠陵、
"奉天皇帝"李琮齐陵以及史思明墓这几座唐代皇陵规格的墓葬，无一例外都属于封土为陵的形
式。因此推断唐代封土为陵者可能是单室结构，而因山为陵者则与之不同，为前中后三室制，这
种说法可能更加符合实际。此外，《新五代史·温韬传》中记载唐太宗昭陵的玄宫"中为正寝，东
西厢列石床"，其他因山为陵的诸墓应与之相仿，为两侧带有侧室的三室岩洞墓。南唐二陵均属于
依山为陵的形式，它们与唐代两侧带有侧室的三室岩洞墓的相似度很高，可以看出南唐玄宫制度
与唐陵直接的承继关系。南唐二陵、前蜀王建永陵以及吴越国钱元瓘家族的部分墓葬，均为五代
时小国之君的墓葬，其玄宫也均有前中后三室，较之唐代的诸王公主墓增加一室，可能是当时帝
陵的特点之一。

　　唐代高等级墓葬玄宫的后室入口一般位于偏东处，棺床放置在墓室西侧。南唐二陵墓室四壁的

————————————

　　①　宿白：《西安地区的唐墓形制》，《文物》1995 年第 12 期。
　　②　杨晓春：《再论南唐二陵对唐代陵寝制度的继承问题》，《记录南唐二陵发掘 60 周年学术论文汇编》，2010 年。

装饰虽与这类墓葬有很大相似，但石棺床的摆放位置则明显与之不同，位于后室北部正中，并且三室的入口也均开在南壁正中，棺床正对墓门。根据现有考古发掘资料推断，北宋前期的皇陵玄宫应为青砖砌成并施加彩绘，使用石质的棺床和墓门，且棺床位于墓室中北部，如宋太宗元德李后陵（图四）[①]。这种玄宫形式相较唐代诸王公主墓明显不同，但和南唐二陵的情况有些类似。由此推测，将甬道及墓门辟于墓室中轴线上可能是唐陵有别于其他诸王公主墓的另一个特点。

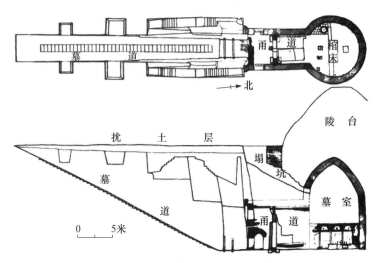

图四 宋太宗元德李后陵平、剖面图
（资料来源：《华夏考古》1988年第3期）

因此，南唐二陵无论是墓室数量还是玄宫入口以及棺床的布局，都明显表现出对唐陵玄宫的仿效，因此说南唐的玄宫形制一定程度上继承了唐陵制度。

其次，唐代帝陵玄宫多为直接开凿或砌筑的石室，且使用石棺床，而人臣禁止使用石质葬具。目前已发掘的唐僖宗李儇靖陵建于兵荒马乱、国库空虚之时，虽然在规模和形制上都有很大简化，但仍然用旧石碑、石块混砌棺床[②]，由此可见唐代帝陵使用石葬具的制度。五代前期仍继续沿用唐陵的石室玄宫制度，多数陵墓玄宫为石砌墓室并使用石质棺床，南唐烈祖李昪的钦陵后室即为青石砌筑，且二陵均使用石棺床。

再次，则是体现在玉质哀册的使用上。陵中使用玉册的制度始于唐初，自唐以后，哀、谥册多以玉为之。唐代哀册册文在文献中有很多记载，随着唐代考古工作的不断深入，实物资料也逐渐增多，在懿德太子李重润、惠昭太子李宁、节愍太子李重俊、惠庄太子李㧑、唐僖宗李儇、唐哀帝李柷、史思明等人的墓中都有发现，且均为汉白玉制。盛放哀册的器具规格也有一定的等级要求，皇帝哀册一般使用石函盛放，在唐僖宗靖陵中有所发现；而太子等人的哀册则置于箱匣中，因而难以保存，在发掘中一般也很难看到痕迹[③]。且唐以前陵中之册均用篆书，至唐开始使用楷书[④]。南唐钦陵中出土的哀册为玉质，并置于石函之中，顺陵出土的石哀册也同样于石函中，二陵中的哀册皆用楷书，可知其

---

① 河南省文物研究所等：《宋太宗元德李后陵发掘报告》，《华夏考古》1988年第3期。

② 刘向阳：《唐代帝王陵墓》三秦出版社，2003年，第326页。

③ 王育龙，程蕊萍：《唐代哀册发现述要》，《文博》1996年第6期。

④ 冯汉骥：《论南唐二陵中的玉册》，《考古通讯》1958年第9期。

继承的是唐代皇帝的哀册制度。五代诸陵中几乎都有玉质哀册、谥册的发现，这种丧葬中使用玉册的制度也沿用至宋代，并成为定制。宋元德李后陵亦出土玉质谥册、哀册两副，皆用楷书。但据文献记载，宋陵盛放玉册的册匣当为木制，元德李后陵出土玉册及册匣也印证了这一点。[①]

此外，由于唐代对西域地区实现了较为有效的控制，中原和西域之间的经济文化交流随之增加，因此陵墓中出现胡人形象也不足为奇。唐陵及其陪葬墓中除出土众多胡人形象的三彩俑之外，蕃酋像也是帝陵陵园石刻中较为特殊的一类雕像。近年来对唐代陵墓的深入调查研究发现，蕃酋像石刻自唐太宗昭陵开始出现，高宗乾陵时达到最盛，石像多达 61 尊（有学者分析可能原有 64 尊），至此遂形成制度，在此后的陵墓中也多有发现，成为唐陵石刻组合中不可或缺的组成部分[②]。五代的很多墓葬中也有胡人俑出土，南唐二陵中虽无石像生等地面大型雕刻痕迹，但在钦陵的随葬品中发现了西域胡人形象的舞俑，从舞姿、服饰及伴唱俑等方面来看与唐代记载中的"胡腾舞"极为相似，可见当时南唐宫廷中对这些异域风情的文化艺术也十分青睐。此后的北宋皇陵对此多有继承，石像生中也设有类似唐代蕃酋长的蕃使形象。

三、南唐陵墓的创新及其对宋代陵墓制度的影响

以南唐二陵为代表的五代陵墓虽大多因袭唐代制度，但也吸收了其他地区的文化因素，并根据自身情况进行了一定程度的调整和改变，其中的一些内容后来也影响了宋代的陵墓制度。可以说，"唐宋变革"所带来的陵墓制度变化在五代时已初露端倪。

（一）陵园布局

南唐二陵与唐代依山为陵的岩洞墓不同，虽然也依山而建，但采用了封土为陵的形式。且其地表封土呈圆形，与唐代另一种覆斗形封土陵也不尽相同。到北宋时，帝陵普遍采取封土为陵的形式，据河南省文物考古研究所的调查勘测结果，北宋真宗永定陵现存封土为方形覆斗状。

此外，与唐代诸陵各自设立独立陵园不同的是，南唐的三座陵墓共用同一处陵园，之间不再设置陵垣相隔；并且三陵的献殿并不单列，而是建筑在同一座台基之上，且偏于陵园西南，这与唐陵分别设立献殿并且位于南陵门内中部的规划有很大不同。而在巩义宋陵区中则是独立设立陵园，每个陵园内也相应有献殿和下宫的设置，献殿的位置在陵南正中部，下宫则位于上宫西北，这些建筑的设置及其布局应是继承唐制而来。综合祖堂山陵园周边复杂的地势环境来看，要为三座陵墓各自设立陵园和献殿并非易事，因此这种差异的出现可能并非有意为之，而是在陵园建设过程中，出于地理环境和陵区条件的限制而不得不进行的调整。因而可以说祖堂山南唐陵园在规划布局上的变化并非主观上的陵墓制度创新，也不具备典型性。

（二）玄宫制度

南唐的玄宫制度虽然很大程度上因袭唐代，但是在此基础上还进行了一些改变和创新，这些特

---

① 孙新民：《宋元德李后陵中的玉册及册匣考》，《华夏考古》1990 年第 2 期。
② 张建林：《腰刀与发辫——唐陵陵园石刻蕃酋像中的突厥人形象》，《乾陵文化研究》2008 年。

点或多或少的对宋代陵墓制度产生了一定影响。

　　首先，南唐二陵均属于仿木结构砖石墓，用砖、石做出柱、枋、阑额、斗栱等仿木建筑构件。这种装饰形式的墓室主要流行于晚唐至宋元时期，在唐代早中期的墓葬中还比较少见。唐代前期时，等级较高的墓葬中还不甚流行这种砖、石砌仿木结构装饰的形式，而是通过有建筑图案的壁画、石椁等其他形式的装饰来模仿墓主生前所居的宫室建筑。唐懿德太子墓、永泰公主墓等很多高等级陪葬墓中均发现了仿庑殿顶建筑的房型石椁，细节处还做出脊瓦、滴水、瓦当等建筑构件；并且在其玄宫的前、后室通过四壁的彩画表现出枋柱、阑额和斗栱等形象[1]，以还原居室空间。

　　唐代有此类装饰和房型椁的墓葬往往在前、后室四壁绘出走廊式的建筑，顶部为星象图。在这种墓葬中，模拟墓主生前居住的殿宇的房型椁室可能是象征室内空间[2]，而绘有天象图的穹窿顶墓室则是体现了一个更大的空间，墓门以外的墓道、甬道所绘"室外出行图"则象征宫廷、宅第之外。结合前、后室墓壁上绘制的走廊式建筑分析，唐代时的墓室可能表现的是一处顶部露天可以看到星空，并且四面还有回廊式建筑的空间，大概可以认为是介于室内与外界之间的庭院景象。这样也就可以解释它与房型石椁的关系了。

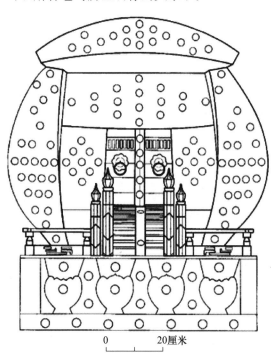

图五　江苏扬州南唐田氏纪年墓棺前正视图
（资料来源：《文物》2019 年第 5 期）

　　五代时期的陵墓似已不再流行石质棺椁，目前经过调查发掘的高等级墓葬中均未发现使用石质棺椁的迹象，但使用仿建筑装饰的葬具的制度可能还有所保留。虽然以南唐二陵为代表的五代陵墓中多数棺椁无存，难以直接得知帝陵所使用的棺椁形制，但从一些已发掘的五代大墓中也可大致窥知一二。合肥西郊保大四年南唐墓[3]、扬州平山堂昇元二年南唐墓[4]（图五）、江苏宝应泾河南唐墓葬[5]、江苏邗江蔡庄五代墓[6] 中都出土了带有"木屋"形制的木棺，木棺的"前和"部位安置由水池和屋宇组成的木屋，象征居室建筑。由此可以推测南唐帝王陵墓中可能也使用象征居室建筑的木质葬具，且建筑装饰应当更为繁缛。实则唐代时即已有在棺的"前和"及"后和"部位饰以建筑题材的先例，山西长治[7]、镇江甘露寺铁塔[8] 出土的唐代舍利棺"前和"及"后和"部分均雕刻门扉和窗棂。南唐时期葬具中流行的木

　　① 陕西省文物管理委员会：《唐永泰公主墓发掘简报》，《文物》1964 年第 1 期；陕西省博物馆等：《唐懿德太子墓发掘简报》，《文物》1972 年第 7 期。

　　② 袁胜文：《唐代石葬具研究》，《南方文物》2017 年第 2 期。

　　③ 石谷风、马人权：《合肥西郊南唐墓清理简报》，《文物》1958 年第 3 期。

　　④ 秦宗林、韩成龙、罗录会、周赟、魏旭：《江苏扬州南唐田氏纪年墓发掘简报》，《文物》2019 年第 5 期。

　　⑤ 黎忠义：《江苏宝应县经河出土南唐木屋》，《文物》1965 年第 8 期。

　　⑥ 张亚生、徐良玉、古建：《江苏邗江蔡庄五代墓清理简报》，《文物》1980 年第 8 期。

　　⑦ 山西省文物管理委员会、山西省考古研究所：《山西长治唐代舍利棺的发现》，《考古》1961 年第 5 期。

　　⑧ 江苏省文物工作队镇江分队、镇江市博物馆：《江苏镇江甘露寺铁塔塔基发掘记》，《考古》1961 年第 6 期。

屋仅在"前和"一面表现建筑装饰，与唐代帝陵中使用的通体仿庑殿顶建筑的房型石椁表现形式明显不同，而可能与"舍利棺"有一定的承继关系，由镂刻的建筑图像进一步发展成为真实的木屋。宋元德李后陵墓室中北部亦置石质棺床，但同样并未发现石质棺椁的使用迹象，或许亦改为使用木制棺椁。

到晚唐时，区别于两京地区的唐墓，北方的一些地区开始盛行使用仿木结构砖、石雕装饰，并逐渐取代了墓壁彩画表现建筑空间的功能，这种现象比较集中普遍地出现在晚唐五代时期的河北地区。崔世平先生认为南唐二陵出现这种仿木结构砖雕装饰和八字形挡土墙等因素，很大程度上是受到了来自河北地区唐墓的影响[①]。在南唐二陵中没有发现使用石椁的迹象，可能是使用了类似五代时流行的"木屋"式棺椁，而且由于墓壁尚未出现很明显的室内装饰，根据天象图及四壁所绘壁画内容等信息，我们推测此时的棺椁仍然象征室内空间，墓门处的砖雕建筑构件表现的是宫室、庭院的大门，而墓室中的建筑装饰是对庭院整体空间的表达。

同时期还有一些陵墓的玄宫也存在类似的空间表现。后周恭帝柴宗训顺陵墓室的砖砌壁面上绘有彩色仿木建筑构件和人物画像，穹窿顶绘天象图，甬道及墓室壁画分别表现了"文吏迎侍"和"武吏端斧"的场景，显然表现的是宫室之外的景象[②]。吴越国钱宽、钱元瓘等的陵墓后室顶部均绘有星象图，其中尤以钱元瓘元妃马氏的康陵墓室内部彩绘斗拱、花卉植物及星象图，因此将其墓室看作对庭院整体空间的表达更为合适[③]。后蜀孟知祥和陵的墓门做成了带有屋顶和枋柱的石构牌楼式建筑，左右各有一尊守门卫士圆雕石像，而墓室两壁彩绘男女宫人图像，可能是庭院或宫室内部场景的表现[④]。可见，这一时期的陵墓普遍在墓室壁面通过描绘人物、天象、建筑构件等场景事物来表现玄宫的空间范围。多数墓室大体还表现的是庭院或宫室外围空间，但个别可能已经体现出向居室内部转化的一些因素了。

虽然已经受到"河北因素"的影响，此时玄宫建筑空间的表达方式逐渐由壁画装饰转化为砖雕装饰，但是人们对于墓室空间的认知和想象应该大体上还与唐代无异。而这种仿木结构的砖石墓到了宋代以后变得非常流行，不仅常常在一些高等级墓葬中使用，在低等级的商贾、平民墓葬中也十分常见。目前巩义陵区已发掘的宋太宗元德李后陵就采用了这种形式，其墓室中不再使用通体仿建筑形制的石质棺椁，而是在墓壁用砖砌出柱、阑额、斗拱、屋檐的形态，并且还用砖石雕饰出桌、椅、灯檠、衣架、门窗等室内用品的细部装饰[⑤]，很显然此时整个墓室表现的已经是居室之内的空间了。

从唐宋之际墓壁的建筑装饰形式的发展演变中我们也可以看出当时人对于墓室空间认识的转变。陵墓对死者生前居室的模拟在空间范围上发生了很大的变化，从隋唐的室外空间逐渐缩小到宋代对居室内部空间的表现，细节刻画上也更加精细化。

而且到宋代时，繁缛精细的仿木雕刻墓葬装饰已不再仅见于皇室贵族的墓室之中，同时也成为了低等级的商贾甚至是平民们喜闻乐见的装饰形式，反映出一种由贵族化向平民化转变的趋势。这

---

① 崔世平：《南唐二陵玄宫制度渊源与国家正统性表达》，《中国中古史集刊（第 2 辑）》，商务印书馆，2016 年，第 407 页。
② 李书楷：《五代周恭帝顺陵出土壁画》，《中国文物报》1992 年 4 月 5 日，第一版。
③ 杭州市文物考古所、临安市文物馆：《浙江临安五代吴越国康陵发掘简报》，《文物》2000 年第 2 期。
④ 成都市文物管理处：《后蜀孟知祥墓与福庆长公主墓志铭》，《文物》1982 年第 3 期。
⑤ 河南省文物研究所等：《宋太宗元德李后陵发掘报告》，《华夏考古》1988 年第 3 期。

种变化很大程度上反映了唐宋之际的一个重大变革，即墓葬文化由贵族社会逐渐向平民社会下移，平民化的趋势不可避免地成为了整个社会的主流。

从宫廷到室内、从宏大到精细，皇陵建造积极地吸收了其他地区的文化因素，开始更加关注生活中的细微之处，社会主流价值观也呈现出一种多元包容的倾向。而五代时期的南唐正处于这一变化的转折点上，呈现出了一种尚不完善的变化形态，起到承上启下的作用。

此外，五代时期帝陵玄宫由石室改为砖室也是一处较大转变。五代十国前期的帝陵玄宫仍然因袭唐代的石室制度，后唐李克用建极陵、前蜀王建永陵、后蜀孟知祥和陵的玄宫都是石砌结构。从后周太祖郭威临终前留下遗诏呼吁使用砖室墓薄葬之后，石室玄宫逐渐弃用并被砖室替代，目前已发现的后周恭帝柴宗训的圆形单室砖墓也证实了这一转变。南唐二陵中钦陵的后室为石砌，其前、中室和顺陵却改为与唐代石室不同的砖室墓，可能也是受到这一时期薄葬风气的影响。

北宋帝陵、后陵的玄宫依文献记载一般认为是石室，但经正式考古发掘的宋太宗元德李后陵玄宫为青砖砌筑；又据研究宋陵的学者傅永魁先生描述，他曾由旧盗洞进入宋太宗永熙陵玄宫和英宗慈圣高皇后陵玄宫内观察，发现其墓室亦为砖室[①]。由此可知，北宋前期的玄宫建筑应与五代后期一脉相承，为砖砌结构；到北宋中后期才逐渐又改为石砌[②]。

四、结　　语

总的来说，南唐二陵从陵园规划到玄宫形制上仍与唐代有很大的相似性，无论是陵园的布局、朝向，还是玄宫形制、装饰内容、石棺床的使用以及册文制度等方面，都与唐代一脉相承，这些制度随后也继续为宋朝所沿用。但在一些方面由于受到其他地区的影响，还产生了很多新的特征，如砖室玄宫、仿木结构砖石雕装饰等，其中一些在宋代皇陵中仍有所体现。现将上文讨论的具体内容综如下表所示（表一）。

表一　唐、南唐、宋陵园及玄宫制度对比

要素			唐	南唐	宋
陵园	形制布局	陵垣	近方形	近方形	近方形
			四面辟门	四面辟门	四面辟门
		献殿	有，陵南	有，陵西南	有，陵南
		下宫	上宫西北	上宫西北	上宫西北
	朝向		坐北朝南	坐北朝南	坐北朝南
	胡人形象		蕃首像	胡人乐俑	蕃使石像生
玄宫	形制		前中后三室带侧室	前中后三室带侧室	
			依山为陵	依山＋封土为陵	封土为陵
	封土			圆形	覆斗形

---

① 傅永魁：《巩县宋陵》，《河南文博通讯》，1980 年第 3 期。
② 刘毅：《中国古代物质文化史·陵墓》，开明出版社，2016 年，第 205 页。

续表

要素		唐	南唐	宋
玄宫	材质	石室	起初石室，后改砖室	北宋前期为砖室
	玄宫入口		南壁正中	南壁正中
	哀册 质地、内容	玉质、楷书	玉质、楷书	玉质、楷书
	哀册 位置	置于石函	置于石函	置于木质册匣
	内容	走廊式建筑	仿木建筑构件＋人物＋星象图	建筑构件＋桌椅、衣架、门窗等细部装饰
	形式	墓壁彩绘	仿木结构砖石雕＋彩绘	仿木结构砖雕
	空间范围	室内与外界中间	室内与外界中间	室内
	葬具 质地	房型石椁	"木屋"形棺	
	葬具 形制	通体仿建筑	仅"前和"一面仿建筑	
	棺床	石棺床	石棺床	石棺床

因此，我们可以认为南唐继承了唐代的陵墓制度，从整体上来说是因袭较多、创造较少，但是其表现出的新因素也对宋代陵墓制度的建立有一定影响。

唐宋之际，中国社会发生了翻天覆地的变迁，这种现象最初由日本学者内藤湖南阐释为"唐宋变革"[①]。这一时期贵族政治衰颓而独裁兴起，贵族身份制度崩溃，市民阶层兴起，促使贵族社会逐渐向平民社会转化，对于多元文化的接受程度也大大提高，从而在政治、经济、文化、艺术等方面上较前代均发生了巨大变化。陵墓制度也同时广泛吸收各种文化因素，不断发生着改变，呈现出细微化、多元化、平民化的新特点。

但是，无论是从纵向角度比较中国各历史时期的变化，还是从横向角度与西方历史进行对比，单独将"唐"和"宋"这两个历史时期作为比较单位而提出的"唐宋变革"，都一定程度上忽视了五代十国这个阶段在变革中所起到的历史作用。通过对南唐陵墓制度的研究可知，处于唐宋变革之际的南唐，此时呈现出的是一种尚未完善的变化形态，但这种巨大的变革已经在孕育着，近世的黎明即将到来。

（谨以此文纪念南唐二陵发掘70周年）

参 考 文 献

［1］ 南京博物院：《南唐二陵发掘报告》，文物出版社，1957年。

［2］ 河南省文物研究所等：《宋太宗元德李后陵发掘报告》，《华夏考古》1988年第3期。

［3］ 内藤湖南：《概括的宋元时代观》，《日本学者研究中国史论著选译》，中华书局，1992年，第10页。

［4］ 刘向阳：《唐代帝王陵墓》，三秦出版社，2003年，第326页。

［5］ 秦大树：《宋元明考古》，文物出版社，2004年，第123页。

［6］ 杨宽：《中国古代陵寝制度史研究》，上海人民出版社，2008年，第53~55页。

［7］ 刘毅：《中国古代陵墓》，南开大学出版社，2010年。

---

① 内藤湖南：《概括的唐宋时代观》，《日本学者研究中国史论著选译》，中华书局，1992年，第10页。

［8］ 刘毅：《中国古代物质文化史·陵墓》，开明出版社，2016 年。

［9］ 石谷风、马人权：《合肥西郊南唐墓清理简报》，《文物》1958 年第 3 期。

［10］ 冯汉骥：《论南唐二陵中的玉册》，《考古通讯》1958 年第 9 期。

［11］ 山西省文物管理委员会、山西省考古研究所：《山西长治唐代舍利棺的发现》，《考古》1961 年第 5 期。

［12］ 江苏省文物工作队镇江分队、镇江市博物馆：《江苏镇江甘露寺铁塔塔基发掘记》，《考古》1961 年第 6 期。

［13］ 陕西省文物管理委员会：《唐永泰公主墓发掘简报》，《文物》1964 年第 1 期。

［14］ 黎忠义：《江苏宝应县经河出土南唐木屋》，《文物》1965 年第 8 期。

［15］ 陕西省博物馆等：《唐懿德太子墓发掘简报》，《文物》1972 年第 7 期。

［16］ 张亚生、徐良玉、古建：《江苏邗江蔡庄五代墓清理简报》，《文物》1980 年第 8 期。

［17］ 李书楷：《五代周恭帝顺陵出土壁画》，《中国文物报》1992 年 4 月 5 日，第一版。

［18］ 宿白：《西安地区的唐墓形制》，《文物》1995 年第 12 期。

［19］ 王育龙，程蕊萍：《唐代哀册发现述要》，《文博》1996 年第 6 期。

［20］ 张建林：《腰刀与发辫——唐陵陵园石刻蕃酋像中的突厥人形象》，《乾陵文化研究》，2008 年。

［21］ 杨晓春：《再论南唐二陵对唐代陵寝制度的继承问题》，《记录南唐二陵发掘 60 周年学术论文汇编》，2010 年。

［22］ 王志高：《试论南京祖堂山南唐陵园布局及相关问题》，《文物》2015 年第 3 期。

［23］ 南京师范大学文物与博物馆学系等：《南京祖堂山南唐陵园考古勘探与试掘报告》，《文物》2015 年第 3 期。

［24］ 崔世平：《南唐二陵玄宫制度渊源与国家正统性表达》，《中国中古史集刊（第 2 辑）》，商务印书馆，2016 年，第 407 页。

［25］ 袁胜文：《唐代石葬具研究》，《南方文物》2017 年第 2 期。

［26］ 秦宗林、韩成龙、罗录会、周赟、魏旭：《江苏扬州南唐田氏纪年墓发掘简报》，《文物》2019 年第 5 期。

The Mausoleum System of Southern Tang Dynasty during the Tang-Song Transformation Period
——Case Study of Qin Tomb, Shun Tomb and the Mausoleum of the Southern Tang Dynasty in Zutang Mountain of Nanjing

GU Tianyang

(Faculty of History, Nankai University, Tianjin, 300350)

Abstract: Chinese society has undergone tremendous changes during the Tang and Song Dynasties. At that time, the aristocratic identity system collapsed, and the burgher class rose, which prompted the aristocratic society to gradually transform into a civilian society and the acceptance of multiculturalism has also greatly increased. Simultaneously, the mausoleum system widely absorbed various cultural factors and constantly changed to present new features of miniaturization, diversification and civilianization. The Southern Tang Dynasty, which was in the process of Tang-Song Transitional Period, inherited the mausoleum system of the Tang Dynasty, but its new factors also had a certain influence on the establishment of the mausoleum system of the Song Dynasty. This kind of tremendous change was already gestating at that moment, and the dawn of modern times was coming.

Key words: Five Dynasties and Ten Kingdoms, Two Tombs of the Southern Tang Dynasty, mausoleum system, the Tang-Song Transformation